冶金资源高效利用

郭培民　赵　沛　著

北　京
冶　金　工　业　出　版　社
2012

内 容 提 要

　　本书分为两篇，上篇为理论篇，主要介绍在冶金资源高效利用过程中相关的系统理论，包括矿物热力学性质估算方法与熔体活度计算方法等。下篇是技术篇，主要介绍作者多年来在冶金资源高效利用方面取得的新技术成果，包括白钨矿、氧化钼矿、氧化钒矿、含钛铁矿、铜渣与铜精矿、钢厂含锌和含铅粉尘高效利用理论与技术以及新一代钼冶金工艺、氧化硼冶炼非晶母合金、红土矿冶炼镍铁合金、金属镁冶炼等新技术。

　　本书可供冶金和资源领域的科研、生产、管理、教学人员参考。

图书在版编目(CIP)数据

　　冶金资源高效利用/郭培民，赵沛著. —北京：冶金
工业出版社，2012.9
　　ISBN 978-7-5024-6050-1

　　Ⅰ.①冶…　Ⅱ.①郭…　②赵…　Ⅲ.①冶金工业—
矿产资源—资源利用　Ⅳ.①TF

　　中国版本图书馆 CIP 数据核字(2012)第 219269 号

出 版 人　谭学余
地　　址　北京北河沿大街嵩祝院北巷 39 号，邮编 100009
电　　话　(010)64027926　电子信箱　yjcbs@cnmip.com.cn
责任编辑　刘小峰　谢冠伦　美术编辑　李 新　版式设计　孙跃红
责任校对　王贺兰　责任印制　牛晓波
ISBN 978-7-5024-6050-1
冶金工业出版社出版发行；各地新华书店经销；三河市双峰印刷装订有限公司印刷
2012 年 9 月第 1 版，2012 年 9 月第 1 次印刷
169mm×239mm；17.5 印张；342 千字；266 页
56.00 元
冶金工业出版社投稿电话：(010)64027932　投稿信箱：tougao@cnmip.com.cn
冶金工业出版社发行部　电话：(010)64044283　传真：(010)64027893
冶金书店　地址：北京东四西大街 46 号(100010)　电话：(010)65289081(兼传真)
　　　　　(本书如有印装质量问题，本社发行部负责退换)

前　言

　　资源是国民经济与国防的基础。近十年来，各国都十分重视资源的开发利用，低碳、环保与提高资源的回收率无疑是研究的新方向。

　　冶金资源开发利用分为两种情况：一种是对已知高品位矿的开发利用，重点是实现低碳、环保；另一种是低品位难选矿的开发利用，这是研究的难点，其核心是提高低品位矿的资源回收效率、环保与经济性。

　　作者从事冶金资源高效利用科研工作十余年，参与了十几个科研项目，发表了近百篇学术论文，发明专利十余项；研究的资源也很多，有钨精矿、氧化钼矿、钼精矿、含铼钼精矿、镍钼矿、钢厂含锌粉尘、红土矿、铜渣、黄铜矿、工业用 V_2O_5、钒渣、铌矿、铬矿、硼矿、钒钛磁铁矿、钛铁矿、含钛高炉渣、镁矿、低品位钨矿等；开发了一系列冶炼新技术，如新一代钼冶金流程及技术、钢厂含锌粉尘提锌和生产优质海绵铁流程及技术、氧化物矿低成本直接冶炼合金钢技术、低温还原生产镍铁合金流程及技术、含铼钼精矿提铼技术、氧化硼直接冶炼 FeSiB 非晶母合金技术、金属镁冶炼新技术、铜铁冶炼新技术、钒渣冶炼技术等；还开发了一批新产品，如炼钢钼产品、高纯超细 MoO_3、高纯金属钼粉、高纯超细 MoS_2、镍钼铁合金、铜铁等。这些研究与技术开发将有助于推进我国冶金资源的高效利用。

　　本书对上述研究与技术开发工作进行了总结。全书分为两篇，上篇为理论篇，主要是作者在冶金资源高效利用过程中研究得到的系统理论，包括热力学性质的计算方法与含有色元素的炉渣活度计算方法等；其他理论，如钼精矿真空分解理论、红土矿的低温还原理论等，分别放在技术篇进行介绍。下篇是技术篇，主要介绍作者多年来在冶金资源高效利用方面取得的新技术成果。本书第 1~2 章、第 5~7 章由赵沛撰写，其余章节由郭培民撰写。

在我们的研究和新技术开发过程中，得到了许多单位和同仁的帮助。首先感谢钢铁研究总院李正邦院士及其课题组和钢铁研究总院低温冶金与资源高效利用中心所做的研究工作；重庆特殊钢公司、嵩县开拓者钼业有限公司、浙江华光冶炼集团有限公司、武汉北湖胜达制铁有限公司、五矿营口中板有限公司、安泰科技股份有限公司是我们中间试验和工业实践的基地，有许多同仁参加了研究工作，在此一并致谢！感谢国家科技部科技支撑及"863"课题、国家自然科学基金、环保部社会公益课题、钢铁研究总院科技创新基金以及各个合作单位开发基金等的大力资助。

由于作者水平所限，书中不妥之处，欢迎读者批评指正。

郭培民　赵　沛

2012 年 6 月于钢铁研究总院

目　　录

下篇 冶金资源高效利用技术

冶金资源高效利用理论

1 矿物热力学性质估算方法

1.1 概述

在资源综合利用领域，经常涉及化学反应发生的可能性以及反应进行的程度。为了计算反应的可能性与反应进行程度就需要物性的热力学数据，它不仅决定了化学反应进行的可能性和程度，而且还可以计算反应的能量变化、物相平衡等。化合物的热力学性质主要包括焓、熵、热容、吉布斯自由能等。

热力学数据可以查阅各种热力学数据手册，如伊赫·桑巴伦编著的《纯物质热化学数据手册》、J. A. 迪安编著的《兰氏化学手册》等。随着计算机技术与网络的发展，各种电子数据库也是热力学数据库的重要来源，如芬兰的 HSC、瑞典的 Thermo-Calc、加拿大的 FACT 等，这些热力学数据库给进行物相平衡计算、反应可行性判断等提供了方便。

然而，要获得化合物物性数据的一个精确测量值，往往要付出高昂的代价。同时，某些化合物的物理化学性质不稳定，其物性数据是很难用实验方法测定的。在现有的数万种无机化合物中，大部分物相的物性是未知的或不确定的。各种热力学数据手册及电子数据库也仅针对已知数据，更多的热力学数据却无从得到，这给从事冶金、材料、化工、地质、矿业等方面的研究、工程设计、生产带来了极大的不便，因此，通过理论分析和实验规律建立的物性估算方法是非常重要的。

作者根据研究实践，在复合氧化物、金属间化合物、典型离子化合物的热力学性质估算领域提出了双参数法模型，可以比较好地估算它们的热力学性质。

1.2 复合氧化物标准熵的估算

对于复合氧化物的标准熵估算，最简单的估算方法是"简单氧化物熵加和法"，用氧化物的标准熵之和作为复合氧化物的标准熵，这种方法误差较大。张衡中等提出了"修正简单氧化物熵加和法"，用以估算复合物的标准熵，此法的估算精度比"简单氧化物熵加和法"要高，但是由于在建立模型中，使用的复合氧化物的数据较少，"修正简单氧化物熵加和法"的精度难以保证，比如 $BeO \cdot 3Al_2O_3$ 的标准熵只有 175.56J $\cdot$ mol^{-1} $\cdot$ K^{-1}（298K），但是用此模型的估算值却为 200.86J $\cdot$ mol^{-1} $\cdot$ K^{-1}，误差达到 25.2J $\cdot$ mol^{-1} $\cdot$ K^{-1}。国外也有一些关于复合氧化物的标准熵的估算方法，如拉蒂默（Latimer）的"离子加和法"和雅斯米尔斯基法（Yatsimirskii），但精度也不高。离子束缚模型可用来估算硅酸盐的标准熵，它属于半理论半经验模型，估算二元硅酸盐的标准熵的精度较高，对于三元硅酸盐的标准熵的精度已不容易保证。上述各种估算方法中，简单氧化物都属于固态，因此无法估算由气体氧化物（如 CO_2、SO_3 等）和固体氧化物之间形成的复合氧化物（如硫酸盐、碳酸盐、硝酸盐等）的标准熵。

作者建立的双参数模型，可用来估算各种体系的二元复合氧化物的标准熵，其估算精度要明显高于前述各种方法。同时，用本模型还可估算三元复合氧化物的标准熵。

1.2.1 二元复合氧化物标准熵的双参数模型建立

对于复合氧化物，$aM_mO_x \cdot bN_nO_y$，M_mO_x 和 N_nO_y 为简单氧化物，a 和 b 分别为它们的系数。假定 $aM_mO_x \cdot bN_nO_y$ 的标准熵 $S_{298}^{\ominus}$ 由两部分组成，一部分为简单氧化物的贡献熵，另一部分为简单氧化物间的相互作用熵，其表达式如下：

$$S_{298}^{\ominus} = aA + bB + \frac{ab}{a+b}(A' + B') + D \tag{1-1}$$

式中 A，A'——M_mO_x 的参数；

$\quad\quad$ B，B'——N_nO_y 的参数；

$\quad\quad$ D——常数。

由于每个氧化物均含有两个参数，因此将此模型称为"标准熵的双参数模型"。模型中的参数需要利用已知二元复合氧化物的标准熵通过回归方法求得。

双参数模型中参数的求解需要利用已知二元复合氧化物的标准熵，因此二元复合氧化物标准熵的数据是否全面、准确、充分直接关系到模型的可靠性。作者在多种无机物热力学数据手册中查得253个二元复合氧化物的标准熵数据，涉及 SiO_2、Al_2O_3、P_2O_5、CO_2、B_2O_3、SO_3 等39种简单氧化物，相当于每个氧化物拥有12.97个数据，因此从统计学角度来看，足够的数据可使回归统计更具有可靠性。在这些二元复合氧化物中，硅酸盐占46个、钛酸盐占25个、铝酸盐占25个、硼酸盐占19个、磷酸盐占12个、碳酸盐占19个、硫酸盐占25个、钨酸盐占16个、钼酸盐占11个、铁酸盐占13个、钒酸盐占9个。而已知数据过少的氧化物，如 Ga_2O_3、Cu_2O、V_2O_3、稀土氧化物等，均未包括在本模型中。在回归统计中，需要计算平均标准差 S 和相关系数 R，用以考察模型的可靠性和估算误差。S 愈小，表明估算误差愈小；R 愈接近1，表明模型的可信度愈高。S 和 R 的计算公式分别为：

$$S = \sqrt{\frac{\sum (y_i - \hat{y}_i)^2}{n-1}} \tag{1-2}$$

$$R = \sqrt{1 - \frac{\sum (y_i - \hat{y}_i)^2}{\sum (y_i - \bar{y})^2}} \tag{1-3}$$

式中　　y_i、$\hat{y}_i$——分别为某个二元复合氧化物的标准熵和估算熵；

　　　　$\bar{y}$——所有二元复合氧化物的标准熵平均值。

通过上述求解，能够得到39种氧化物的 A 和 A'（见表1-1）及常数 D（$-8.932J \cdot mol^{-1} \cdot K^{-1}$，298K）。利用这些数据可以估算出253个二元化合物的标准熵，估算的平均误差为 $4.35J \cdot mol^{-1} \cdot K^{-1}$，相关系数为0.998。可见，从统计学角度来看，双参数模型是非常可信的。253个数据的标准差 $S = 5.55J \cdot mol^{-1} \cdot K^{-1}$，其中误差大于 $3S$（$16.65J \cdot mol^{-1} \cdot K^{-1}$）的数据只有1个（$2Al_2O_3 \cdot B_2O_3$ 的误差为 $19.46J \cdot mol^{-1} \cdot K^{-1}$），占总数据的0.40%；大于 $2S$（$11.1J \cdot mol^{-1} \cdot K^{-1}$）只有13个，占总数据的5.18%；大于 $1S$（$5.55J \cdot mol^{-1} \cdot K^{-1}$）的有81个，占总数据的32.27%。数据的误差符合正态分布。简单加和法的平均误差为 $9.90J \cdot mol^{-1} \cdot K^{-1}$，看起来不高，但是此方法的标准差 S 却达到 $20.32J \cdot mol^{-1} \cdot K^{-1}$。修正简单加和法的平均误差为 $6.20J \cdot mol^{-1} \cdot K^{-1}$，标准差为 $8.48J \cdot mol^{-1} \cdot K^{-1}$，因此，它的估算精度要高于简单加和法，但是标准差 S 要比双参数模型高得多。从误差的正态分布图（见图1-1）可直观地看到，双参数模型的误差最为集中，而简单加和法的误差最为分散。离子束缚模型可估算二元硅酸盐的标准熵，标准差为 $7.84J \cdot mol^{-1} \cdot K^{-1}$；简单加和法的估算误差的标准差为 $12.15J \cdot mol^{-1} \cdot K^{-1}$。双参数模型估算时，标准差仅为 $4.40J \cdot mol^{-1} \cdot K^{-1}$，这一指标远优于离子束缚模型和简单加和法（见表1-2）。

表 1-1　简单氧化物的 A 和 A′（298K）　（J·mol⁻¹·K⁻¹）

氧化物	A	A′	氧化物	A	A′
Ag_2O	132.80	0	MoO_3	78.799	15.067
Al_2O_3	52.414	31.285	N_2O_5	148.518	0
B_2O_3	39.039	34.581	Na_2O	77.255	21.972
BaO	73.195	6.739	Nb_2O_5	134.628	0
BeO	19.579	-21.056	NiO	25.756	35.944
CO_2	13.112	67.976	P_2O_5	120.659	-17.386
CaO	40.282	13.967	PbO	70.169	21.605
CdO	65.835	0	Rb_2O	126.773	6.384
CoO	75.359	-42.999	SO_2	68.461	0
Cr_2O_3	109.911	-40.25	SO_3	54.678	33.288
CrO_3	96.656	0	SeO_2	60.400	0
Cs_2O	157.916	0	SiO_2	36.089	11.159
CuO	28.36	49.29	SrO	55.987	3.452
FeO	66.106	-22.446	TiO_2	46.434	11.478
Fe_2O_3	68.036	69.989	UO_3	99.535	0
HfO_2	59.360	0	V_2O_5	132.684	20.448
K_2O	103.44	20.01	WO_3	97.732	-22.719
Li_2O	31.845	37.304	ZnO	45.252	11.556
MgO	27.861	8.106	ZrO_2	55.077	0
MnO	80.347	-51.354			

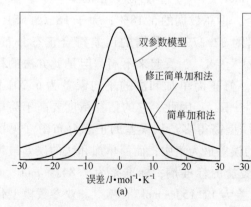

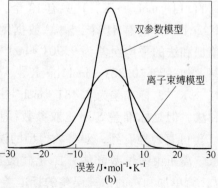

图 1-1　各种方法估算的标准熵误差的正态分布

（a）双参数模型与修正简单加和法、简单加和法的比较；（b）双参数模型与离子束缚模型的比较

表 1 - 2 各种方法估算二元复合氧化物的标准熵（298K）（J·mol^{-1}·K^{-1}）

二元复合氧化物	实验值	估算值			二元复合氧化物	实验值	估算值		
		双参数模型	离子束缚模型	简单加和法			双参数模型	离子束缚模型	简单加和法
Al_2SiO_5	93.22	97.65		92.41	$Li_2Si_2O_5$	125.52	127.37	137.67	120.82
$Al_2Si_2O_7$	136.44	141.32		133.88	Li_4SiO_4	121.34	123.12	130.88	117.24
$Al_6Si_2O_{13}$	274.89	265.06	273.70	235.78	$MgSiO_3$	67.78	64.65	71.52	71.51
$BaSiO_3$	109.60	109.30	102.87	116.66	Mg_2SiO_4	95.19	95.71	101.46	95.31
$BaSi_2O_5$	153.97	148.36	141.39	155.00	$MnSiO_3$	89.10	87.41	100.06	104.42
Ba_2SiO_4	182.00	185.47	167.77	185.60	Mn_2SiO_4	163.20	161.08	159.18	161.13
$Ba_2Si_3O_8$	266.10	267.20	264.71	268.53	Na_2SiO_3	113.76	120.98	119.93	119.60
Ba_3SiO_5	252.71	260.17	236.82	257.67	$Na_2Si_2O_5$	164.06	162.57	168.39	157.97
Be_2SiO_4	64.43	59.72	75.94	69.00	Na_4SiO_4	195.81	203.73	200.70	191.55
$CaSiO_3$	82.01	80.00	80.95	82.80	$Na_6Si_2O_7$	348.53	334.77		308.05
Ca_2SiO_4	120.50	124.46	121.84	117.89	Ni_2SiO_4	110.04	110.04	117.78	117.61
Ca_3SiO_5	168.62	166.85	168.62	156.10	$PbSiO_3$	110.96	116.97	114.02	110.91
$Ca_3Si_2O_7$	210.87	214.34	211.57	197.56	Pb_2SiO_4	189.95	187.61	187.69	174.10
$CdSiO_3$	97.49	97.82	94.95	99.40	Pb_4SiO_6	331.08	332.56	344.68	306.73
Co_2SiO_4	158.57	156.67	143.67	147.45	Rb_2SiO_3	161.08	162.70	155.72	147.93
$Cs_2Si_2O_5$	225.94	228.59	221.09	210.54	$Rb_2Si_2O_5$	194.56	200.28	198.77	197.57
$Cs_2Si_4O_9$	302.62	302.27	306.11	293.46	$Rb_2Si_4O_9$	278.24	278.01	285.71	280.49
$FeSiO_3$	87.45	89.44	93.55	105.34	$SrSiO_3$	96.23	90.45	92.41	100.11
Fe_2SiO_4	145.20	151.85	145.69	162.97	Sr_2SiO_4	149.79	148.86	145.87	152.51
K_2SiO_3	146.02	146.18	140.65	138.73	Sr_3SiO_5	205.02	206.08	204.22	208.03
$K_2Si_2O_5$	182.00	187.45	185.27	177.07	$ZnSiO_3$	89.54	83.77		84.62
$K_2Si_4O_9$	265.68	263.80	274.18	259.99	Zn_2SiO_4	131.38	132.79		127.78
Li_2SiO_3	80.29	83.23	86.04	82.48	$ZrSiO_3$	84.03	85.91		91.85

1.2.2 三元复合氧化物标准熵的估算

在二元复合氧化物标准熵的双参数模型基础上，稍加改造，可得到三元复合氧化物 $aM_mO_x \cdot bN_nO_y \cdot cL_lO_z$ 的标准熵计算公式：

$$S_{298}^{\ominus} = aA + bB + cC + \frac{a(b+c)}{a+b+c}A' + \frac{b(a+c)}{a+b+c}B' + \frac{c(a+b)}{a+b+c}C' + D \quad (1-4)$$

式中　A，A'，B，B'，C，C'——分别为各简单氧化物的参数，其数值仍采用二元复合氧化物中拟合的数值（见表1-1）；

　　　　　　D——常数，$D = -8.932J \cdot mol^{-1} \cdot K^{-1}$（298K）。

通过式（1-4）便可计算出三元复合氧化物的标准熵。计算结果见表1-3。从表1-3可见，用双参数模型估算标准熵的平均误差为7.13J·mol^{-1}·K^{-1}，标准差为10.12J·mol^{-1}·K^{-1}（298K），其精度略优于离子束缚模型（$S = 11.45J \cdot mol^{-1} \cdot K^{-1}$），要远优于简单加和法和修正简单加和法。由此可见，与其他估算标准熵模型相比，双参数模型估算三元复合氧化物具有更高的精度。除了上述的硅酸盐外，本模型还能估算其他体系的三元复合氧化物，见表1-3。

表1-3　各种模型计算三元复合氧化物标准熵（298K）　（J·mol^{-1}·K^{-1}）

三元复合氧化物	实验值	估算误差			
		双参数模型	简单加和法	修正简单加和法	离子束缚模型
$CaMgSi_2O_6$	143.09	16.01	6.53	11.01	9.07
$CaMgSiO_4$	110.46	6.94	-2.30	6.02	
$Ca_2MgSi_2O_7$	209.20	-0.89	-19.83	-6.65	-6.90
$Ca_3MgSi_2O_8$	253.13	1.40	-24.02	-2.17	0.83
$Mg_2Al_4Si_5O_{18}$	407.10	11.03	-44.03	-32.84	7.02
$CaAl_2Si_2O_8$	202.51	-1.47	-28.90	-16.14	2.36
$CaAl_2SiO_6$	144.77	12.65	-12.62	3.97	0.36
$Ca_2Al_2SiO_7$	198.32	7.63	-26.43	-1.14	-12.85
$CaTiSiO_5$	129.29	8.87	2.26	3.51	15.16
$KAlSiO_4$	133.05	1.45	-19.05	-9.24	-4.98
$KAlSi_2O_6$	184.10	-8.34	-28.63	-22.66	-27.21
$KAlSi_3O_8$	214.22	0.24	-17.29	-15.15	12.95
$LiAlSiO_4$	103.76	1.29	-17.90	-11.34	3.12
$LiAlSi_2O_6$	154.39	-8.54	-27.06	-24.34	
$NaAlSiO_4$	121.75	0.26	16.91	9.81	-0.75
$NaAlSi_2O_6$	133.47	28.70	12.46	16.10	15.42
$NaAlSi_3O_8(L)$	207.40	-4.25	-19.96	-20.21	14.36
$CaMg(CO_3)_2$	155.23	14.74			
$KAl(SO_4)_2$	204.60	21.77			
标准差		10.12	21.73	15.12	11.45

1.3　复合氧化物标准生成焓的估算

1.3.1　二元复合氧化物标准生成焓的双参数模型

1.3.1.1　标准生成焓与焓变

对于二元复合氧化物 $a\mathrm{M}_m\mathrm{O}_x \cdot b\mathrm{N}_n\mathrm{O}_y$，$\mathrm{M}_m\mathrm{O}_x$ 和 $\mathrm{N}_n\mathrm{O}_y$ 为简单氧化物，a 和 b 分别为它们的系数。令反应 $a\mathrm{M}_m\mathrm{O}_x + b\mathrm{N}_n\mathrm{O}_y = a\mathrm{M}_m\mathrm{O}_x \cdot b\mathrm{N}_n\mathrm{O}_y$ 的焓变为 $\Delta_r H^\ominus$。则 $a\mathrm{M}_m\mathrm{O}_x \cdot b\mathrm{N}_n\mathrm{O}_y$ 的标准生成焓 $\Delta_f H_m^\ominus$ 与反应 $\Delta_r H^\ominus$ 的关系为：

$$\Delta_f H_m^\ominus = a\Delta_f H_{\mathrm{M}_m\mathrm{O}_x}^\ominus + b\Delta_f H_{\mathrm{N}_n\mathrm{O}_y}^\ominus + \Delta_r H^\ominus \qquad (1-5)$$

式中　$\Delta_f H_{\mathrm{M}_m\mathrm{O}_x}^\ominus$，$\Delta_f H_{\mathrm{N}_n\mathrm{O}_y}^\ominus$——分别为 $\mathrm{M}_m\mathrm{O}_x$ 和 $\mathrm{N}_n\mathrm{O}_y$ 的标准生成焓。

由于 $\Delta_r H^\ominus$ 的数值约比 $\Delta_f H_m^\ominus$ 小 1 个数量级，因此从统计学角度来看，估算 $\Delta_r H^\ominus$ 的绝对偏差应小于直接估算 $\Delta_f H_m^\ominus$ 的偏差。另外，由于 $\Delta_r H^\ominus$ 是反应的焓变，也是非常重要的热力学性质。因此，拟通过估算 $\Delta_r H^\ominus$ 间接估算 $\Delta_f H_m^\ominus$。

本节使用了 33 个简单氧化物，包括 $\mathrm{Li}_2\mathrm{O}$ 等 5 个碱性金属氧化物、BeO 等 5 个碱土金属氧化物、FeO 等 16 个过渡族金属氧化物、$\mathrm{B}_2\mathrm{O}_3$、$\mathrm{Al}_2\mathrm{O}_3$、$\mathrm{CO}_2$、$\mathrm{SiO}_2$、$\mathrm{P}_2\mathrm{O}_5$ 和 SeO_2。它们的标准生成焓见表 1-4。

表 1-4　简单氧化物的标准生成焓（298K）　　　（kJ·mol⁻¹）

氧化物	生成焓	氧化物	生成焓	氧化物	生成焓
$\mathrm{Li}_2\mathrm{O}$	-589.730	FeO	-272.044	SeO_2	-225.099
$\mathrm{Na}_2\mathrm{O}$	-417.982	CoO	-238.906	TiO_2	-944.747
$\mathrm{K}_2\mathrm{O}$	-363.171	NiO	-240.580	$\mathrm{Nb}_2\mathrm{O}_5$	-1899.536
$\mathrm{Rb}_2\mathrm{O}$	-330.118	ZnO	-348.109	ZrO_2	-1097.463
$\mathrm{Cs}_2\mathrm{O}$	-317.566	CdO	-259.408	HfO_2	-1113.195
BeO	-598.730	PbO	-219.283	$\mathrm{Cr}_2\mathrm{O}_3$	-1129.680
MgO	-601.241	$\mathrm{B}_2\mathrm{O}_3$	-1270.430	$\mathrm{Fe}_2\mathrm{O}_3$	-825.503
CaO	-634.294	CO_2	-393.505	MoO_3	-745.170
SrO	-592.036	$\mathrm{Al}_2\mathrm{O}_3$	-1675.274	WO_3	-842.909
BaO	-553.543	SiO_2	-876.130	UO_3	-1230.096
MnO	-384.928	$\mathrm{P}_2\mathrm{O}_5$	-1504.943	$\mathrm{V}_2\mathrm{O}_5$	-1557.703

1.3.1.2　二元复合氧化物 $\Delta_r H^\ominus$ 的线性与对数双参数模型

假定 $a\mathrm{M}_m\mathrm{O}_x \cdot b\mathrm{N}_n\mathrm{O}_y$ 的焓变 $\Delta_r H^\ominus$ 由两部分组成，一部分为简单氧化物的贡献，另一部分为简单氧化物间的相互作用，其表达式如下：

$$\Delta_r H^\ominus = aA + bB + \frac{ab}{a+b}A' + \frac{ab}{a+b}B' \qquad (1-6)$$

式中　　A，A'——$M_m O_x$ 的参数；

　　　　B，B'——$N_n O_y$ 的参数。

由于每个氧化物均含有两个参数，因此将此模型称为"线性双参数模型"。模型中的参数需要利用已知二元复合氧化物的 $\Delta_r H^\ominus$ 通过回归方法求得。

线性双参数模型中参数的求解需要利用已知二元复合氧化物的数据，因此，二元复合氧化物标准生成焓的数据是否全面、准确、充分直接关系到模型的可靠性。作者在多种无机物热力学数据手册中查得 209 个二元复合氧化物的标准生成焓数据，涉及上述 33 种简单氧化物，相当于每个氧化物拥有 12.67 个数据。因此，从统计学角度来看，足够的数据可使回归统计具有可靠性。

由于式（1-6）计算的误差分布呈随机分布，即不管 $\Delta_r H^\ominus$ 的数值是大还是小，平均偏差及标准差几乎差不多，这样会造成数值较小的数据相对偏差较大，而数值较大的数据相对偏差较小。因此这种模型适合 $|\Delta_r H^\ominus| > 100 kJ \cdot mol^{-1}$ 的数据，而对于 $|\Delta_r H^\ominus| < 100 kJ \cdot mol^{-1}$ 的数据则偏差较大。因此，又提出了对数双参数模型，见式（1-7）。

$$\ln(20 - \Delta_r H^\ominus) = aC + bD + \frac{ab}{a+b}C' + \frac{ab}{a+b}D' + E \qquad (1-7)$$

式中　　C，C'——$M_m O_x$ 的参数；

　　　　D，D'——$N_n O_y$ 的参数；

　　　　E——常数。

对数法的误差也是随机分布，但是它的特点是非线性，它的相对误差在各个数据段保持一定，因此数据较小的绝对偏差也较小，数据较大的绝对偏差也较大。这种模型适合 $|\Delta_r H^\ominus| < 100 kJ \cdot mol^{-1}$ 的数据。只有将线性和对数双参数模型有机地结合在一起，便可较为精确地估算二元复合氧化物的标准生成焓。

通过上述求解，得到 33 种氧化物的 A、A'、C 和 C'（见表 1-5）及常数 E（4.282）。利用这些数据可以估算出 209 个二元复合氧化物的标准生成焓，它们的平均误差为 10.81kJ · mol^{-1}，相关系数为 0.995，由于数据很多，仅列出部分，见表 1-6。可见，从统计学角度来看，双参数模型是非常可信的。209 个数据的标准差 $S = 14.18$kJ · mol^{-1}，其中误差大于 $3S$（42.54kJ · mol^{-1}）的数据只有 1 个（$Ba_2 SiO_4$ 的误差为 48.31kJ · mol^{-1}），占总数据的 0.48%；大于 $2S$（28.36kJ · mol^{-1}）只有 12 个，占总数据的 5.80%；大于 $1S$（14.18kJ · mol^{-1}）的有 61 个，占总数据的 28.50%。数据的误差基本上符合正态分布（见图 1-2）。可见，双参数模型可估算各种体系的二元复合氧化物的标准生成焓，估算值具有误差小、精度高的特点。

表1-5　简单氧化物的 A、A'、C 和 C'（298K）　　（kJ·mol^{-1}）

氧化物	A	A'	C	C'
Al_2O_3	-37.44	78.86	-0.029	-0.331
B_2O_3	-10.05	-151.32	0.07	0.742
BaO	-14.70	-221.67	0.089	1.136
BeO	45.81	-92.67	0.072	-1.177
CO_2	-130.00	0	-0.002	1.397
CaO	-0.74	-111.35	0.088	0.015
CdO	7.91	0	-0.415	0
CoO	58.49	-145.46	-0.431	0.439
Cr_2O_3	-18.89	0	0.015	0
Cs_2O	-304.50	-63	-0.87	4.339
FeO	47.68	-94.86	-0.01	-0.922
Fe_2O_3	-51.91	175.42	0.47	-1.772
HfO_2	5.05	0	-0.24	0
K_2O	-206.15	-121.66	1.518	-0.61
Li_2O	-80.09	-29.11	0.256	0.473
MgO	56.44	-45.81	-0.08	-0.345
MnO	107.01	-226.4	0.273	-1.195
MoO_3	-3.05	-193.89	0.148	0.62
Na_2O	-122.55	-115.66	0.09	1.294
Nb_2O_5	-110.00	0		
NiO	31.48	-49.71	0.92	-3.636
P_2O_5	313.51	-1241.06	-1.823	5.191
PbO	10.54	34.10	-0.07	-0.614
Rb_2O	-192.20	-124.30	1.25	-0.372
SeO_2	-108.00	0	0.80	0
SiO_2	-31.59	-67.22	0.12	0.634
SrO	-35.92	-141.96	0.20	0.582
TiO_2	5.44	-63.35	0.017	0.125
UO_3	-66.00	0		
V_2O_5	149.39	-531.39	-0.52	2.079
WO_3	-30.73	-110.30	0.88	-0.555
ZnO	88.65	13.62	0.249	-1.693
ZrO_2	9.60	0	-0.24	0

表 1-6　二元硅酸盐的标准生成焓和估算值 (298K)

化合物	实验值 /kJ·mol⁻¹	估算值 /kJ·mol⁻¹	偏差 /kJ·mol⁻¹	相对偏差 /%	化合物	实验值 /kJ·mol⁻¹	估算值 /kJ·mol⁻¹	偏差 /kJ·mol⁻¹	相对偏差 /%
Al_2SiO_5	-2589.1	-2618.9	-29.8	1.15	Mg_2SiO_4	-2176.9	-2143.8	33.1	-1.52
$Al_6Si_2O_{13}$	-6819.2	-6843.7	-24.5	0.36	$MgSiO_3$	-1548.9	-1545	3.9	-0.25
$Ba_3Si_3O_8$	-4184.8	-4206.3	-21.5	0.51	Mn_2SiO_4	-1730.1	-1723.3	6.8	-0.39
Ba_2SiO_4	-2284.9	-2236.6	48.3	-2.11	$MnSiO_3$	-1320.5	-1322.4	-1.9	0.14
$BaSi_2O_5$	-2548.1	-2579.1	-31	1.22	$Na_2Si_2O_5$	-2470.1	-2477.7	-7.6	0.31
$BaSiO_3$	-1620.5	-1620.4	0.1	-0.01	Na_2SiO_3	-1561.4	-1541.6	19.8	-1.27
Be_2SiO_4	-2144.3	-2125.3	19	-0.89	Na_4SiO_4	-2106.6	-2110.6	-4	0.19
Ca_2SiO_4	-2305.8	-2296.7	9.1	-0.39	$Na_6Si_2O_7$	-3632	-3656.5	-24.5	0.67
$Ca_3Si_2O_7$	-3940.1	-3934.8	5.3	-0.13	Ni_2SiO_4	-1405.2	-1406.5	-1.3	0.09
Ca_3SiO_6	-2926.7	-2946.8	-20.1	0.69	Pb_2SiO_4	-1366.2	-1367.3	-1.1	0.08
$CaSiO_3$	-1634.3	-1632	2.3	-0.14	Pb_4SiO_6	-1801.1	-1797	4.1	-0.23
$CdSiO_3$	-1190.3	-1189.8	0.5	-0.04	$PbSiO_3$	-1147.1	-1152.8	-5.7	0.50
Co_2SiO_4	-1406.7	-1404.7	2	-0.14	$Rb_2Si_2O_5$	-2465.6	-2465.3	0.3	-0.01
Fe_2SiO_4	-1460.3	-1460.3	0	0.00	$Rb_2Si_4O_9$	-4309.5	-4306.4	3.1	-0.07
$FeSiO_3$	-1194.5	-1198.1	-3.6	0.30	Rb_2SiO_3	-1527.6	-1525.8	1.8	-0.12
$K_2Si_2O_5$	-2509.1	-2510.6	-1.5	0.06	Sr_2SiO_4	-2304.1	-2302.9	1.2	-0.05
$K_2Si_4O_9$	-4315.8	-4351.3	-35.5	0.82	$SrSiO_3$	-1633.4	-1639.6	-6.2	0.38
K_2SiO_3	-1548.1	-1571.5	-23.4	1.51	Zn_2SiO_4	-1639.7	-1618.9	20.8	-1.27
$Li_2Si_2O_5$	-2560.9	-2558.4	2.5	-0.10	$ZnSiO_3$	-1262.6	-1265.9	-3.3	0.26
Li_2SiO_3	-1649.5	-1634.7	14.8	-0.90	$ZrSiO_4$	-2031.2	-2042.4	-11.2	0.55
Li_4SiO_4	-2330.1	-2327.6	2.5	-0.11					

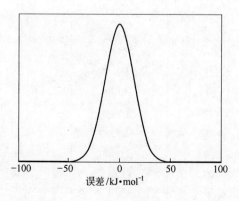

图 1-2　双参数模型估算的二元复合氧化物标准生成焓误差的正态分布

1.3.2 三元复合氧化物标准生成焓的估算

在二元复合氧化物 $\Delta_r H^{\ominus}$ 的双参数模型基础上，稍加改造，可得到三元复合氧化物 $aM_mO_x \cdot bN_nO_y \cdot gL_lO_z$ 的 $\Delta_r H^{\ominus}$ 计算公式：

$$\Delta_r H^{\ominus} = aA + bB + gG + \frac{a(b+g)}{a+b+g}A' + \frac{b(a+g)}{a+b+g}B' + \frac{g(a+b)}{a+b+g}G' \qquad (1-8)$$

而三元化合物的标准生成焓 $\Delta_f H^{\ominus}_m$ 的计算公式为：

$$\Delta_f H^{\ominus}_m = a\Delta_f H^{\ominus}_{M_mO_x} + b\Delta_f H^{\ominus}_{N_nO_y} + g\Delta_f H^{\ominus}_{L_lO_z} + \Delta_r H^{\ominus} \qquad (1-9)$$

式中　A，A'，B，B'，G，G'——分别为各简单氧化物的参数，其数值仍采用二元复合氧化物中拟合的数值（见表 1-5）。

通过式（1-8）和式（1-9）便可计算出已知 22 个三元复合氧化物的标准生成焓，计算结果见表 1-7。可见，用双参数模型估算标准生成焓的平均误差为 18.0kJ·mol^{-1}，标准差为 22.8kJ·mol^{-1}，平均相对误差为 0.53%，最大相对误差为 1.57%（CaO·TiO$_2$·SiO$_2$）。除了三元硅酸盐体系可以估算外，其他三元体系标准生成焓也可估算，在仅有的已知数据 CaO·MgO·2CO$_2$，标准生成焓估算误差为 -18.46kJ·mol^{-1}，相对误差为 0.79%。由于已知三元氧化物的标准生成焓的数据过少，模型的合理性与精度还需要经受更多的数据考验和修正。

表 1-7　双参数模型计算三元复合氧化物标准生成焓（298K）　（kJ·mol^{-1}）

三元复合氧化物	实际标准生成焓	双参数模型	
		估算标准生成焓	误　差
CaO·MgO·2SiO$_2$	-3202.43	-3180.37	22.07
CaO·MgO·SiO$_2$	-2261.87	-2237.00	24.88
2CaO·MgO·2SiO$_2$	-3875.22	-3881.24	-6.02
3CaO·MgO·2SiO$_2$	-4564.33	-4560.19	4.13
2MgO·2Al$_2$O$_3$·5SiO$_2$	-4222.49	-4254.77	-32.28
CaO·Al$_2$O$_3$·2SiO$_2$	-3291.97	-3321.87	-29.90
CaO·Al$_2$O$_3$·SiO$_2$	-3987.35	-3993.11	-5.76
2CaO·Al$_2$O$_3$·SiO$_2$	-6643.36	-6579.50	63.86
3CaO·Al$_2$O$_3$·3SiO$_2$	-9161.70	-9151.58	10.12
CaO·TiO$_2$·SiO$_2$	-2602.24	-2643.18	-40.94

三元复合氧化物	实际标准生成焓	双参数模型	
		估算标准生成焓	误　差
KAlSiO$_4$	- 2108. 32	- 2098. 39	9. 93
KAlSi$_2$O$_6$	- 3034. 24	- 3019. 09	15. 15
KAlSi$_3$O$_8$ （微斜长石）	- 3956. 81	- 3933. 32	23. 49
KAlSi$_3$O$_8$ （透长石）	- 3951. 37	- 3933. 32	18. 05
LiAlSiO$_4$	- 2115. 22	- 2119. 41	- 4. 19
LiAlSi$_2$O$_6$(α)	- 3046. 58	- 3036. 26	10. 32
LiAlSi$_2$O$_6$(β)	- 3026. 70	- 3036. 26	- 9. 56
NaAlSi$_2$O$_6$	- 3021. 06	- 3003. 17	17. 89
NaAlSi$_2$O$_6$(D)	- 2985. 30	- 3003. 17	- 17. 87
NaAlSi$_3$O$_8$(H)	- 3921. 87	- 3917. 22	4. 65
NaAlSi$_3$O$_8$(L)	- 3910. 99	- 3917. 41	- 6. 42
CaO · MgO · 2CO$_2$	- 2326. 30	- 2344. 77	- 18. 46
标准差			22. 81

1.4　复合氧化物比热容的估算

前面已经介绍了用双参数法估算复合氧化物的标准熵和生成焓，本节介绍利用双参数法估算复合氧化物的比热容值。

1.4.1　二元复合氧化物的比热容模型

对于复合氧化物 $a\mathrm{M}_m\mathrm{O}_x \cdot b\mathrm{N}_n\mathrm{O}_y$，$\mathrm{M}_m\mathrm{O}_x$ 和 $\mathrm{N}_n\mathrm{O}_y$ 为简单氧化物，a 和 b 分别为它们的系数。假定 $a\mathrm{M}_m\mathrm{O}_x \cdot b\mathrm{N}_n\mathrm{O}_y$ 的比热容值 c_p 由两部分组成，一部分为简单氧化物的贡献比热容，另一部分为简单氧化物间的相互作用比热容，其表达式如下：

$$c_p = aA + bB + \frac{ab}{a+b}(A' + B') \qquad (1-10)$$

式中　A，A'——$\mathrm{M}_m\mathrm{O}_x$ 的参数；

　　　B，B'——$\mathrm{N}_n\mathrm{O}_y$ 的参数。

由于每个氧化物均含有两个参数，因此将此模型称为"比热容的双参数模型"。模型中的参数需要利用已知二元复合氧化物的比热容值通过回归方法求得。

双参数模型中参数的求解需要利用已知二元复合氧化物的比热容值，在多种无机物热力学数据手册中查得 300 个二元复合氧化物的比热容值数据（298K），涉及 SiO_2、Al_2O_3、P_2O_5、CO_2、B_2O_3、SO_3 等 44 种简单氧化物，相当于每个氧化物拥有 13.64 个数据，从统计学角度来看，足够的数据可使回归统计具有更高的可靠性。在这些二元复合氧化物中，硅酸盐 45 个，钛酸盐 27 个、铝酸盐 24 个、硼酸盐 17 个、磷酸盐 15 个、碳酸盐 18 个、硫酸盐 24 个、亚硫酸盐 4 个、钨酸盐 19 个、钼酸盐 14 个、铁酸盐 12 个、钒酸盐 10 个、硝酸盐 12 个、铬酸盐（三价）8 个、铬酸盐（六价）9 个、高氯酸盐 8 个、砷酸盐（三价）8 个、锆酸盐 7 个、铀酸盐 5 个、硒酸盐（四价）6 个、硒酸盐（六价）4 个、铋酸盐（三价）5 个、镓酸盐 4 个、锗酸盐 2 个。

通过上述求解，能够得到 44 种氧化物的比热容参数 A 和 A'（298K），见表 1-8。利用这些数据可以估算出 300 个二元复合化合物的比热容值，300 个数据的标准差为 $4.97J \cdot mol^{-1} \cdot K^{-1}$，相关系数为 0.998。可见，从统计学角度来看，双参数模型是非常可信的。由于数据很多，仅列出部分估算数据与实验值的偏差。从表 1-9 可见，含氧化钙的二元复合氧化物比热容值的估算相当精确。

表 1-8　简单氧化物的比热容参数 A 和 A'（298K）　（$J \cdot mol^{-1} \cdot K^{-1}$）

氧化物	A	A'	氧化物	A	A'
Ag_2O	71.12	0	Ga_2O_3	96.92	0
Al_2O_3	76.81	7.335	GeO_2	60.275	0
As_2O_3	104.49	0	K_2O	75.124	4.249
B_2O_3	59.719	1.123	Li_2O	54.384	-1.341
BaO	49.691	-11.590	MgO	40.056	-7.433
BeO	25.000	0	MnO	42.578	5.716
Bi_2O_3	109.802	0	MoO_3	76.757	-3.907
CO_2	48.263	-14.832	N_2O_5	112.288	0
CaO	43.749	-2.326	Na_2O	73.178	-8.774
CdO	44.490	0	NiO	62.346	-37.038
Cl_2O_7	146.731	0	Nb_2O_5	139.2	0
CoO	41.224	0	P_2O_5	119.501	-26.434
Cr_2O_3	73.056	50.664	PbO	52.00	-14.00
CrO_3	75.2	-8.50	Rb_2O	80.000	20.000
Cs_2O	105.484	-50.609	SO_2	48.782	0
CuO	42.755	0	SO_3	52.97	14.46
FeO	49.481	-10.704	SeO_2	53.332	0
Fe_2O_3	104.688	0.794	SeO_3	52.206	0

氧化物	A	A'	氧化物	A	A'
SiO_2	57.448	-23.008	V_2O_5	137.509	-15.481
SrO	45.535	-2.737	WO_3	73.818	9.413
TiO_2	53.712	4.231	ZnO	38.00	15.00
UO_3	80.125	0	ZrO_2	55.688	0

表 1 - 9 部分复合氧化物的比热容估算值及偏差（298K）（$J \cdot mol^{-1} \cdot K^{-1}$）

化合物	实验值	估算值	化合物	实验值	估算值
$Ca_{12}Al_{14}O_{33}$	1084.523	1084.803	CaB_4O_7	157.847	173.009
$Ca_3Al_2O_6$	209.697	211.814	$CaCO_3$	81.838	83.433
$Ca_3B_2O_6$	187.793	189.397	$CaCr_2O_4$	146.651	140.974
$Ca_3P_2O_8$	227.753	229.178	$CaFe_2O_4$	150.237	147.671
$Ca_3V_2O_8$	257.013	255.401	$CaGeO_3$	97.527	102.861
$Ca_3Si_2O_7$	213.589	215.742	$CaMgO_2$	79.562	78.966
Ca_3SiO_5	171.497	169.695	$CaMoO_4$	114.306	117.390
$Ca_3Ti_2O_7$	239.525	240.957	$Ca(NO_3)_2$	149.364	154.874
Ca_3WO_6	202.264	210.380	$CaNb_2O_6$	177.339	181.786
$Ca_2Al_2O_5$	164.349	167.647	CaP_2O_6	145.155	148.870
$Ca_2B_2O_5$	147.023	146.944	$CaSeO_4$	86.86	94.792
$Ca_2Fe_2O_5$	190.07	191.165	$CaSiO_3$	85.231	88.530
$Ca_2P_2O_7$	187.701	187.826	$CaSO_3$	91.456	91.368
Ca_2SiO_4	126.801	128.057	$CaSO_4$	99.383	102.786
$Ca_2V_2O_7$	213.878	213.136	$CaTiO_3$	97.709	98.414
$Ca_4Ti_3O_{10}$	337.712	339.398	$CaUO_4$	130.441	122.711
$CaAl_2O_4$	119.786	123.064	CaV_2O_6	170.737	172.355
$CaAl_4O_7$	198.095	200.708	$CaWO_4$	124.44	121.111
CaB_2O_4	103.935	105.787	$CaZrO_3$	96.573	98.274

1.4.2 三元复合氧化物比热容值的估算

在二元复合氧化物比热容值的双参数模型基础上，稍加改造，可得到三元复合氧化物 $aM_mO_x \cdot bN_nO_y \cdot cL_lO_z$ 的比热容值计算公式：

$$c_p = aA + bB + cC + \frac{a(b+c)}{a+b+c}A' + \frac{b(a+c)}{a+b+c}B' + \frac{c(a+b)}{a+b+c}C' \qquad (1-11)$$

式中 A, A', B, B', C, C'——分别为各简单氧化物的参数，其数值仍采用二元复合氧化物中拟合的数值（见表 1-8）。

通过式（1-11）便可计算出三元复合氧化物的比热容值。计算结果见表 1-10。可见，用双参数模型估算三元复合氧化物的比热容值还是比较精确的，除了氧化物系数过高的物相（$K_2O \cdot Al_2O_3 \cdot 6SiO_2$）的相对误差超过了 10%，其他氧化物系数低于 6 的物相，相当误差的标准差仅为 4%。由于已知三元复合氧化物的比热容值的数据比较少，模型的合理性与精度还需要经受更多的数据考验和修正。

表 1-10 双参数模型估算三元复合氧化物的比热容值（298K）

三元复合氧化物	实际值 /J·mol^{-1}·K^{-1}	估算值 /J·mol^{-1}·K^{-1}	误差 /J·mol^{-1}·K^{-1}	相对偏差
$2CaO \cdot Al_2O_3 \cdot SiO_2$	205.428	207.675	2.247	0.011
$2CaO \cdot MgO \cdot 2SiO_2$	212.011	206.103	-5.908	-0.029
$2MgO \cdot 2Al_2O_3 \cdot 5SiO_2$	452.288	469.691	17.403	0.037
$3CaO \cdot Al_2O_3 \cdot 3SiO_2$	323.138	343.258	20.120	0.059
$3CaO \cdot MgO \cdot 2SiO_2$	252.256	245.839	-6.417	-0.026
$3FeO \cdot Al_2O_3 \cdot 3SiO_2$	350.014	346.092	-3.922	-0.011
$3MgO \cdot Al_2O_3 \cdot 3SiO_2$	319.334	323.425	4.091	0.013
$BaO \cdot SrO \cdot TiO_2$	146.231	142.207	-4.024	-0.028
$CaO \cdot Al_2O_3 \cdot 2SiO_2$	211.314	216.204	4.890	0.023
$CaO \cdot Al_2O_3 \cdot SiO_2$	165.700	166.008	0.308	0.002
$CaO \cdot MgO \cdot 2CO_2$	157.531	158.180	0.649	0.004
$CaO \cdot MgO \cdot 2SiO_2$	156.133	168.374	12.241	0.073
$CaO \cdot MgO \cdot SiO_2$	123.219	119.408	-3.811	-0.032
$CaO \cdot TiO_2 \cdot SiO_2$	138.945	140.840	1.895	0.013
$CaO \cdot ZrO_2 \cdot 2TiO_2$	211.943	209.248	-2.695	-0.013
$Fe_2O_3 \cdot Cr_2O_3 \cdot 4V_2O_5$	438.600	417.282	-21.318	-0.051
$K_2O \cdot Al_2O_3 \cdot 4SO_3$	385.876	392.747	6.871	0.017
$K_2O \cdot Al_2O_3 \cdot 2SiO_2$	239.580	252.510	12.930	0.051
$K_2O \cdot Al_2O_3 \cdot 4SiO_2$	328.280	360.702	32.422	0.090
$K_2O \cdot Al_2O_3 \cdot 6SiO_2$（G）	418.750	472.246	53.496	0.113
$Li_2O \cdot Al_2O_3 \cdot 2SiO_2$	226.652	227.578	0.926	0.004
$Li_2O \cdot Al_2O_3 \cdot 4SiO_2$	318.002	335.304	17.302	0.052
$Li_2O \cdot Al_2O_3 \cdot 4SiO_2$（B）	325.604	335.304	9.700	0.029
$Na_2O \cdot Al_2O_3 \cdot 2SiO_2$	231.622	240.797	9.175	0.038

三元复合氧化物	实际值 /J·mol^{-1}·K^{-1}	估算值 /J·mol^{-1}·K^{-1}	误差 /J·mol^{-1}·K^{-1}	相对偏差
$Na_2O \cdot Al_2O_3 \cdot 4SiO_2$	319.756	347.904	28.148	0.081
$Na_2O \cdot Al_2O_3 \cdot 4SiO_2(D)$	328.860	347.904	19.044	0.055
$Na_2O \cdot Fe_2O_3 \cdot 4SiO_2$	339.804	370.331	30.527	0.082
$Na_2O \cdot Li_2O \cdot 2SO_3$	250.204	240.376	-9.828	-0.041

1.5　复合氧化物熔化焓的估算

预测无机化合物的熔化焓和熔化熵更难。对于合金的熔化熵，文献已有预测报道，但误差较大。对于简单化合物，如 $AgCl$、$NaCl$ 等，预测熔化焓或熔化熵已很困难，而像 $CaWO_4$、$CaMoO_4$ 等复合化合物，更未见到预测方法。作者拟采用已知的 K_2WO_4 等熔化焓数据预测 $CaWO_4$、$CaMoO_4$ 的熔化焓。

1.5.1　电离能与复杂化合物结构的关系

1.5.1.1　化学元素的电离能

从元素的一个气态原子或离子上移去一个电子所需的最低能量称为该元素的电离能。从气态原子上移去一个电子成为气态一价正离子时所需的最低能量称为第一电离能（I_1），从气态一价正离子再移去一个电子成为二价正离子时所需的最低能量称为该元素的第二电离能，以此类推。

人们通常用第一电离能 I_1 来比较原子失去电子的能力，I_1 愈小，原子愈易失去电子；反之 I_1 愈大，原子失去电子时吸收能量愈多，愈难电离。图 1 - 3 表明了原子的第一电离能 I_1 随原子序数增加呈现的周期性变化规律。

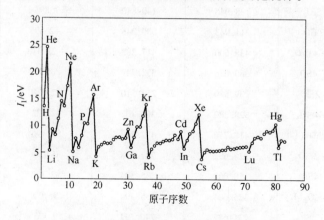

图 1 - 3　原子的第一电离能变化规律

1.5.1.2 复杂化合物的结构

氧化物晶体大部分为离子晶体，离子晶体的质点是正、负离子，其结合力为离子键，离子键是由正、负离子间的静电吸引力相互结合起来的化学键。除离子键处，共价键是以共用电子对将两个原子结合起来的化学键，不同元素的原子形成共价键时，由于原子对电子吸引力不同，共用电子有的会发生偏移，使键带有极性，这种键称为极性键；而电子对不发生偏移的共价键称为非极性键。

绝大多数氧化物熔体是混合键的结构，既有离子键又有共价键。例如，CaO 中的离子键分数为 80%，MgO 中的离子键分数为 73%，SiO_2 中的离子键分数为 50%，P_2O_5 中的离子键分数为 30%。

化合物内部的化学键也具有多样性，如熔渣中的 Ca_2SiO_4，Ca^{2+} 和 SiO_4^{4-} 间可看作离子键，SiO_4^{4-} 中 Si 与 O 间是共价键，因此 Ca_2SiO_4 在熔渣中可离解出 Ca^{2+} 和 SiO_4^{4-}，对于 $CaWO_4$、$CaMoO_4$ 熔体也有相似情形。对于二元系 $RO\text{-}MO_{2(\vec{x}3)}$ 结构，液相熔体的结构与阳离子的性质有关。如 $RO\text{-}SiO_2$ 硅酸盐，静电势愈大的阳离子，液相分层区的宽度就愈大。如图 1-4 所示，$MgO\text{-}SiO_2$ 系的分层区最宽，其次为 $FeO\text{-}SiO_2$、$CaO\text{-}SiO_2$ 等，$Na_2O\text{-}SiO_2$、$K_2O\text{-}SiO_2$ 等不发生分层区。这是由于像 Fe^{2+} 等静电势比较大的阳离子有较大的极化力，使熔体中的 $Si_xO_y^{z-}$ 受到极化，转变为更复杂的结构。而静电势较小的 Na^+、K^+ 等阳离子对 O^{2-} 的作用力很弱，于是 O^{2-} 向 $Si_xO_y^{z-}$ 转移，使之变为更简单的复合阴离子，因此熔体中仅有 $R^+ - SiO_4^{4-}$ 存在，不出现分层现象。对于 $RO\text{-}WO_3$ 或 $RO\text{-}MoO_3$ 也能出现上述情况。可见，由于阳离子的不同会使化合物的结构发生变化，从而影响化合物的熔化熵。

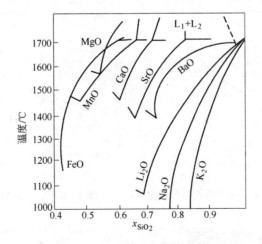

图 1-4 $RO - SiO_2$ 系相图的分层区

（虚线为各分层区另一边的界线，曲线最低点为共晶点）

1.5.2 CaWO₄ 熔化焓的预测

对于 RO-WO₃ 结构，熔化焓已知的化合物有 Li_2WO_4、Na_2WO_4、K_2WO_4 和 $PbWO_4$。熔化焓和电离能数据见表 1－11 和图 1－5。可见，随着元素 I_1 的提高，RO-WO₃ 化合物的熔化焓 ΔH_m 也相应提高。

表 1－11   R 元素的第一电离能和 RO-WO₃ 熔化焓数据

元　素	I_1/eV	熔化焓/kJ·mol^{-1}
Li	5.392	28.0
Na	5.139	24.3
K	4.341	19.5
Pb	7.416	63.6

将 ΔH_m 变换成自然对数形式，然后与 I_1 作图，如图 1－6 所示。I_1 与 $\ln\Delta H_m$ 回归结果为：

$$\ln\Delta H_m = 1.2228 + 0.3925 \times I_1 \quad r = 0.997 \tag{1-12}$$

式中，相关系数 r 达到 0.997，可见，式（1－12）的线性度很高。将式（1－12）转换成式（1－13）：

$$\Delta H_m = 3.397 \exp 0.3925 I_1 \tag{1-13}$$

元素 Ca 的 I_1 为 6.113eV，利用式（1－13）可计算出 CaO-WO₃ 的熔化焓为 37539J·mol^{-1}。而 CaO-WO₃ 的熔点为 1580℃（1853K）。因此，CaWO₄ 从固态到液态的标准吉布斯自由能为：

$$CaWO_{4(s)} = CaWO_{4(l)} \quad \Delta G^{\ominus} = 37539 - 20.26T \tag{1-14}$$

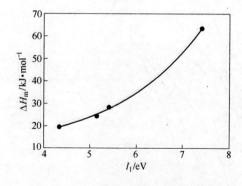

图 1－5 I_1 与 RO-WO₃ 系化合物的熔化焓关系

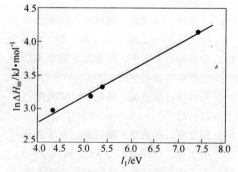

图 1－6 I_1 与 $\ln\Delta H_m$ 之间的关系

1.5.3 CaMoO₄ 熔化焓的预测

同样，对于 RO-MoO₃ 结构，熔化焓已知的化合物有 Li_2MoO_4、Na_2MoO_4 和

$PbMoO_4$。其熔化焓和电离能数据见表 1 - 12 和图 1 - 7。可见，随着元素 I_1 的提高，RO-MoO_3 化合物的熔化焓 ΔH_m 也相应提高。

表 1 - 12　R 元素的第一电离能和 RO-MoO_3 熔化焓数据

元　素	I_1/eV	熔化焓/kJ·mol^{-1}
Li	5.392	17.6
Na	5.139	15.1
Pb	7.416	107.9

将 ΔH_m 变换成自然对数形式，然后与 I_1 作图，如图 1 - 8 所示。I_1 与 $\ln\Delta H_m$ 回归结果为：

$$\ln\Delta H_m = -1.828 + 0.877 \times I_1 \quad r = 0.9995 \qquad (1-15)$$

式中，相关系数 r 达到 0.9995，可见，式(1 - 15)的线性度很高。将式(1 - 15)转换成式 (1 - 16)：

$$\Delta H_m = 0.161 \exp 0.877 I_1 \qquad (1-16)$$

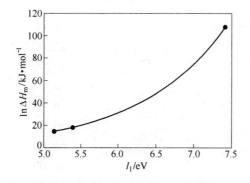

图 1 - 7　I_1 与 RO-MoO_3 系化合物的关系　　　　图 1 - 8　I_1 与 $\ln\Delta H_m$ 之间熔化焓关系

元素 Ca 的 I_1 为 6.113eV，利用式 (1 - 16) 可计算出 CaO-MoO_3 的熔化焓为 33857J·mol^{-1}。而 CaO-MoO_3 的熔点为 1378℃ (1651K)。因此，$CaMoO_4$ 从固态到液态的标准吉布斯自由能为：

$$CaMoO_{4(s)} \Longrightarrow CaMoO_{4(1)} \quad \Delta G^\ominus = 33857 - 20.51T \qquad (1-17)$$

1.6　金属间化合物标准熵的估算

1.6.1　标准熵的双参数模型

对于金属间化合物 M_xN_y，M 和 N 为金属单质，x 和 y 分别为它们的元素个数。模型建立过程中，假定 M_xN_y 的标准熵由两部分组成，一部分为金属单质的标准熵，一部分为金属单质间的相互作用标准熵，由此建立了金属间化合物标准熵双参数估算模型，其表达式如下：

$$S_{298}^{\ominus} = xA + yB + \frac{xy}{x+y}(A' + B') + D \qquad (1-18)$$

式中　A，A'——M 的参数；

　　　　B，B'——N 的参数；

　　　　D——常数。

在多种无机物热力学数据手册中查得 162 个二元金属间化合物的标准熵数据，涉及 Fe、Si、B、Ca、Al、U 等 38 种金属，相当于每个金属拥有 8.5 个数据，因此从统计学角度来看，足够的数据可使统计更具有可靠性。在这些二元金属间化合物中，铝化物占 24 个，硼化物占 31 个，钙化物占 13 个，钴化物占 7 个，铁化物占 12 个，硅化物占 53 个，镍化物占 19 个，钛化物占 11 个等。通过数据分析和模型求解，得到了 38 种金属的 A 和 A'（见表 1-13）及常数 D（ $-3.174 \mathrm{J \cdot mol^{-1} \cdot K^{-1}}$ ），可以估算出 162 个金属间化合物的标准熵。

表 1-13　金属的 A 和 A'（298K）　　　　（ $\mathrm{J \cdot mol^{-1} \cdot K^{-1}}$ ）

金属	A	A'	金属	A	A'	金属	A	A'
Al	26.18	-0.10	Hf	40.03	0	Rh	33.74	0
Au	96.85	-73.53	K	12.83	0	Si	15.46	6.08
B	7.75	-14.52	La	105.87	-84.36	Sn	58.23	-29.12
Ba	56.46	-34.23	Li	23.90	0	Ta	54.01	-27.29
Bi	57.18	-17.93	Mg	31.20	2.73	Th	50.02	-18.04
Ca	27.09	1.14	Mn	28.71	14.37	Ti	46.18	-31.09
Cd	49.66	-0.91	Mo	28.01	2.26	U	54.65	-6.12
Ce	139.93	-107.01	Na	38.26	5.17	V	34.35	-10.00
Co	33.96	-5.04	Nb	40.08	-6.73	W	48.78	-31.44
Cr	23.91	2.53	Ni	31.30	-3.72	Y	-5.95	0
Cu	38.98	-1.71	Pb	76.09	-32.25	Zn	31.26	13.56
Fe	37.00	-14.76	Pr	63.50	0	Zr	48.49	-18.52
Ge	44.43	-11.11	Re	44.51	-5.55			

利用双参数模型，估算的金属间化合物标准熵平均误差为 $4.54 \mathrm{J \cdot mol^{-1} \cdot K^{-1}}$ ，相关系数为 0.997。可见，从统计学角度来看，双参数模型的估算结果是

可靠的。162 个数据的标准差 $S = 5.99 \text{J} \cdot \text{mol}^{-1} \cdot \text{K}^{-1}$，其中误差大于 $3S$（$17.97 \text{J} \cdot \text{mol}^{-1} \cdot \text{K}^{-1}$）的数据没有；大于 $2S$（$11.98 \text{J} \cdot \text{mol}^{-1} \cdot \text{K}^{-1}$）只有 9 个，占总数据的 5.56%；大于 $1S$（$5.99 \text{J} \cdot \text{mol}^{-1} \cdot \text{K}^{-1}$）的有 49 个，占总数据的 30.2%。

从图 1-9 可直观地看到，对于估算的 162 组金属间化合物标准熵的数据，双参数模型的误差符合正态分布。

1.6.2 不同估算模型的对比

将离子束缚模型与双参数模型的误差进行比较。双参数模型的标准差 $S = 6.12 \text{J} \cdot \text{mol}^{-1} \cdot \text{K}^{-1}$，其中误差大于 $3S$（$18.36 \text{J} \cdot \text{mol}^{-1} \cdot \text{K}^{-1}$）的数据没有；大于 $2S$（$12.24 \text{J} \cdot \text{mol}^{-1} \cdot \text{K}^{-1}$）有 5 个，占总数据的 5%；大于 $1S$（$6.12 \text{J} \cdot \text{mol}^{-1} \cdot \text{K}^{-1}$）的有 30 个，占总数据的 30%。离子束缚模型的标准差 $S = 6.95 \text{J} \cdot \text{mol}^{-1} \cdot \text{K}^{-1}$，误差大于 $3S$（$20.85 \text{J} \cdot \text{mol}^{-1} \cdot \text{K}^{-1}$）的数据有 2 个；大于 $2S$（$13.90 \text{J} \cdot \text{mol}^{-1} \cdot \text{K}^{-1}$）有 6 个，占总数据的 6%；大于 $1S$（$6.95 \text{J} \cdot \text{mol}^{-1} \cdot \text{K}^{-1}$）的有 26 个，占总数据的 26%。

从数据的对比可以看出，双参数模型要比离子束缚模型估算的标准差要低，指标优于离子束缚模型。图 1-10 显示出双参数模型误差分布要优于离子束缚模型。

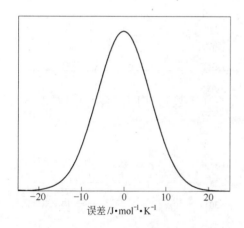

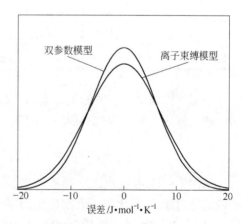

图 1-9　金属间化合物标准熵误差分布　　　图 1-10　两种模型标准熵误差分布的对比

建立金属间化合物的估算模型，是用来预测未知物相的标准熵，如果模型本身估算的数据与已测实验数据相差很大，那么用模型估算未知物相的可靠性就很低。金属间化合物数据众多，其中 Si 系化合物个数最多，其热力学数据经过众多前人的实验测得，以它作为比较对象具有代表性。

离子束缚模型与双参数模型估算的硅系金属间化合物标准熵误差比较见表 1-14。

表1-14 两种模型估算的硅系金属间化合物标准熵误差比较 （J·mol⁻¹·K⁻¹）

金属间化合物	双参数模型	离子束缚模型	金属间化合物	双参数模型	离子束缚模型	金属间化合物	双参数模型	离子束缚模型
Ca_2Si	-9.89	-11.93	Mo_5Si_3	-0.38	-1.34	TiSi	-2.99	-0.17
CaSi	-2.2	-2.22	$MoSi_2$	-0.83	1.13	$TiSi_2$	-3.84	5.69
$CaSi_2$	9.03	9.08	Nb_5Si_3	-0.88	-1	U_3Si	2.18	3.06
$CeSi_2$	-0.53	0.63	$NbSi_2$	-2.48	5.02	U_3Si_2	-5.85	-10.13
Cr_3Si	3.86	4.1	Ni_7Si_{13}	-9.09	-1.93	U_3Si_5	6.62	6.91
Cr_5Si_3	-3.52	-4.44	NiSi	-2.1	2.34	USi	0.39	1.59
CrSi	-4.29	1.05	Re_5Si_3	10.9	-0.88	USi_2	0.36	3.1
$CrSi_2$	1.33	2.51	ReSi	1.71	2.72	USi_3	-8.45	-4.23
FeSi	0.27	-15.07	$ReSi_2$	-1.45	1.72	V_3Si	-0.57	8.2
$FeSi_2$	3.36	-18.84	Ta_2Si	0.66	1.47	V_5Si_3	-1.16	-2.22
$FeSi_{2.33}$	-5.72	-31.76	Ta_5Si_3	-7.27	-4.81	VSi_2	0.49	-13.48
Mg_2Si	4.8	-2.89	$TaSi_2$	11.21	23.15	W_5Si_3	-5.81	-6.2
Mn_3Si	9.35	24.03	Th_3Si_2	0.29	0.38	WSi_2	-3.73	8.37
Mn_5Si_3	-10.48	-2.13	Th_3Si_5	-11.61	0.67	Zr_2Si	0.56	0.8
MnSi	4.15	8.12	ThSi	-1.83	1.97	Zr_5Si_3	-0.83	-1.51
$MnSi_{1.7}$	9.22	-11.04	$ThSi_2$	-9.2	-5.07	ZrSi	-3.6	1.09
Mo_3Si	-0.48	3.22	Ti_5Si_3	9.24	-10.05	$ZrSi_2$	-3.61	4.94

令实测值与估算值差的绝对值为绝对误差（正数），用 d_j 表示；绝对误差与实测值比值的百分数为相对误差，用 d_x 表示。即：

$$d_j = |y_i - \widehat{y}_i| \qquad d_x = \frac{|y_i - \widehat{y}_i|}{|y_i|} \times 100\%$$

从图1-11可看出，双参数模型标准熵的绝对误差 d_j 比离子束缚模型的要好，51种化合物中，有40种金属间化合物的误差比离子束缚模型的小，并且离子束缚模型有5组数据绝对误差大于 $15J·mol⁻¹·K⁻¹$，最大的达到31.76J·mol⁻¹·K⁻¹；而双参数模型最大误差也只有 $11.30J·mol⁻¹·K⁻¹$，且波动较小。从图1-12可看出，双参数模型的相对误差 d_x 比离子束缚模型的也要小，

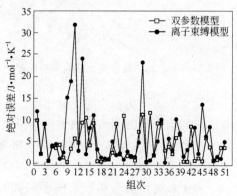

图1-11 两种模型的绝对误差比较

误差较大的也很少。

双参数模型估算硅系金属间化合物标准熵的标准差为 $5.54\mathrm{J}\cdot\mathrm{mol}^{-1}\cdot\mathrm{K}^{-1}$，而离子束缚模型估算的标准差为 $8.94\mathrm{J}\cdot\mathrm{mol}^{-1}\cdot\mathrm{K}^{-1}$，双参数模型要比离子束缚模型的标准差小很多，指标优于离子束缚模型，从图 1 - 13 的误差分布可直观地看出。可见，金属间化合物标准熵的双参数模型对数据的估算比离子束缚模型有更高的准确度。

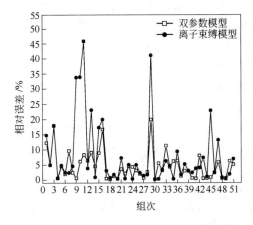

图 1 - 12　两种模型的相对误差比较

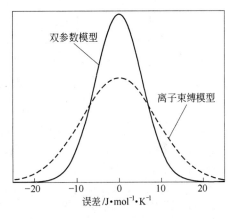

图 1 - 13　硅系金属间化合物标准熵误差分布

1.7　金属间化合物比热容的估算

1.7.1　比热容的双参数模型

为了估算金属间化合物的比热容，提出了一种新的估算模型，称为"比热容的双参数模型"。模型中的参数需要利用已知二元金属间化合物的比热容求得。

对于金属间化合物 $\mathrm{M}_x\mathrm{N}_y$，M 和 N 为金属单质，x 和 y 分别为它们的元素个数。假定 $\mathrm{M}_x\mathrm{N}_y$ 的比热容由两部分组成，一部分为金属单质的比热容，另一部分为金属单质间的相互作用比热容，由此建立了比热容双参数估算模型。其表达式可以写作：

$$c_p^{'} = xA + yB + \frac{xy}{x+y}(A' + B') + D \qquad (1-19)$$

式中　A，A'——M 的参数；

　　　B，B'——N 的参数；

　　　D——常数。

在多种无机物热力学数据手册中查得 162 个二元金属间化合物的比热容数据，涉及 Fe、Si、B、Ca、Al、U 等 38 种金属，相当于每个金属拥有 8.5 个数据，因此从统计学角度来看，足够的数据可使统计更具有可靠性。

在这些二元金属间化合物中，铝化物占 24 个，硼化物占 31 个，钙化物占 13 个，钴化物占 7 个，铁化物占 12 个，硅化物占 53 个，镍化物占 19 个，钛化物占 11 个等。

通过数据分析和模型求解，能够得到 38 种金属的 A 和 A'（见表 1-15）及常数 D（$0.445\mathrm{J \cdot mol^{-1} \cdot K^{-1}}$，298K）。利用双参数模型，估算的金属间化合物比热容的平均误差为 $2.74\mathrm{J \cdot mol^{-1} \cdot K^{-1}}$，相关系数为 0.998。可见，从统计学角度来看，双参数模型是非常可信的。162 个数据的标准差 $S = 3.99\mathrm{J \cdot mol^{-1} \cdot K^{-1}}$，其中误差大于 $3S$（$11.97\mathrm{J \cdot mol^{-1} \cdot K^{-1}}$）的数据只有 1 个，占总数据的 0.62%；大于 $2S$（$7.98\mathrm{J \cdot mol^{-1} \cdot K^{-1}}$）有 8 个，占总数据的 4.94%；大于 $1S$（$3.99\mathrm{J \cdot mol^{-1} \cdot K^{-1}}$）的有 42 个，占总数据的 25.9%。

表 1-15　金属的 A 和 A'（298K）　　　　（$\mathrm{J \cdot mol^{-1} \cdot K^{-1}}$）

金属	A	A'	金属	A	A'	金属	A	A'
Al	25.39	-7.22	Hf	26.87	0	Rh	23.40	0
Au	-2.14	58.93	K	12.73	0	Si	18.66	6.10
B	11.10	-0.096	La	14.85	0	Sn	25.02	-6.87
Ba	41.75	-21.64	Li	3.91	53.96	Ta	20.64	6.63
Bi	18.49	11.58	Mg	20.80	8.95	Th	22.48	7.82
Ca	27.92	-4.87	Mn	22.29	9.99	Ti	24.47	-4.76
Cd	26.53	-17.63	Mo	26.21	-0.38	U	25.70	8.37
Ce	19.56	14.56	Na	23.96	-3.35	V	26.64	-2.23
Co	24.30	-0.078	Nb	25.15	-10.84	W	15.78	0
Cr	20.74	8.53	Ni	24.96	-0.74	Y	24.74	0
Cu	11.18	24.92	Pb	24.56	-2.99	Zn	23.31	-7.06
Fe	24.32	4.87	Pr	27.50	0	Zr	21.09	5.32
Ge	23.63	-4.32	Re	25.83	-0.96			

从图 1-14 可直观地看到，双参数模型的 162 组数据比热容误差符合正态分布。

1.7.2　不同估算模型的对比

一般认为比热容与温度有如下关系：

$$c_p = a + b \times 10^{-3}T + c \times 10^{-5}T^{-2} \tag{1-20}$$

库巴谢夫斯基（Kubaschewski）推导出式（1-20）中的三个常数分别为：

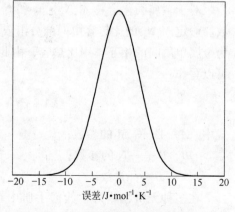

误差/$\mathrm{J \cdot mol^{-1} \cdot K^{-1}}$

图 1-14　金属间化合物比热容误差分布

$$\begin{cases} a = \dfrac{T_m 10^{-3} \ (\sum_i c_{p,i} + 1.125n) \ -0.298n \times 10^5 T_m^{-2} - 2.26n}{T_m \times 10^{-3} - 0.298} \\[4mm] b = \dfrac{6.125n + n \times 10^5 T_m^{-2} - \sum_i c_{p,i}}{T_m \times 10^{-3} - 0.298} \\[4mm] c = -n \end{cases} \quad (1-21)$$

式中　T_m——化合物的熔点，K；

　　　n——分子中的原子数目；

　　　$c_{p,i}$——库巴谢夫斯基定义的离子比热容。

库巴谢夫斯基建立的估算模型涉及的参数（化合物的熔点 T_m、离子比热容 $c_{p,i}$）较难确定，热力学数据库中很多化合物的熔点都未给出，并且库巴谢夫斯基定义的离子比热容很模糊，其估算结果误差也很大。

对于 M_xN_y 型的金属间化合物的比热容，拉蒂默（Latimer）的离子束缚模型按照式（1-22）进行估算：

$$c_p = \sum_i c_{p,i} + \frac{5}{2} R \frac{N}{(n_i + n_j)} \exp\left(-\frac{1}{4}(X_i - X_j)^2\right) \quad (1-22)$$

式中　$c_{p,i}$——离子比热容；

　　　R——气体常数；

　　　X_i，X_j——元素 i、j 的电负性；

　　　n——主量子数；

　　　N——化合物中原子数目。

用一般的公式计算金属间化合物的比热容，复杂且精度很差。使用离子束缚模型精度有所提高，但是从本质上说，离子束缚模型是一种单参数模型，因此其精度的提高是有限的，并且离子束缚模型可以估算的金属间化合物相对较少。而使用作者建立的双参数模型进行估算，方法不是很复杂，并且精度很高。

双参数模型的标准差 $S = 3.87 \text{J} \cdot \text{mol}^{-1} \cdot \text{K}^{-1}$，其中误差大于 $3S$（$11.61 \text{J} \cdot \text{mol}^{-1} \cdot \text{K}^{-1}$）的数据有 1 个，占总数据的 0.93%；大于 $2S$（$7.74 \text{J} \cdot \text{mol}^{-1} \cdot \text{K}^{-1}$）有 3 个，占总数据的 2.8%；大于 $1S$（$3.87 \text{J} \cdot \text{mol}^{-1} \cdot \text{K}^{-1}$）的有 29 个，占总数据的 27.1%。离子束缚模型的标准差 $S = 5.62 \text{J} \cdot \text{mol}^{-1} \cdot \text{K}^{-1}$，误差大于 $3S$（$16.86 \text{J} \cdot \text{mol}^{-1} \cdot \text{K}^{-1}$）的数据有 4 个，占总数据的 3.7%；大于 $2S$（$11.24 \text{J} \cdot \text{mol}^{-1} \cdot \text{K}^{-1}$）有 5 个，占总数据的 4.7%；大于 $1S$（$5.62 \text{J} \cdot \text{mol}^{-1} \cdot \text{K}^{-1}$）的有 17 个，占总数据的 16%。可以看出，双参数模型要比离子束缚模型的标准差低很多，指标远优于离子束缚模型。图 1-15 是两种模型误差分布的对比，可直观地看到双参数模型误差的正态分布成尖峰形，说明误差比较集中，都在 0 附近；而离子束缚模型的误差正态分布峰比较平，说明误差较大且分散，因此，双参数模型估算的结果要优于离子束缚模型。

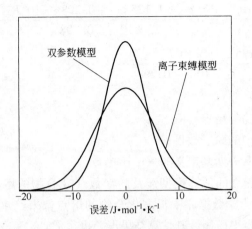

图 1 – 15　两种模型比热容误差分布的对比

离子束缚模型与双参数模型的硅系金属间化合物比热容估算误差比较见表 1 – 16。

表 1 – 16　两种模型的硅系金属间化合物比热容估算误差（298K）（J·mol^{-1}·K^{-1}）

金属间化合物	双参数模型	离子束缚模型	金属间化合物	双参数模型	离子束缚模型	金属间化合物	双参数模型	离子束缚模型
Ca_2Si	3.04	2.02	Mo_5Si_3	– 7.66	– 1.34	$TiSi$	– 1.16	– 1.31
$CaSi$	1.22	2.11	$MoSi_2$	2.93	– 1.34	$TiSi_2$	– 2.36	– 2.00
$CaSi_2$	– 1.65	3.51	Nb_5Si_3	– 8.10	– 24.48	U_3Si	– 0.82	5.97
$CeSi_2$	1.32	1.43	$NbSi_2$	– 4.87	– 5.19	U_3Si_2	1.71	6.58
Cr_3Si	1.67	1.88	Ni_7Si_{13}	5.39	2.19	U_3Si_5	5.29	8.83
Cr_5Si_3	3.12	8.73	$NiSi$	1.98	0.59	USi	1.63	2.44
$CrSi$	2.00	1.68	Re_5Si_3	6.73	– 0.88	USi_2	1.95	3.22
$CrSi_2$	3.28	– 0.76	$ReSi$	– 3.73	2.72	USi_3	1.12	3.95
$FeSi$	3.75	0.40	$ReSi_2$	2.81	1.72	V_3Si	10.55	– 3.36
$FeSi_2$	5.24	– 1.47	Ta_2Si	– 0.16	– 9.33	V_5Si_3	– 7.57	18.78
$FeSi_{2.33}$	4.46	– 1.07	Ta_5Si_3	2.15	– 24.64	VSi_2	2.63	– 1.94
Mg_2Si	2.90	– 5.20	$TaSi_2$	1.52	– 4.01	W_5Si_3	0	– 16.99
Mn_3Si	– 1.54	– 4.40	Th_3Si_2	0.16	4.87	WSi_2	– 0.72	– 3.68
Mn_5Si_3	3.46	– 6.46	Th_3Si_5	5.51	5.45	Zr_2Si	0.11	– 1.06
$MnSi$	3.50	– 2.59	$ThSi$	1.28	1.70	Zr_5Si_3	1.93	– 3.45
$MnSi_{1.7}$	5.88	– 4.37	$ThSi_2$	0.95	1.90	$ZrSi$	1.43	– 0.62
Mo_3Si	9.06	3.22	Ti_5Si_3	– 5.90	– 4.78	$ZrSi_2$	1.85	– 0.77

以绝对误差和相对误差考察模型估算的效果。从图 1 – 16 可看出，双参数模

型比热容的绝对误差 d_j 比离子束缚模型的要好，51 种化合物中，有 37 种金属间化合物的误差比离子束缚模型的小。并且，离子束缚模型有 4 组数据绝对误差大于 $10J \cdot mol^{-1} \cdot K^{-1}$，最大达到 $24.64J \cdot mol^{-1} \cdot K^{-1}$，而双参数模型最大误差也只有 $10.55J \cdot mol^{-1} \cdot K^{-1}$，且波动较小。从图 1 – 17 可看出，双参数模型的相对误差 d_x 比离子束缚模型的也要小，误差较大的也很少。

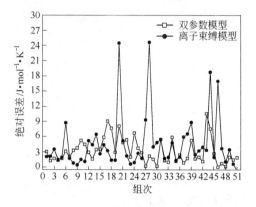

图 1 – 16　两种模型的绝对误差比较　　　图 1 – 17　两种模型的相对误差比较

双参数模型估算金属间化合物比热容的标准差为 $3.81J \cdot mol^{-1} \cdot K^{-1}$，而离子束缚模型估算的标准差为 $7.10J \cdot mol^{-1} \cdot K^{-1}$，双参数模型要比离子束缚模型的标准差小很多，指标优于离子束缚模型，从图 1 – 18 的误差分布对比，可直观地看到双参数模型误差的正态分布成尖峰形，说明误差比较集中，都在 0 附近；而离子束缚模型的误差正态分布峰很平，说明误差较大且分散，因此双参数模型要优于离子束缚模型。可见，金属间化合物比热容的双参数模型对数据的估算比离子束缚模型有更高的准确度。

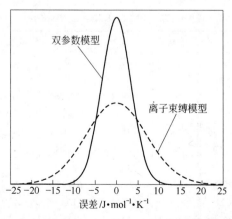

图 1 – 18　硅系金属间化合物比热容误差分布

1.8　金属间化合物标准生成焓的估算

1.8.1　标准生成焓的双参数模型

对于金属间化合物 M_xN_y，M 和 N 为金属单质，x 和 y 分别为它们的元素个数。假定 M_xN_y 的标准生成焓由两部分组成，一部分为金属单质的标准生成焓，另一部分为金属单质间的相互作用标准生成焓，由此建立了标准生成焓双参数估算模型。其表达式可以写作：

$$\Delta H_{298}^{\ominus} = xA + yB + \frac{xy}{x+y}(A' + B') + D \tag{1-23}$$

式中　A，A'——M 的参数；

　　　　B，B'——N 的参数；

　　　　D——常数。

在多种无机物热力学数据手册中查得 101 个二元金属间化合物标准生成焓的数据，涉及 Fe、Si、B、Ca、U 等 29 种金属，相当于每个金属拥有 7.0 个数据，因此，从统计学角度来看，足够的数据可使统计具有可靠性。

在这些二元金属间化合物中，硼化物占 22 个，钙化物占 9 个，钒化物占 9 个，铁化物占 11 个，硅化物占 38 个，镍化物占 12 个，钛化物占 8 个等。

通过数据分析和双参数的模型求解，能够得到 29 种金属的 A 和 A'（见表 1-17）及常数 D（0.498kJ·mol^{-1}，298K）。利用双参数模型，估算金属间化合物标准生成焓的平均误差为 10.51kJ·mol^{-1}，相关系数为 0.994。101 个数据的标准偏差 $S = 14.78$kJ·mol^{-1}，其中误差大于 3S（44.34kJ·mol^{-1}）的数据没有；大于 2S（29.56kJ·mol^{-1}）有 7 个，占总数据的 6.93%；大于 1S（14.78kJ·mol^{-1}）的有 28 个，占总数据的 27.7%。从图 1-19 可直观地看到，双参数模型的 101 组数据误差符合正态分布。

表 1-17　金属的 A 和 A'（298K）　　　　　　　（kJ·mol^{-1}）

金属	A	A'	金属	A	A'	金属	A	A'
B	-17.98	-131.75	Hf	-212.64	0	Si	20.31	-197.92
Ba	-332.04	480.67	La	-23.34	0	Sn	-94.44	79.75
Ca	-221.35	257.04	Mg	-28.89	83.76	Ta	45.83	-138.82
Cd	0.69	0	Mo	15.36	-34.26	Ti	-48.22	-12.68
Ce	73.88	-230.56	Na	-31.16	0	U	31.70	-93.09
Co	-44.30	102.59	Nb	-51.56	30.41	V	43.85	-189.70
Cr	-9.65	25.39	Ni	-48.96	86.34	W	126.40	-236.67
Cu	-31.34	-1.16	Pb	-287.44	517.55	Y	-206.29	0
Fe	-26.79	70.21	Re	69.38	-103.06	Zn	-105.45	249.13
Ge	20.43	-148.50	Rh	-73.93	0			

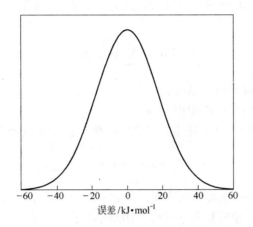

图 1-19　标准生成焓的误差分布

1.8.2　不同估算模型的对比

无机化合物生成焓的估算方法近年来有了很大发展。人们提出很多方法和模型，如电负性法、菲利普（Phillip）方法、米德玛（Miediema）原子模型、离子束缚模型（Ion-bonding model）等。其中离子束缚模型估算精度相对较高。

米德玛（Miediema）及其合作者建立了原子模型估算二元合金的标准生成焓：

$$\Delta H_f^{\ominus} = \frac{2f(c)(C_A V_A^{2/3} + C_B V_B^{2/3})P}{(n_{ws}^A)^{-1/3} + (n_{ws}^B)^{-1/3}} \left[-(\Delta\phi^*)^2 + \frac{Q}{P}(\Delta n_{ws}^{1/3})^2 - \frac{R}{P} \right] \quad (1-24)$$

式中　$f(c)$——原子浓度 c 的函数；

V_A，V_B——分别为原子 A、B 的摩尔体积；

n_{ws}——电子密度；

$\Delta\phi^*$——电负性 ϕ^* 之差；

C_A，C_B——分别为原子 A、B 的系数；

P，R——常数。

Miedema 等所考虑的合金化效应及他们用来描述这种效应所使用的两个半经验参数 n_{ws} 和 ϕ^* 均属于电子因素，式(1-24)描述了形成固态或液态合金的两种原子参数的能量影响，第一项是由两种原子的晶粒化学式之差引起的，第二项为在两种不同原子晶粒边界和威格纳-赛茨（Wigner-Seitz）纯晶粒边界形成连续电子密度所需能量，最后一项是修正项。

米德玛模型能比较成功地估算至少某一组分为过渡金属元素形成二元合金的反应热，认为生成焓是组分的函数是该模型的最大特色。

由于米德玛模型仅能适用于某一组分为过渡金属元素的二元合金，对于金属间化合物应用离子束缚模型（ion-bonding model），热化学性质 P 可以分为两部分：

$$P = \sum_i P_i + P_r \tag{1-25}$$

式中 P_i——所有离子的贡献项；

P_r——离子间交互作用项。

从上述模型出发可以推导出二元金属间化合物 $A_m B_n$ 的标准生成焓为：

$$-\Delta H_f^{\ominus} = x_1 E_a + x_2 E_b + \frac{1}{2} C_a C_b \tag{1-26}$$

式中 x_i——化合物中组元 i 的浓度，最后一项为交互作用项；

E_i，C_i——根据实验数据和估算模型用最小二乘法来确定。

这里必须指出，式（1-26）不适用于含铝的金属间化合物，否则将产生很大的误差。

将米德玛模型、离子束缚模型与双参数模型估算的硅系金属间化合物标准生成焓的误差进行了比较，数据见表 1-18。以绝对误差和相对误差考察模型估算的效果。从图 1-20 可看出，米德玛模型估算的标准生成焓的绝对误差非常大，双参数模型标准生成焓的绝对误差 d_i，比离子束缚模型的要好，38 种化合物中有 24 种金属间化合物的误差比离子束缚模型的小。并且离子束缚模型有 6 组数据绝对误差大于 $50 kJ \cdot mol^{-1}$，最大达到 $109.54 kJ \cdot mol^{-1}$，而双参数模型最大误差也只有 $42.28 kJ \cdot mol^{-1}$，且波动较小。从图 1-21 可见，双参数模型估算的硅系金属间化合物标准生成焓的相对误差也是最小的。

表 1-18 硅系金属间化合物标准生成焓估算误差（298K） （$kJ \cdot mol^{-1}$）

金属间化合物	双参数模型	离子束缚模型	米德玛模型	金属间化合物	双参数模型	离子束缚模型	米德玛模型
CaSi	-19.99	8.7		Mo₃Si	-5.58	17.6	0.84
CaSi₂	10.19	-56.79		Mo₅Si₃	5.39	77.04	-16.72
CeSi₂	17.48	35.43	-88.44	MoSi₂	20.44	13.2	15.21
Cr₃Si	0.53	26.8	-23.12	Nb₅Si₃	0	109.54	
Cr₅Si₃	16.04	27.84	-140	NbSi₂	3.35	-0.12	-60.42
CrSi	-3.98	2.52	-39.52	Ni₇Si₁₃	0.18		
CrSi₂	12.57	-11.31	-32.28	NiSi	1.41	18.42	-11.22
FeSi	9.01	16.5	-7.96	Re₅Si₃	1.58	-12.72	-115.92
FeSi₂	10.34	18.78		ReSi	-7.5	1.68	-25.2
FeSi₂.₃₃	-9.37	20.09		ReSi₂	0.12	-3.39	-7.65
Mg₂Si	-33.83	2.88		Si₂Ta	-18.36	-14.46	-81.03

金属间化合物	双参数模型	离子束缚模型	米德玛模型	金属间化合物	双参数模型	离子束缚模型	米德玛模型
Si_2Ti	-13.27	-35.79	-99.87	Si_3V_5	22.53	23.47	
Si_2U	8.42	16.32	-116.7	Si_3W_5	13.78	-31.52	-144.72
Si_2U_3	-42.28	19.9	-244.3	Si_5U_3	5.9	71.45	
Si_2V	-25.2	-4.14	-30.9	$SiTa_2$	13.37	12.06	-64.68
Si_2W	-29.35	-2.13	-8.67	$SiTi$	-3.01	21.18	-53.18
Si_3Ta_5	-6.11	25.44	-215.68	SiU	-8.48	57.74	
Si_3Ti_5	4.5	73.04	-79.76	SiU_3	31.66	-11.4	-139.36
Si_3U	7.09	-30.16	-134.16	SiV_3	-33.74	3.36	-22.6

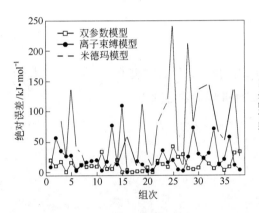

图 1-20 三种模型的绝对误差比较

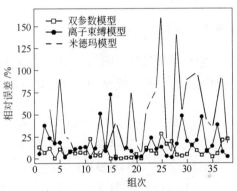

图 1-21 三种模型的相对误差比较

双参数模型估算金属间化合物标准生成焓的标准差为 17.66kJ·mol⁻¹，而离子束缚模型估算的标准差为 32.91kJ·mol⁻¹，米德玛模型估算的标准差为 65.98kJ·mol⁻¹，双参数模型要比离子束缚模型和米德玛模型的标准差要小很多，指标优于离子束缚模型和米德玛模型。图 1-22 是三种估算模型误差分布对比，可直观地看到双参数模型误差的正态分布成尖峰形，说明误差比较集中，都在 0 附近；而米德玛模型和离子束缚模型的

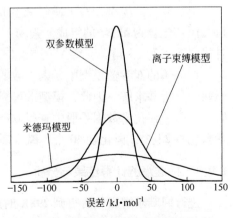

图 1-22 三种模型标准生成焓误差分布对比

误差正态分布峰很平，说明误差较大且分散，其中米德玛模型的分散程度最大。因此，金属间化合物标准生成焓的双参数模型对数据的估算比离子束缚模型和米德玛模型有更高的准确度。

1.9 典型离子化合物标准熵的估算模型

位于ⅠA族的碱金属和位于ⅡA族的碱土金属表现出最强的金属性，位于ⅥA的氧族元素和位于ⅦA的卤族元素表现出最强的非金属性。两类元素形成最典型的离子化合物。在双参数模型中，主要选取了碱金属中的 Li（锂）、Na（钠）、K（钾）、Rb（铷）、Cs（铯）等 5 个元素，碱土金属中的 Be（铍）、Mg（镁）、Ca（钙）、Sr（锶）、Ba（钡）等 5 个元素，共 10 个阳离子元素与氧族元素中的 O（氧）、S（硫）、Se（硒）3 个元素形成的氧化物，以及与卤族元素中的 F（氟）、Cl（氯）、Br（溴）、I（碘）4 个元素形成的卤化物，共 63 种化合物。

1.9.1 标准熵的双参数模型

假设所描述化合物为 M_xN_y，其中 M 为阳离子，N 为阴离子，x 和 y 分别是两种离子的化合数。模型中定义该化合物的标准熵的表达式为：

$$S_{298}^{\ominus} = xA + yB + \frac{xy}{x+y}(A' + B') + D \qquad (1-27)$$

式中　A，A'——M 的参数；
　　　B，B'——N 的参数；
　　　　D——常数。

由于每个化合物的元素都含有两个参数，建立起的模型称为"标准熵的双参数模型"。

通过双参数模型，对于任何碱金属和碱土金属的氧化物及卤化物的标准熵，可以由该化合物 M_xN_y 的组成元素 M、N 的四个参数 A，A'，B，B' 以及常数 D 通过式（1-27）求得。

标准熵的双参数模型中元素参数的求解需要通过化合物标准熵的已知数据进行回归分析并求解。因此，模型的可靠性取决于已知化合物标准熵的数据是否准确、全面。在化学数据手册中查得 63 个氧化物及卤化物的标准熵数据，其中包括氧化物 23 个，卤化物 40 个，碱金属化合物 31 个，碱土金属化合物 32 个。

1.9.2 标准熵的计算结果与分析

进行回归求解后便可得到 298K 时所述样本空间中 17 种元素的标准熵估算参数 A 和 A'（见表 1-19），以及常数 D（3.898J·mol^{-1}·K^{-1}）。

表1-19 典型离子化合物标准熵的估算参数 A 和 A'（298K）（J·mol^{-1}·K^{-1}）

元素	A	A'	元素	A	A'	元素	A	A'
Li	7.373	15.914	S	39.717	-15.475	Ba	70.527	-53.333
Na	34.124	-10.739	Se	58.417	-23.572	F	39.059	-33.956
K	47.003	-15.03	Be	12.569	-35.277	Cl	48.872	-19.29
Rb	51.531	2.506	Mg	38.151	-57.267	Br	60.193	-14.175
Cs	67.149	-18.29	Ca	26.256	-19.042	I	63.66	-0.395
O	48.86	-55.396	Sr	46.305	-29.826			

对于离子化合物标准熵的估算，早在20世纪50年代Latimer就提出了阴阳离子熵的加和法来估算离子化合物的标准熵；Kier和Hall在其著作中提出了通过研究离子间或分子间的结构和与连接性的指数关系来进行化合物标准熵的估算；国内学者沐来龙等通过拓扑建立极化力连接性指数与标准熵的相关性研究，也提出了相应的估算模型，现将笔者提出的双参数模型与以上模型进行估算结果比较，结果见表1-20。

表1-20 各模型对化合物标准熵的估算结果比较（298K）（J·mol^{-1}·K^{-1}）

物质	标准熵	估 算 值				估 算 误 差			
		双参数	拓扑法	Latimer	Kier-Hall	双参数	拓扑法	Latimer	Kier-Hall
Li$_2$O	37.89	41.17	52.3	39.3	53.2	3.28	14.41	1.41	15.31
Li$_2$S	62.76	58.65	65.1	63.6	62.4	-4.11	2.34	0.84	-0.36
LiF	35.66	41.31	34.4	37.7	46.8	5.65	-1.26	2.04	11.14
LiCl	59.30	58.46	50	55.2	52.9	-0.85	-9.30	-4.10	-6.40
LiBr	74.06	72.33	64.3	69	59.6	-1.72	-9.76	-5.06	-14.46
LiI	85.77	82.69	77.5	75.7	64.2	-3.08	-8.27	-10.07	-21.57
Na$_2$O	75.04	76.89	76.4	72.8	77.9	1.85	1.36	-2.24	2.86
Na$_2$S	96.23	94.38	89.4	97.1	83.1	-1.85	-6.83	0.87	-13.13
NaF	51.21	54.73	50	54.4	58.9	3.52	-1.21	3.19	7.69
NaCl	72.13	71.88	65.5	72	69.9	-0.25	-6.63	-0.13	-2.23
NaBr	86.82	85.76	79.8	85.8	81.8	-1.06	-7.02	-1.02	-5.02
NaI	98.32	96.12	93.2	92.5	90.1	-2.21	-5.12	-5.82	-8.22
K$_2$O	102.01	99.79	97.8	87	91.7	-2.22	-4.21	-15.01	-10.31
K$_2$S	115.06	117.27	111.3	111.3	117.2	2.21	-3.76	-3.76	2.14
KF	66.55	65.47	64.3	61.5	65.8	-1.08	-2.25	-5.05	-0.75

物质	标准熵	估　算　值				估算误差			
		双参数	拓扑法	Latimer	Kier-Hall	双参数	拓扑法	Latimer	Kier-Hall
KCl	82.55	82.61	79.8	79.1	79.4	0.06	-2.75	-3.45	-3.15
KBr	95.94	96.49	94.2	92.9	94.3	0.55	-1.74	-3.04	-1.64
KI	106.39	106.85	107.8	99.6	104.6	0.46	1.41	-6.79	-1.79
Rb_2O	125.52	120.54	117.4	109.6	113.8	-4.98	-8.12	-15.92	-11.72
Rb_2S	133.05	138.03	131.4	133.9	148.6	4.98	-1.65	0.85	15.55
RbF	80.33	78.76	77.5	72.8	76.6	-1.57	-2.83	-7.53	-3.73
RbCl	95.90	95.91	93.2	90.4	94.6	0.01	-2.70	-5.50	-1.30
RbBr	109.96	109.79	107.8	104.2	114.3	-0.17	-2.16	-5.76	4.34
RbI	118.41	120.15	121.5	110.9	127.9	1.73	3.09	-7.51	9.49
Cs_2O	146.86	137.91	135.6	123.8	130.6	-8.95	-11.26	-23.06	-16.26
CsF	88.28	83.98	90	79.9	84.9	-4.30	1.72	-8.38	-3.38
CsCl	101.18	101.13	105.9	97.5	106.2	-0.05	4.72	-3.68	5.02
CsBr	112.97	115.01	120.6	111.3	129.5	2.04	7.63	-1.67	16.53
CsI	123.05	125.37	134.5	118	145.5	2.31	11.45	-5.05	22.45
BeO	13.77	19.99	19.9	20.1	45.3	6.22	6.13	6.33	31.53
BeS	37.03	30.81	33	38.9	51.1	-6.22	-4.03	1.87	14.07
BeF_2	53.35	48.41	52.3	57.3	47.7	-4.95	-1.05	3.95	-5.65
$BeCl_2$	75.81	77.82	76.4	85.8	58.5	2.00	0.59	9.99	-17.31
$BeBr_2$	100.42	103.87	97.8	109.2	70.3	3.45	-2.62	8.78	-30.12
BeI_2	120.50	119.99	117.4	131.8	78.4	-0.51	-3.01	11.30	-42.10
MgO	26.92	34.58	33	33.9	54	7.65	6.08	6.98	27.08
MgS	50.33	45.39	45.9	52.7	63.5	-4.94	-4.43	2.37	13.17
MgSe	62.76	60.08	57.8	79.5	73.9	-2.71	-4.96	16.74	11.14
MgF_2	57.26	59.32	65.1	71.1	58	2.07	7.85	13.85	0.75
$MgCl_2$	89.63	88.73	89.4	99.6	75.6	-0.90	-0.23	9.97	-14.03
$MgBr_2$	117.15	114.78	111.3	123	94.9	-2.37	-5.85	5.85	-22.25
MgI_2	129.70	130.91	131.4	145.6	108.2	1.20	1.67	15.90	-21.50
CaO	38.07	41.76	45	41	58.9	3.72	6.93	2.93	20.83
CaS	56.60	52.61	57.8	59.8	70.4	-3.99	1.20	3.20	13.80
CaSe	67.00	67.26	69.7	86.6	91.9	0.27	2.70	19.60	24.90
CaF_2	68.58	72.92	77.1	78.2	63.8	4.35	8.52	9.62	-4.78
$CaCl_2$	104.60	102.33	101.5	106.7	85.2	-2.27	-3.10	2.10	-19.40
$CaBr_2$	129.70	128.38	123.7	130.1	108.7	-1.32	-6.00	0.40	-21.00

物质	标准熵	估 算 值				估算误差			
		双参数	拓扑法	Latimer	Kier-Hall	双参数	拓扑法	Latimer	Kier-Hall
CaI$_2$	145.27	144.51	144.2	152.7	124.9	-0.76	-1.07	7.43	-20.37
SrO	55.52	56.45	56.2	52.3	66.7	0.93	0.68	-3.22	11.18
SrS	68.20	67.27	69	71.1	81.5	-0.93	0.80	2.90	13.30
SrF$_2$	82.13	85.78	88.3	89.5	73	3.65	6.17	7.37	-9.13
SrCl$_2$	114.81	115.19	113	118	100.5	0.38	-1.81	3.19	-14.31
SrBr$_2$	143.51	141.24	135.5	141.4	130.8	-2.27	-8.01	-2.11	-12.71
SrI$_2$	159.12	157.37	156.4	164	151.6	-1.75	-2.72	4.88	-7.52
BaO	70.42	68.92	66.7	59.4	72.6	-1.50	-3.72	-11.02	2.18
BaS	78.24	79.74	79.6	78.2	90	1.50	1.36	-0.04	11.76
BaF$_2$	96.40	94.32	99.1	96.7	80	-2.08	2.70	0.30	-16.40
BaCl$_2$	123.67	123.73	123.9	125.1	112.2	0.06	0.23	1.43	-11.47
BaBr$_2$	148.53	149.78	146.7	148.5	147.6	1.25	-1.83	-0.03	-0.93
BaI$_2$	165.14	165.91	167.9	171.1	171.9	0.77	2.76	5.96	6.76

Latimer 法估算所得结果的平均误差为 7.850J · mol^{-1} · K^{-1}，Kier - Hall 法的估算误差更大，达到了 14.854J · mol^{-1} · K^{-1}，拓扑研究的结果优于这两者，为 5.260J · mol^{-1} · K^{-1}，而作者所提出的化合物标准熵的双参数估算模型误差仅为 3.115J · mol^{-1} · K^{-1}。分析各个估算模型的估算值，得到了如图 1 - 23 所示的误差正态分布比较图，从图中可以看出，作者所提出的双参数估算模型的估算误差分布更加集中。四个模型中的相关系数分别为 $r_{双参数} = 0.996$，$r_{拓扑法} = 0.988$，$r_{Latimer} = 0.974$，$r_{Kier-Hall} = 0.902$。相比之下，双参数模型对碱金属与碱土金属的氧化物以及卤化物的标准熵的估算具有更高的准确性。

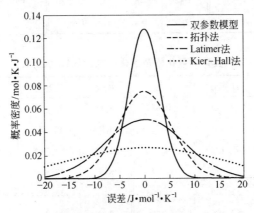

图 1 - 23 各种方法估算的标准熵误差的正态分布比较图

进一步分析双参数模型的数据结果，样本数据的标准差为 3.274J·mol⁻¹·K⁻¹。在 63 个数据中，误差在大于 1S、大于 2S、大于 3S 的分布比例分别为 23.8%、4.8%、0%，而 1S 以内的数据占据了 71.4%，在统计学角度上，可以确定用双参数模型来估算碱金属与碱土金属的氧化物和卤化物的标准熵是可靠的。

1.10　典型离子化合物比热容的估算模型

对于所描述的化合物 M_xN_y，估算比热容的双参数模型的表达式为：

$$c^{\ominus}_{p298} = xA + yB + \frac{xy}{x+y}(A' + B') + D \qquad (1-28)$$

式中　A，A'——M 的参数；

$\qquad$ B，B'——N 的参数；

$\qquad$ D——常数。

进行回归求解后便可得到 298K 时所述样本空间中 17 种元素的比热容估算参数 A 和 A'，见表 1-21，以及常数 D（5.350J·mol⁻¹·K⁻¹）。所录用样本中 63 个数据的平均误差为 1.874J·mol⁻¹·K⁻¹，相关系数为 0.999，具体的氧化物及卤化物的比热容数据见表 1-22。

表 1-21　典型离子化合物比热容的估算参数 A 和 A'（298K）　（J·mol⁻¹·K⁻¹）

元素	A	A'	元素	A	A'	元素	A	A'
Li	-4.966	47.123	S	31.822	-15.445	Ba	14.968	11.762
Na	30.326	-16.391	Se	27.986	10.315	F	17.634	7.325
K	29.603	-13.455	Be	-21.478	47.567	Cl	24.297	-2.202
Rb	23.116	3.38	Mg	-4.925	34.619	Br	26.016	-4.422
Cs	29.969	-12.732	Ca	-5.15	39.724	I	25.594	-1.018
O	21.642	-2.837	Sr	9.645	19.812			

表 1-22　具体的氧化物及卤化物的比热容（298K）　（J·mol⁻¹·K⁻¹）

物质	比热容	计算值	误差	物质	比热容	计算值	误差
LiCl	48.030	47.142	-0.889	K_2O	74.417	75.331	0.914
LiBr	48.941	47.751	-1.191	KF	48.975	49.522	0.547
SrO	45.411	45.125	-0.286	KCl	51.713	51.422	-0.291
NaCl	50.503	50.677	0.174	KBr	52.306	52.031	-0.275
NaBr	51.893	51.286	-0.608	KI	52.780	53.311	0.531
NaI	52.225	52.566	0.341	BaO	47.278	46.423	-0.855

物质	比热容	计算值	误差	物质	比热容	计算值	误差
Rb_2O	74.058	73.586	-0.472	CsBr	52.183	52.758	0.575
RbF	50.506	51.453	0.947	$BaCl_2$	75.142	75.289	0.147
$BaBr_2$	77.014	77.246	0.232	$BeBr_2$	66.063	64.682	-1.381
CaI_2	77.158	77.204	0.046	$SrCl_2$	75.592	75.335	-0.257
Cs_2O	75.985	76.546	0.561	MgO	37.110	37.958	0.848
Cs_2S	78.878	78.317	-0.561	MgI_2	74.849	74.025	-0.824
CsCl	52.444	52.149	-0.295	$MgCl_2$	71.383	70.641	-0.742

在比热容双参数模型的数据结果中，样本数据的标准差为$2.844J \cdot mol^{-1} \cdot K^{-1}$。63个数据，误差在大于$1S$、大于$2S$、大于$3S$的分布比例分别为12.7%、4.8%、3.2%，而$1S$以内的数据占据了79.4%，在统计学角度中，可以确定用双参数模型来估算碱金属与碱土金属的氧化物和卤化物的比热容是可靠的。

图1-24直观地表现出比热容的双参数模型的63个数据的估算误差符合正态分布。

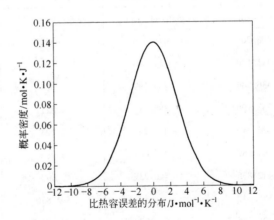

图1-24　比热容误差的分布曲线

1.11　典型离子化合物标准生成焓的估算模型

对于所描述的化合物M_xN_y，估算它的标准生成焓时仍采用双参数模型。估算模型的表达式为：

$$\Delta H_{298}^{\ominus} = xA + yB + \frac{xy}{x+y}(A' + B') + D \tag{1-29}$$

式中 A，A'——M 的参数；

B，B'——N 的参数；

D——常数。

进行回归求解后便可得到 298K 时所述样本空间中 17 种元素的标准生成焓估算参数 A 和 A'（见表 1 - 23）以及常数 D（ - 35.609kJ · mol⁻¹）。所录用样本中 63 个数据的平均误差为 26.895kJ · mol⁻¹，相关系数为 0.988，具体的氧化物及卤化物的标准生成焓见表 1 - 24。

表 1 - 23　标准生成焓的估算参数 A 和 A'（298K）　　（J · mol⁻¹）

元素	A	A'	元素	A	A'	元素	A	A'
Li	-289.071	-651.336	S	446.245	215.281	Ba	52.749	-1911.201
Na	-134.97	-954.333	Se	792.636	-319.873	F	-213.249	602.784
K	-54.744	-1160.392	Be	-595.834	-382.91	Cl	145.873	180.153
Rb	-19.245	-1228.643	Mg	-420.047	-912.476	Br	229.327	104.489
Cs	-6.039	-1269.078	Ca	-297.443	-1315.449	I	327.261	44.562
O	-292.569	1203.641	Sr	-119.439	-1613.684			

表 1 - 24　具体的氧化物及卤化物的标准生成焓（298K）

物质	生成焓/kJ · mol⁻¹	计算值/kJ · mol⁻¹	误差/kJ · mol⁻¹	相对误差/%
LiCl	-408.266	-414.399	-6.132	1.5
NaCl	-411.120	-411.796	-0.676	0.2
KCl	-436.684	-434.599	2.085	-0.5
KBr	-393.798	-388.977	4.821	-1.2
RbCl	-435.349	-433.226	2.123	-0.5
RbBr	-394.589	-387.604	6.986	-1.8
CsCl	-442.835	-440.237	2.598	-0.6
BeBr₂	-355.640	-358.496	-2.856	0.8
MgBr₂	-524.255	-535.929	-11.674	2.2
CaF₂	-1225.912	-1234.897	-8.985	0.7
CaCl₂	-795.797	-798.548	-2.751	0.3
CaBr₂	-683.247	-682.108	1.139	-0.2
CaI₂	-536.807	-526.211	10.596	-2.0
SrBr₂	-717.974	-703.028	14.946	-2.1

分析双参数模型的数据结果，样本数据的标准差为 36.696kJ · mol⁻¹。在 63

个数据中，误差在大于 1S、大于 2S、大于 3S 的分布比例分别为 23.8%、4.8%、1.6%，而 1S 以内的数据占据了 71.4%。在统计学角度上，可以确定用双参数模型来估算碱金属与碱土金属的氧化物和卤化物的生成熵是可靠的。

图 1 - 25 直观地表现出标准生成焓的双参数模型的 63 个数据的估算误差符合正态分布。

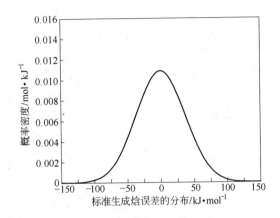

图 1 - 25　标准生成焓误差的分布曲线

2　矿物熔体活度计算

2.1　分子离子共存模型及改进

与钢液组分活度相比，炉渣组分活度的计算显得更为复杂。分子模型、完全离子溶液模型和正规离子溶液模型已难以适用于复杂的炉渣。在已有的各种模型中，大部分模型都需要依赖实测活度数据，如亚正规模型、似化学理论模型、SELF 模型等均依靠实测数据进行最小二乘法处理来优化拟合模型中的各种参数，这就严重阻碍了模型的推广及发展。分子离子共存理论求解模型主要依靠相图和有关的热力学数据，它的最大优点是可以不依赖实测的活度数据。

张鉴等利用分子离子共存理论求解了一些金属熔体和熔渣的活度，如 CaO-SiO$_2$-Al$_2$O$_3$、CaO-SiO$_2$-FeO 等，结果比较满意。此模型从结晶化学的观点、导电性、相图、炉渣的热力学参数和测定的活度与其结构一致性等方面的事实进行了论证。模型的要点是：熔渣由简单离子和分子状化合物组成，并处于平衡反应中，例如，$(M^{2+}+O^{2-})+(SiO_2)=(MSiO_3)$，而复杂化合物是在离子参与的协同作用下形成的。为了求熔渣中组分的作用浓度（活度），可建立方程：（1）根据相图选定的渣中存在的复杂化合物分子形成反应的平衡常数方程；（2）简单氧化物浓度的平衡方程；（3）组分浓度的总和方程。由此可得出以基本氧化物浓度为参数的回归方程，引入实测活度值，可依次求得复杂化合物形成的平衡常数及组分的作用浓度（活度）。

对于已知热力学数据的体系，可以不需要实测活度值直接计算组分的活度，这是与亚正规模型、似化学理论模型、SELF 模型的本质区别。在诸多的实测活度数据下，还可半定量得到未知反应的吉布斯自由能的变化。虽然在某些理论方面，分子离子共存模型还存在一定问题，但是它对定性、甚至定量研究未知活度体系的活度变化规律却是有效的，这也是其他模型所不能比拟的。

不过分子离子共存理论目前也存在一些问题：

（1）由于相图的不足和热力学数据的缺乏，给进一步应用模型解决实际问题带来了麻烦，这也是各种模型共同面临的问题。

（2）主要针对常规的炼钢炉渣，很少研究含有色合金元素氧化物的炉渣。

（3）过分依赖相图中所有的物相，有些高温体系并不存在的物相也会包括在模型中，对于四元或更复杂的体系，不仅使问题复杂化，而且给求解的唯一性和可靠性添加了更多的不确定性。

针对热力学数据的不足，作者提出了估算复杂氧化物体系的热力学性质，基本上解决了有色金属复合氧化物所需的熵、焓等数据。相图也是分子离子模型的基础，然而完整的相图是难以得到的，特别是含有色金属氧化物的相图。

针对过于依赖相图中所有的物相问题，作者提出以少数结合力最强的复合化合物作为计算基础，不仅简化了模型，也确保了求解的可靠性和唯一性，这对定性、定量分析简单氧化物的活度是非常有效的。少数结合力最强的复合化合物可根据相图、热力学数据计算以及 X 射线衍射等方法确定。

对于用金属氧化物矿冶炼合金钢，将会涉及所需研究的有价金属元素，如 W、Mo、V、Cr、Nb 等，在此将利用作者的观点改进发展分子离子共存模型，并应用于金属氧化物矿冶炼合金钢技术中。

2.2　$CaO\text{-}FeO\text{-}SiO_2\text{-}V_2O_3$ 四元渣系熔渣活度计算模型

本节内容是氧化钒或钒渣直接合金化研究体系的熔渣活度理论，为氧化钒合金化的热力学可行性与参数变化规律奠定了理论基础，并已经应用在实践中。

2.2.1　组分确定

分子离子共存理论的核心问题之一是熔渣组分的确定，对于 $CaO\text{-}FeO\text{-}SiO_2$ 三元体系组分的确定已有文献报道，因此，本节重点探讨 V_2O_3 和其他组分能否形成化合物。

从 $CaO\text{-}FeO\text{-}V_2O_3$ 三元相图（见图 2-1）可见，FeO 与 V_2O_3 可形成 FeV_2O_4 化合物。而 $CaO\text{-}V_2O_3$ 体系存在 C_5（$Ca_5V_2O_x$，$x = 9.5 \sim 12.5$）、C_9（$Ca_9V_6O_x$，

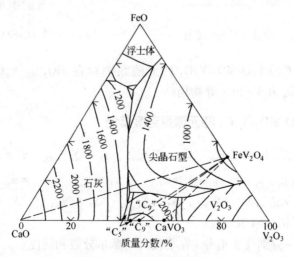

图 2-1　$CaO\text{-}FeO\text{-}V_2O_3$ 相图

$x = 18 \sim 24$）和 $CaVO_3$ 三种化合物。$CaVO_3$ 中 V 为 4 价，而 C_5 与 C_9 为混合价态，价态均高于 3 价。V_2O_3 和 CaO 难以形成 V^{3+} 的二元化合物的原因为：FeV_2O_4 物相的分子结构属于尖晶石类型（分子式为 AB_2O_4），晶体结构的空间群为面心立方 Fd3m（S. G. 227）。从图 2 - 2 可见，V^{3+} 和 O^{2-} 形成八面体，并通过共顶点连接在一起，Fe^{2+} 位于 V-O 八面体的空隙中。因此，对二价阳离子的离子半径有一定的要求。Zn^{2+}、Cd^{2+}、Mg^{2+} 等离子半径较小的阳离子可存在于 V-O 八面体的空隙中，因此也能形成 ZnV_2O_4、CdV_2O_4、MgV_2O_4 等尖晶石类型结构，而 Ca^{2+}、Sr^{2+}、Ba^{2+} 等离子半径较大的阳离子难以进入 V-O 八面体的空隙中，因此它们未能形成尖晶石类型结构的物相。从图 2 - 3 可见，V_2O_3 和 SiO_2 未能形成新的化合物。

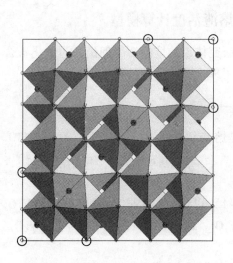

图 2 - 2　FeV_2O_4 的分子结构示意图

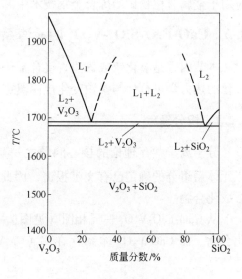

图 2 - 3　V_2O_3-SiO_2 相图

综上所述，CaO-FeO-SiO_2-V_2O_3 四元渣系中存在 SiO_2、V_2O_3、$CaSiO_3$、Ca_2SiO_4、FeV_2O_4 和 Fe_2SiO_4 等物相。

2.2.2　CaO-FeO-SiO_2-V_2O_3 四元渣系活度模型

令 $b_1 = \sum x_{CaO}$、$b_2 = \sum x_{FeO}$、$a_1 = \sum x_{SiO_2}$、$a_2 = \sum x_{V_2O_3}$、$x_1 = x_{CaO}$、$x_2 = x_{FeO}$、$y_1 = x_{SiO_2}$、$y_2 = x_{V_2O_3}$、$z_1 = x_{CaSiO_3}$、$z_2 = x_{FeV_2O_4}$、$w_1 = x_{Ca_2SiO_4}$、$w_2 = x_{Fe_2SiO_4}$、$N_1 = N_{CaO}$、$N_2 = N_{FeO}$、$N_3 = N_{SiO_2}$、$N_4 = N_{V_2O_3}$、$N_5 = N_{CaSiO_3}$、$N_6 = N_{FeV_2O_4}$、$N_7 = N_{Ca_2SiO_4}$、$N_8 = N_{Fe_2SiO_4}$、$\sum x =$ 平衡总摩尔分数。

其中　x_i，N_i——分别代表组分 i 在平衡时的摩尔分数和活度；

a_i，b_i——分别代表反应前酸性和碱性氧化物 i 的总摩尔分数。

有关化学方程见表 2-1，其中 K_i 和 $\Delta G_i^{\ominus}$ 分别代表方程 i 的平衡常数和标准 Gibbs 自由能。

表 2-1　CaO-FeO-SiO$_2$-V$_2$O$_3$ 四元渣系模型中的化学方程

$(Ca^{2+}+O^{2-})+(SiO_2)\Longrightarrow(CaSiO_3)$	$\Delta G^{\ominus}=-22476-38.52T$	$N_5=K_1N_1N_3$
$2(Ca^{2+}+O^{2-})+(SiO_2)\Longrightarrow(Ca_2SiO_4)$	$\Delta G^{\ominus}=-100986-24.03T$	$N_7=K_2N_1^2N_3$
$2(Fe^{2+}+O^{2-})+(SiO_2)\Longrightarrow(Fe_2SiO_4)$	$\Delta G^{\ominus}=-28596+3.35T$	$N_8=K_3N_2^2N_3$
$(Fe^{2+}+O^{2-})+(V_2O_3)\Longrightarrow(FeV_2O_4)$	$\Delta G^{\ominus}=-45190+16.32T$	$N_6=K_4N_2N_4$

根据质量平衡原理，可以得到下列方程：

$$b_1=x_1+z_1+2w_1,\ b_2=x_2+z_2+2w_2,$$
$$a_1=y_1+z_1+w_1+w_2,\ a_2=y_2+z_2,$$
$$\sum x=2(x_1+x_2)+a_1+a_2$$

各组分的作用浓度为：

$$N_1=\frac{x_1}{x_1+x_2+0.5(a_1+a_2)},\ N_2=\frac{x_2}{x_1+x_2+0.5(a_1+a_2)},$$

$$N_3=\frac{y_1}{2(x_1+x_2)+a_1+a_2},\ N_4=\frac{y_2}{2(x_1+x_2)+a_1+a_2},$$

$$N_5=\frac{z_1}{2(x_1+x_2)+a_1+a_2},\ N_6=\frac{z_2}{2(x_1+x_2)+a_1+a_2},$$

$$N_7=\frac{w_1}{2(x_1+x_2)+a_1+a_2},\ N_8=\frac{w_2}{2(x_1+x_2)+a_1+a_2}$$

上述方程，经过化简，可得到下列 4 个方程：

$$N_1=\frac{b_1(1-N_1-N_2)}{(a_1+a_2)(0.5+K_1N_3+2K_2N_1N_3)},\ N_2=\frac{b_2(1-N_1-N_2)}{(a_1+a_2)(0.5+K_4N_4+2K_3N_2N_3)},$$

$$N_3=\frac{a_1(1-N_1-N_2)}{(a_1+a_2)(1+K_1N_1+K_2N_1^2+K_3N_2^2)},\ N_4=\frac{a_2(1-N_1-N_2)}{(a_1+a_2)(1+K_4N_2)}$$

通过简单的迭代法即可求得 N_1、N_2、N_3、N_4，然后通过其他方程，便可解出熔渣中各组分的活度（见图 2-4）。

2.2.3　熔渣中组分活度分析

碱度对三元体系 CaO-SiO$_2$-V$_2$O$_3$ 组分活度的影响如图 2-5 所示。随着炉渣碱度的提高，CaO 的活度升高、SiO$_2$ 的活度下降，而 V$_2$O$_3$ 的活度则出现一峰值。当炉渣碱度小于 1.75 时，随着碱度的提高，V$_2$O$_3$ 的活度升高；而当炉渣碱度大于 1.75 时，随着碱度的升高，V$_2$O$_3$ 的活度反而降低。

FeO 含量对炉渣中 V$_2$O$_3$ 活度的影响如图 2-6 所示，V$_2$O$_3$ 的活度随着 FeO 含

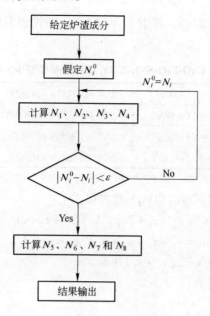

图 2-4 CaO-SiO$_2$-FeO-V$_2$O$_3$ 活度计算流程图

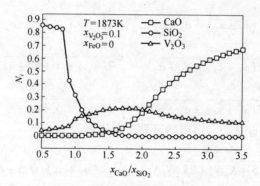

图 2-5 碱度对 CaO-SiO$_2$-V$_2$O$_3$ 组分活度的影响

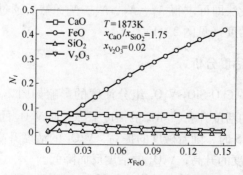

图 2-6 FeO 含量对炉渣中 V$_2$O$_3$ 活度的影响

量的增加而减小，这是因为一方面，FeO 与 V_2O_3 结合生成了 FeV_2O_4；另一方面，由于 FeO 与 V_2O_3 的结合力较弱，因此降低幅度不大。

由于此程序计算较为简单，读者可根据自己的条件计算出熔渣各组分的活度（改变条件，包括炉渣组成和冶炼温度），在此不再赘述。

东北大学的田彦文等用化学平衡法以金属锡为溶剂直接测定了 CaO-SiO_2-V_2O_3 三元系熔渣中 V_2O_3 的活度。实验所用渣的碱度在 $0.6 \sim 1.2$ 之间，渣中 V_2O_3 的质量分数在 $5\% \sim 25\%$ 之间，实验结果如图 2-7 所示。在相同的条件下，本模型的计算结果与实际测得值符合很好。

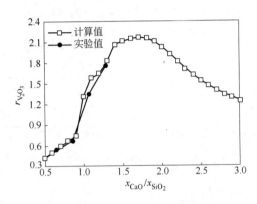

图 2-7　V_2O_3 组分活度系数的实际测量值和模型计算值的对比

2.3　CaO-SiO_2-FeO-MoO_3 熔渣活度计算模型

对于氧化钼的直接合金化过程，CaO-SiO_2-FeO-MoO_3 熔渣是主要渣系之一，当渣中不含 FeO 时，CaO-SiO_2-FeO-MoO_3 四元渣系将退化成 CaO-SiO_2-MoO_3 三元渣系；如果此四元渣系不含 MoO_3，将变成 CaO-SiO_2-FeO 三元渣系。

2.3.1　模型建立

CaO-SiO_2-FeO-MoO_3 四元渣系在炼钢温度下存在 Ca^{2+}、Fe^{2+}、O^{2-}、SiO_2、MoO_3、$CaSiO_3$、Ca_2SiO_4、$CaMoO_4$ 和 Fe_2SiO_4。

令 $b_1 = \sum x_{CaO}$，$b_2 = \sum x_{FeO}$，$a_1 = \sum x_{SiO_2}$，$a_2 = \sum x_{MoO_3}$，$x_1 = x_{CaO}$，$x_2 = x_{FeO}$，$y_1 = x_{SiO_2}$，$y_2 = x_{MoO_3}$，$z_1 = x_{CaSiO_3}$，$z_2 = x_{CaMoO_4}$，$w_1 = x_{Ca_2SiO_4}$，$w_2 = x_{Fe_2SiO_4}$，$N_1 = N_{CaO}$，$N_2 = N_{FeO}$，$N_3 = N_{SiO_2}$，$N_4 = N_{MoO_3}$，$N_5 = N_{CaSiO_3}$，$N_6 = N_{CaMoO_4}$，$N_7 = N_{Ca_2SiO_4}$，$N_8 = N_{Fe_2SiO_4}$，$\sum x = $ 平衡总摩尔分数。

化学方程见表 2-2。

表 2 - 2 CaO-FeO-SiO$_2$-MoO$_3$ 四元渣系模型中的化学方程

$(Ca^{2+} + O^{2-}) + (SiO_2) \Longrightarrow (CaSiO_3)$	$\Delta G^{\ominus} = -22476 - 38.52T$	$N_5 = K_1 N_1 N_3$
$2(Ca^{2+} + O^{2-}) + (SiO_2) \Longrightarrow (Ca_2SiO_4)$	$\Delta G^{\ominus} = -100986 - 24.03T$	$N_7 = K_2 N_1^2 N_3$
$2(Fe^{2+} + O^{2-}) + (SiO_2) \Longrightarrow (Fe_2SiO_4)$	$\Delta G^{\ominus} = -28596 + 3.35T$	$N_8 = K_3 N_2^2 N_3$
$(Ca^{2+} + O^{2-}) + (MoO_3) \Longrightarrow (CaMoO_4)$	$\Delta G^{\ominus} = -260743 + 45.17T$	$N_6 = K_4 N_1 N_4$

质量平衡：

$$b_1 = x_1 + z_1 + z_2 + 2w_1, \quad b_2 = x_2 + 2w_2$$

$$a_1 = y_1 + z_1 + w_1 + w_2, \quad a_2 = y_2 + z_2$$

$$\sum x = 2(x_1 + x_2) + a_1 + a_2$$

各组分的作用浓度：

$$N_1 = \frac{x_1}{x_1 + x_2 + 0.5(a_1 + a_2)}, N_2 = \frac{x_2}{x_1 + x_2 + 0.5(a_1 + a_2)}, N_3 = \frac{y_1}{2(x_1 + x_2) + a_1 + a_2},$$

$$N_4 = \frac{y_2}{2(x_1 + x_2) + a_1 + a_2}, N_5 = \frac{z_1}{2(x_1 + x_2) + a_1 + a_2}, N_6 = \frac{z_2}{2(x_1 + x_2) + a_1 + a_2},$$

$$N_7 = \frac{w_1}{2(x_1 + x_2) + a_1 + a_2}, N_8 = \frac{w_2}{2(x_1 + x_2) + a_1 + a_2}$$

式中 K_i——某反应的平衡常数；

a_i——根据化学分析计算的反应前某酸性氧化物的总摩尔分数；

b_i——根据化学分析计算的反应前某碱性氧化物的总摩尔分数；

x_i——反应平衡后某物质的摩尔分数；

N_i——熔体中某物质的作用浓度。

当炉渣中 FeO 很低时，可忽略 FeO，此时 CaO-SiO$_2$-FeO-MoO$_3$ 四元渣系可简化为 CaO-SiO$_2$-MoO$_3$ 三元渣系。这时求解组分活度时，仍可使用上述模型。

本模型的计算过程简单，与 CaO-FeO-SiO$_2$-V$_2$O$_3$ 体系相似。N_i 的计算公式经过上述公式推导可得：

$$N_1 = \frac{b_1(1 - N_1 - N_2)}{(a_1 + a_2)(0.5 + K_1 N_3 + K_4 N_4 + 2K_2 N_1 N_3)}, N_2 = \frac{b_2(1 - N_1 - N_2)}{(a_1 + a_2)(0.5 + 2K_3 N_2 N_3)}$$

$$N_3 = \frac{a_1(1 - N_1 - N_2)}{(a_1 + a_2)(1 + K_1 N_1 + K_2 N_1^2 + K_3 N_2^2)}, N_4 = \frac{a_2(1 - N_1 - N_2)}{(a_1 + a_2)(1 + K_4 N_1)}$$

2.3.2 熔渣中组分活度分析

碱度对 CaO-SiO$_2$-MoO$_3$ 组分活度的影响如图 2 - 8 所示。可见，随碱度的提高，CaO 活度升高、SiO$_2$ 和 MoO$_3$ 活度下降；CaMoO$_4$ 的活度则出现一峰值，当碱度 (x_{CaO}/x_{SiO_2}) < 1.75 时，随碱度提高，CaMoO$_4$ 活度升高；当碱度 ($x_{CaO}/$

x_{SiO_2}）>1.75 时，随碱度提高，$CaMoO_4$ 活度反而下降。从图 2-8（b）中同时可见，随碱度提高，MoO_3 的活度很低，这是因为 CaO 和 MoO_3 之间的结合力很强。

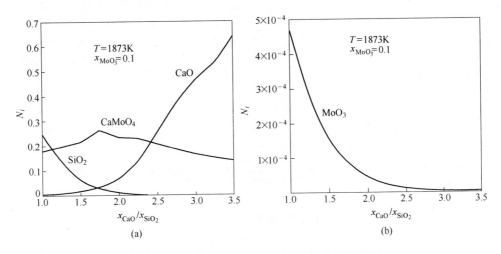

图 2-8　碱度对 CaO-SiO_2-MoO_3 组分活度的影响

MoO_3 含量对 CaO-SiO_2-MoO_3 组分活度的影响如图 2-9 所示。随 MoO_3 含量的提高，$CaMoO_4$ 和 SiO_2 活度上升，而 CaO 活度下降。这是因为 MoO_3 属于酸性物质。从图 2-8 和图 2-9 可见，$CaMoO_4$ 在渣中的活度系数不等于 1，即使渣中 $CaMoO_4$ 摩尔分数小于 0.001，渣中 $CaMoO_4$ 活度系数也略高于 1，当熔渣中 $CaMoO_4$ 浓度很低时，令它的活度系数为 1 不会产生太大偏差。

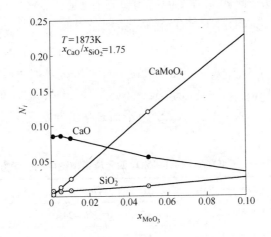

图 2-9　MoO_3 含量对 CaO-SiO_2-MoO_3 组分活度的影响

在碱度（x_{CaO}/x_{SiO_2}）=1.75 时，CaO-SiO_2-FeO-MoO_3 四元渣系中炉渣的氧化性

最强，图 2-10 是 FeO 含量对 CaO-SiO$_2$-FeO-MoO$_3$ 组分活度的影响。

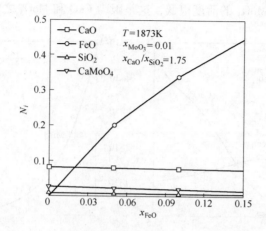

图 2-10　FeO 含量对 CaO-SiO$_2$-FeO-MoO$_3$ 组分活度的影响

2.4　CaO-SiO$_2$-FeO-WO$_3$ 熔渣活度计算模型

2.4.1　模型建立

CaO-SiO$_2$-FeO-WO$_3$ 四元渣系是白钨矿还原过程的基本渣系，当渣中不含 FeO 时，此四元渣系将退化成 CaO-SiO$_2$-WO$_3$ 三元渣系；如果此四元渣系不含 WO$_3$，将变成 CaO-SiO$_2$-FeO 三元渣系。在炼钢温度下，WO$_3$ 还可能与 FeO 结合生成 FeWO$_4$，因此，此四元渣系的结构单元有 Ca^{2+}、Fe^{2+}、O^{2-}、SiO$_2$、WO$_3$、CaSiO$_3$、Ca$_2$SiO$_4$、CaWO$_4$、FeWO$_4$ 和 Fe$_2$SiO$_4$。

令 $b_1 = \sum x_{CaO}$，$b_2 = \sum x_{FeO}$，$a_1 = \sum x_{SiO_2}$，$a_2 = \sum x_{WO_3}$，$x_1 = x_{CaO}$，$x_2 = x_{FeO}$，$y_1 = x_{SiO_2}$，$y_2 = x_{WO_3}$，$z_1 = x_{CaSiO_3}$，$z_2 = x_{CaWO_4}$，$z_3 = x_{FeWO_4}$，$w_1 = x_{Ca_2SiO_4}$，$w_2 = x_{Fe_2SiO_4}$，$N_1 = N_{CaO}$，$N_2 = N_{FeO}$，$N_3 = N_{SiO_2}$，$N_4 = N_{WO_3}$，$N_5 = N_{CaSiO_3}$，$N_6 = N_{CaWO_4}$，$N_7 = N_{FeWO_4}$，$N_8 = N_{Ca_2SiO_4}$，$N_9 = N_{Fe_2SiO_4}$，$\sum x =$ 平衡总摩尔分数。

化学方程见表 2-3。

表 2-3　CaO-FeO-SiO$_2$-WO$_3$ 四元渣系模型中的化学方程

$(Ca^{2+} + O^{2-}) + (SiO_2) =\!\!=\!\!= (CaSiO_3)$	$\Delta G^{\ominus} = -22476 - 38.52T$	$N_5 = K_1 N_1 N_3$
$2(Ca^{2+} + O^{2-}) + (SiO_2) =\!\!=\!\!= (Ca_2SiO_4)$	$\Delta G^{\ominus} = -100986 - 24.03T$	$N_8 = K_2 N_1^2 N_3$
$2(Fe^{2+} + O^{2-}) + (SiO_2) =\!\!=\!\!= (Fe_2SiO_4)$	$\Delta G^{\ominus} = -28596 + 3.35T$	$N_9 = K_3 N_2^2 N_3$
$(Ca^{2+} + O^{2-}) + (WO_3) =\!\!=\!\!= (CaWO_4)$	$\Delta G^{\ominus} = -263861 + 47.15T$	$N_6 = K_4 N_1 N_4$
$(Fe^{2+} + O^{2-}) + (WO_3) =\!\!=\!\!= FeWO_{4(s)}$	$\Delta G^{\ominus} = -159538 + 51.05T$	$N_7 = K_5 N_2 N_4$

质量平衡:

$$b_1 = x_1 + z_1 + z_2 + 2w_1, b_2 = x_2 + z_3 + 2w_2$$

$$a_1 = y_1 + z_1 + w_1 + w_2, a_2 = y_2 + z_2 + z_3$$

$$\sum x = 2(x_1 + x_2) + a_1 + a_2$$

各组分的作用浓度:

$$N_1 = \frac{x_1}{x_1 + x_2 + 0.5(a_1 + a_2)}, \quad N_2 = \frac{x_2}{x_1 + x_2 + 0.5(a_1 + a_2)}, \quad N_3 = \frac{y_1}{2(x_1 + x_2) + a_1 + a_2},$$

$$N_4 = \frac{y_2}{2(x_1 + x_2) + a_1 + a_2}, \quad N_5 = \frac{z_1}{2(x_1 + x_2) + a_1 + a_2}, \quad N_6 = \frac{z_2}{2(x_1 + x_2) + a_1 + a_2},$$

$$N_7 = \frac{z_3}{2(x_1 + x_2) + a_1 + a_2}, \quad N_8 = \frac{w_1}{2(x_1 + x_2) + a_1 + a_2}, \quad N_9 = \frac{w_2}{2(x_1 + x_2) + a_1 + a_2}$$

上述四元渣系模型中共有 19 个未知变量,也共有 19 个函数公式,因此本模型可以解出熔渣中 CaO、SiO_2、FeO、WO_3、$CaWO_4$ 等组分的活度。

$$N_1 = \frac{b_1(1 - N_1 - N_2)}{(a_1 + a_2)(0.5 + K_1 N_3 + K_4 N_4 + 2K_2 N_1 N_3)}$$

$$N_2 = \frac{b_2(1 - N_1 - N_2)}{(a_1 + a_2)(0.5 + K_5 N_4 + 2K_3 N_2 N_3)}$$

$$N_3 = \frac{a_1(1 - N_1 - N_2)}{(a_1 + a_2)(1 + K_1 N_1 + K_2 N_1^2 + K_3 N_2^2)}$$

$$N_4 = \frac{a_2(1 - N_1 - N_2)}{(a_1 + a_2)(1 + K_4 N_1 + K_5 N_2)}$$

2.4.2 炉渣活度分析

从图 2 - 11 可看出,随着碱度的提高,CaO 与 FeO 活度增加,而酸性氧化物 SiO_2、WO_3 与 $FeWO_4$ 的活度下降,$CaWO_4$ 活度基本上未变。

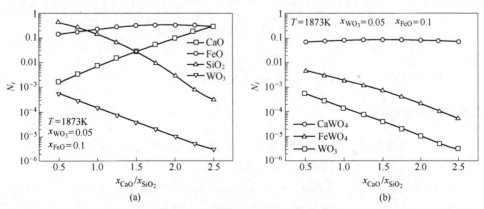

图 2 - 11 碱度对组分活度的影响

随着 FeO 含量增加，FeO 和 $FeWO_4$ 活度提高，CaO、SiO_2、WO_3 与 $CaWO_4$ 的变化较小，如图 2-12 所示。随着 WO_3 含量的增加，酸性氧化物 WO_3 和 SiO_2、钨酸盐的活度提高，CaO 活度逐步下降，而 FeO 活度变化不大，如图 2-13 所示。

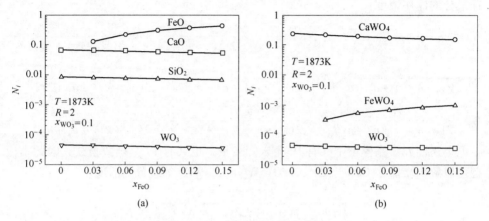

图 2-12　FeO 对组分活度的影响

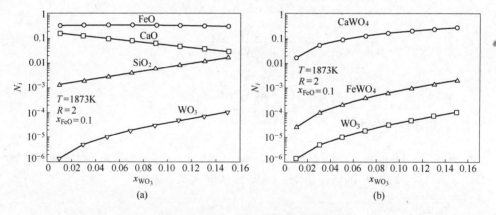

图 2-13　WO_3 对组分活度的影响

2.5　$CaO\text{-}FeO\text{-}Nb_2O_5\text{-}SiO_2$ 渣系活度模型

2.5.1　模型的建立

在炼钢温度条件下，四元渣系可能存在的物相单元有 Ca^{2+}、Fe^{2+}、O^{2-}、SiO_2、Nb_2O_5、$CaSiO_3$、Ca_2SiO_4、$CaNb_2O_6$、$Ca_2Nb_2O_7$、$FeNb_2O_6$ 和 Fe_2SiO_4。令 $b_1 = \sum x_{CaO}$，$b_2 = \sum x_{FeO}$，$a_1 = \sum x_{SiO_2}$，$a_2 = \sum x_{Nb_2O_5}$，$x_1 = x_{CaO}$，$x_2 = x_{FeO}$，$y_1 = x_{SiO_2}$，$y_2 = x_{Nb_2O_5}$，$z_1 = x_{CaSiO_3}$，$z_2 = x_{CaNb_2O_6}$，$z_3 = x_{Ca_2Nb_2O_7}$，$z_4 = x_{FeNb_2O_6}$，$w_1 = $

$x_{Ca_2SiO_4}$，$w_2 = x_{Fe_2SiO_4}$，$N_1 = N_{CaO}$，$N_2 = N_{FeO}$，$N_3 = N_{SiO_2}$，$N_4 = N_{Nb_2O_5}$，$N_5 = N_{CaSiO_3}$，$N_6 = N_{CaNb_2O_6}$，$N_7 = N_{Ca_2Nb_2O_7}$，$N_8 = N_{Ca_2SiO_4}$，$N_9 = N_{Fe_2SiO_4}$，$N_{10} = N_{FeNb_2O_6}$，$\sum x = $ 平衡总摩尔分数。

化学方程见表 2 - 4。

表 2 - 4 CaO-FeO-Nb$_2$O$_5$-SiO$_2$ 四元渣系模型中的化学方程

$(Ca^{2+} + O^{2-}) + (SiO_2) = (CaSiO_3)$	$\Delta G^{\ominus} = -22476 - 38.52T$	$N_5 = K_1 N_1 N_3$
$2(Ca^{2+} + O^{2-}) + (SiO_2) = (Ca_2SiO_4)$	$\Delta G^{\ominus} = -100986 - 24.03T$	$N_8 = K_2 N_1^2 N_3$
$2(Fe^{2+} + O^{2-}) + (SiO_2) = (Fe_2SiO_4)$	$\Delta G^{\ominus} = -28596 + 3.35T$	$N_9 = K_3 N_2^2 N_3$
$(Ca^{2+} + O^{2-}) + (Nb_2O_5) = CaNb_2O_{6(s)}$	$\Delta G^{\ominus} = -325181 + 86.28T$	$N_6 = K_4 N_1 N_4$
$(Fe^{2+} + O^{2-}) + (Nb_2O_5) = FeNb_2O_{6(s)}$	$\Delta G^{\ominus} = -238073 + 87.32T$	$N_{10} = K_5 N_2 N_4$
$2(Ca^{2+} + O^{2-}) + (Nb_2O_5) = Ca_2Nb_2O_{7(s)}$	$\Delta G^{\ominus} = -448897 + 106.06T$	$N_7 = K_6 N_1^2 N_4$

质量平衡：
$$b_1 = x_1 + z_1 + z_2 + 2z_3 + 2w_1, \quad b_2 = x_2 + z_4 + 2w_2$$
$$a_1 = y_1 + z_1 + w_1 + w_2, \quad a_2 = y_2 + z_2 + z_3 + z_4$$
$$\sum x = 2(x_1 + x_2) + a_1 + a_2$$

各组分的作用浓度：
$$N_1 = \frac{x_1}{x_1 + x_2 + 0.5(a_1 + a_2)}, \quad N_2 = \frac{x_2}{x_1 + x_2 + 0.5(a_1 + a_2)}, \quad N_3 = \frac{y_1}{2(x_1 + x_2) + a_1 + a_2},$$
$$N_4 = \frac{y_2}{2(x_1 + x_2) + a_1 + a_2}, \quad N_5 = \frac{z_1}{2(x_1 + x_2) + a_1 + a_2}, \quad N_6 = \frac{z_2}{2(x_1 + x_2) + a_1 + a_2},$$
$$N_7 = \frac{z_3}{2(x_1 + x_2) + a_1 + a_2}, \quad N_8 = \frac{w_1}{2(x_1 + x_2) + a_1 + a_2}, \quad N_9 = \frac{w_2}{2(x_1 + x_2) + a_1 + a_2},$$
$$N_{10} = \frac{z_4}{2(x_1 + x_2) + a_1 + a_2}$$

上述四元渣系模型中共有 21 个未知变量，也有 21 个函数公式。与前面相似，通过合并方程式，可得到 N_1、N_2、N_3、N_4 等 4 个方程式，再通过简单迭代法，就可以解出熔渣中 CaO、SiO$_2$、FeO、Nb$_2$O$_5$ 等组分的活度。

$$N_1 = \frac{b_1(1 - N_1 - N_2)}{(a_1 + a_2)(0.5 + K_1 N_3 + K_4 N_4 + 2K_6 N_1 N_4 + 2K_2 N_1 N_3)}$$
$$N_2 = \frac{b_2(1 - N_1 - N_2)}{(a_1 + a_2)(0.5 + K_5 N_4 + 2K_3 N_2 N_3)}$$
$$N_3 = \frac{a_1(1 - N_1 - N_2)}{(a_1 + a_2)(1 + K_1 N_1 + K_2 N_1^2 + K_3 N_2^2)}$$
$$N_4 = \frac{a_2(1 - N_1 - N_2)}{(a_1 + a_2)(1 + K_4 N_1 + K_6 N_1^2 + K_5 N_2)}$$

2.5.2 炉渣活度分析

随着炉渣碱度的增加，碱性氧化物 CaO 与 FeO 活度提高，酸性氧化物 SiO$_2$ 与 Nb$_2$O$_5$ 活度下降，如图 2 - 14 所示。这是因为碱度提高，CaO 含量增加，使其本身活度增加，同时，它与酸性氧化物的结合力增强，促使 Nb$_2$O$_5$ 和 SiO$_2$ 活度迅速下降，而与酸性氧化物结合的 FeO 作用变弱，因此 FeO 活度提高。

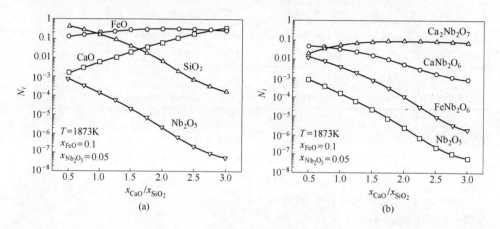

图 2 - 14　炉渣碱度对组分活度的影响

随着渣中 Nb$_2$O$_5$ 浓度的增加，碱性氧化物 CaO 与 FeO 活度下降，而酸性氧化物 SiO$_2$ 和 Nb$_2$O$_5$ 活度升高，与 Nb$_2$O$_5$ 结合的复合氧化物活度也提高，如图 2 - 15 所示。随着渣中 FeO 含量的提高，炉渣氧势明显提高，酸性氧化物 Nb$_2$O$_5$ 和 SiO$_2$ 活度下降，CaO、Ca$_2$Nb$_2$O$_7$、CaNb$_2$O$_6$ 活度变化不大，FeNb$_2$O$_6$ 活度提高，如图 2 - 16 所示。

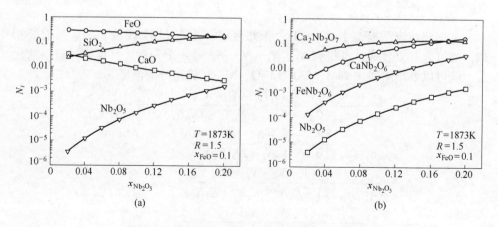

图 2 - 15　炉渣中 Nb$_2$O$_5$ 含量对组分活度的影响

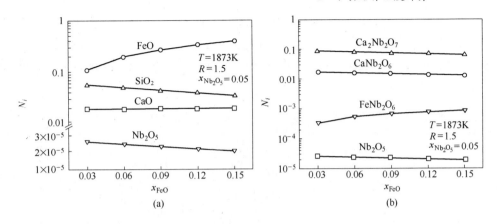

图 2 - 16　炉渣中 FeO 含量对组分活度的影响

2.6　CaO-MgO-FeO-SiO$_2$-Al$_2$O$_3$-Cr$_2$O$_3$ 渣系活度模型

考虑到铬矿的化学成分，建立 CaO-MgO-FeO-SiO$_2$-Al$_2$O$_3$-Cr$_2$O$_3$ 六组分体系活度模型。

2.6.1　组分的确定

CaO-MgO-FeO-SiO$_2$-Al$_2$O$_3$-Cr$_2$O$_3$ 六组分体系中，包含 CaO-FeO-SiO$_2$ 三元体系已在前面研究过。因此，组分确定主要考虑 MgO、Al$_2$O$_3$、Cr$_2$O$_3$ 之间以及与 CaO-FeO-SiO$_2$ 三元体系所形成的复合相。

从 FeO-Cr$_2$O$_3$-SiO$_2$ 三元相图（见图 2 - 17）可见，FeO 能与 Cr$_2$O$_3$ 形成 FeCr$_2$O$_4$，FeO 与 SiO$_2$ 形成 Fe$_2$SiO$_4$。从 CaO-MgO-Cr$_2$O$_3$-Al$_2$O$_3$ 四元相图可见（见图 2 - 18），MgO 与 Al$_2$O$_3$ 可形成 MgAl$_2$O$_4$，与 Cr$_2$O$_3$ 形成 MgCr$_2$O$_4$，Cr$_2$O$_3$ 与 MgO、CaO 分别形成 MgCr$_2$O$_4$ 与 CaCr$_2$O$_4$，Al$_2$O$_3$ 能与碱性氧化物 CaO 形成多种复合相，其中以 CaAl$_2$O$_4$ 结合力最强，因此选取 CaAl$_2$O$_4$ 为 CaO-Al$_2$O$_3$ 体系稳定的复合相。Al$_2$O$_3$ 还能与 MgO 形成 MgAl$_2$O$_4$ 尖晶石相。另外，MgO 还与 SiO$_2$ 形成 MgSiO$_3$ 和 Mg$_2$SiO$_4$。Al$_2$O$_3$ 和 SiO$_2$ 还能形成莫来石相 3Al$_2$O$_3$ · 2SiO$_2$，虽然 CaO-MgO-FeO-SiO$_2$-Al$_2$O$_3$-Cr$_2$O$_3$ 六组分体系中理论上还能形成一些三元复合氧化物，但本模型只是定性研究 Cr$_2$O$_3$ 的活度变化规律，因此，本模型中不考虑三元复合氧化物，其优点在于简化了求解过程，保证了求解的可靠性；另外，三元复合氧化物的热力学数据本身误差较大，将它们加入模型内，除了增加求解的复杂性并降低求解的可靠性，同时还会因为热力学数据的不准确，反而使计算结果更加偏离实际数值。

因此，此六元体系模型中存在的组分包括：

（1）简单组分：Ca^{2+}，Mg^{2+}，Fe^{2+}，O^{2-}，Cr_2O_3，Al_2O_3，SiO_2；

（2）复合组分：$CaO \cdot SiO_2$，$2CaO \cdot SiO_2$，$CaO \cdot Al_2O_3$，$CaO \cdot Cr_2O_3$，$MgO \cdot SiO_2$，$2MgO \cdot SiO_2$，$MgO \cdot Cr_2O_3$，$MgO \cdot Al_2O_3$，$FeO \cdot Cr_2O_3$，$FeO \cdot Al_2O_3$，$2FeO \cdot SiO_2$ 和 $3Al_2O_3 \cdot 2SiO_2$。

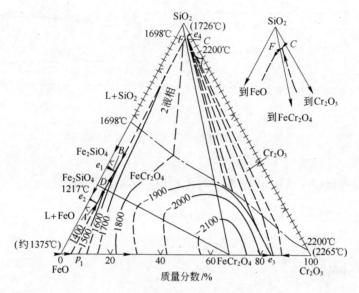

图 2-17 $FeO\text{-}Cr_2O_3\text{-}SiO_2$ 三元相图

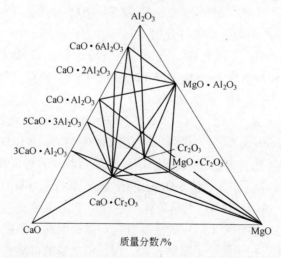

图 2-18 $CaO\text{-}MgO\text{-}Cr_2O_3\text{-}Al_2O_3$ 四元相图

2.6.2 模型的建立

令 $b_1 = \sum x_{CaO}$，$b_2 = \sum x_{MgO}$，$b_3 = \sum x_{FeO}$，$a_1 = \sum x_{Cr_2O_3}$，$a_2 = \sum x_{Al_2O_3}$，$a_3 =$

$\sum x_{SiO_2}$，$x_1 = x_{CaO}$，$x_2 = x_{MgO}$，$x_3 = x_{FeO}$，$y_1 = x_{Cr_2O_3}$，$y_2 = x_{Al_2O_3}$，$y_3 = x_{SiO_2}$，$z_1 = x_{CaSiO_3}$，$z_2 = x_{Ca_2SiO_4}$，$z_3 = x_{CaCr_2O_4}$，$z_4 = x_{CaAl_2O_4}$，$w_1 = x_{MgSiO_3}$，$w_2 = x_{Mg_2SiO_4}$，$w_3 = x_{MgCr_2O_4}$，$w_4 = x_{MgAl_2O_4}$，$u_1 = x_{FeCr_2O_4}$，$u_2 = x_{FeAl_2O_4}$，$u_3 = x_{Fe_2SiO_4}$，$u_4 = x_{3Al_2O_3 \cdot 2SiO_2}$，$N_1 = N_{CaO}$，$N_2 = N_{MgO}$，$N_3 = N_{FeO}$，$N_4 = N_{Cr_2O_3}$，$N_5 = N_{Al_2O_3}$，$N_6 = N_{SiO_2}$，$N_7 = N_{CaSiO_3}$，$N_8 = N_{Ca_2SiO_4}$，$N_9 = N_{CaCr_2O_4}$，$N_{10} = N_{CaAl_2O_4}$，$N_{11} = N_{MgSiO_3}$，$N_{12} = N_{Mg_2SiO_4}$，$N_{13} = N_{MgCr_2O_4}$，$N_{14} = N_{MgAl_2O_4}$，$N_{15} = N_{FeCr_2O_4}$，$N_{16} = N_{FeAl_2O_4}$，$N_{17} = N_{Fe_2SiO_4}$，$N_{18} = N_{3Al_2O_3 \cdot 2SiO_2}$，$\sum x = $ 平衡总摩尔分数。

质量平衡：

$b_1 = x_1 + z_1 + 2z_2 + z_3 + z_4$，$b_2 = x_2 + w_1 + 2w_2 + w_3 + w_4$，$b_3 = x_3 + u_1 + u_2 + 2u_3$

$a_1 = y_1 + z_3 + w_3 + u_1$，$a_2 = y_2 + z_4 + w_4 + u_2 + 3u_4$，$a_3 = y_3 + z_1 + z_2 + w_1 + w_2 + u_3 + 2u_4$

$\sum x = 2(x_1 + x_2 + x_3) + a_1 + a_2 + a_3 - 4u_4$

化学平衡方程：

$$(Ca^{2+} + O^{2-}) + (SiO_2) = CaSiO_3 \qquad N_7 = K_1 N_1 N_6$$

$$2(Ca^{2+} + O^{2-}) + (SiO_2) = Ca_2SiO_4 \qquad N_8 = K_2 N_1^2 N_6$$

$$(Ca^{2+} + O^{2-}) + (Cr_2O_3) = CaCr_2O_4 \qquad N_9 = K_3 N_1 N_4$$

$$(Ca^{2+} + O^{2-}) + (Al_2O_3) = CaAl_2O_4 \qquad N_{10} = K_4 N_1 N_5$$

$$(Mg^{2+} + O^{2-}) + (SiO_2) = MgSiO_3 \qquad N_{11} = K_5 N_2 N_6$$

$$2(Mg^{2+} + O^{2-}) + (SiO_2) = Mg_2SiO_4 \qquad N_{12} = K_6 N_2^2 N_6$$

$$(Mg^{2+} + O^{2-}) + (Cr_2O_3) = MgCr_2O_4 \qquad N_{13} = K_7 N_2 N_4$$

$$(Mg^{2+} + O^{2-}) + (Al_2O_3) = MgAl_2O_4 \qquad N_{14} = K_8 N_2 N_5$$

$$(Fe^{2+} + O^{2-}) + (Cr_2O_3) = FeCr_2O_4 \qquad N_{15} = K_9 N_3 N_4$$

$$(Fe^{2+} + O^{2-}) + (Al_2O_3) = FeAl_2O_4 \qquad N_{16} = K_{10} N_3 N_5$$

$$2(Fe^{2+} + O^{2-}) + (SiO_2) = Fe_2SiO_4 \qquad N_{17} = K_{11} N_3^2 N_6$$

$$3(Al_2O_3) + 2(SiO_2) = 3Al_2O_3 \cdot 2SiO_2 \qquad N_{18} = K_{12} N_5^3 N_6^2$$

将上述方程简化可得如下 6 个方程，通过简单迭代法，便可计算出各种条件下的炉渣中主要氧化物的活度。

$$N_1 = \frac{b_1(1 - N_1 - N_2 - N_3 + 4K_{12}N_5^3 N_6^2)}{(a_1 + a_2 + a_3)(0.5 + K_1 N_6 + 2K_2 N_1 N_6 + K_3 N_4 + K_4 N_5)}$$

$$N_2 = \frac{b_2(1 - N_1 - N_2 - N_3 + 4K_{12}N_5^3 N_6^2)}{(a_1 + a_2 + a_3)(0.5 + K_5 N_6 + 2K_6 N_2 N_6 + K_7 N_4 + K_8 N_5)}$$

$$N_3 = \frac{b_3(1 - N_1 - N_2 - N_3 + 4K_{12}N_5^3N_6^2)}{(a_1 + a_2 + a_3)(0.5 + K_9N_4 + K_{10}N_5 + 2K_{11}N_3N_6)}$$

$$N_4 = \frac{a_1(1 - N_1 - N_2 - N_3 + 4K_{12}N_5^3N_6^2)}{(a_1 + a_2 + a_3)(1 + K_3N_1 + K_7N_2 + K_9N_3)}$$

$$N_5 = \frac{a_2(1 - N_1 - N_2 - N_3 + 4K_{12}N_5^3N_6^2)}{(a_1 + a_2 + a_3)(1 + K_4N_1 + K_8N_2 + K_{10}N_3 + 3K_{12}N_5^2N_6^2)}$$

$$N_6 = \frac{a_3(1 - N_1 - N_2 - N_3 + 4K_{12}N_5^3N_6^2)}{(a_1 + a_2 + a_3)(1 + K_1N_1 + K_2N_1^2 + K_5N_2 + K_6N_2^2 + K_{11}N_3 + 2K_{12}N_5^3N_6)}$$

2.6.3　活度规律分析

以高碳铬铁冶炼中低碳铬铁的渣系为基础进行计算，从图 2-19 可见，随着炉渣碱度的提高，渣中碱性氧化物的活度逐步提高，而酸性氧化物的活度逐步下降。这是因为 CaO 含量的提高，它与酸性氧化物的结合力增强，促使 Cr_2O_3、Al_2O_3 和 SiO_2 活度下降；同时，由于这些酸性氧化物受到的束缚力增强，使得与之结合的 MgO 和 FeO 的自由度增大，活度增加。因此，对于使用碳作还原剂，应适当降低炉渣活度，这样有利于渣中 Cr_2O_3 活度的增加。若用硅铁作还原剂，适当提高炉渣碱度是需要的，虽然碱度提高，Cr_2O_3 的活度降低，但 SiO_2 的活度降低得更多。

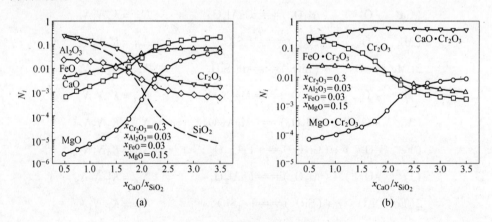

图 2-19　炉渣碱度对组分活度的影响

($T = 2073K$)

由于复合氧化物的结合力不同，随着碱度的提高，含 Cr_2O_3 的复合氧化物的活度变化规律不一致。其中 $MgO \cdot Cr_2O_3$、$CaO \cdot Cr_2O_3$ 的活度增加，而 $FeO \cdot Cr_2O_3$ 的活度下降。

炉渣中 Cr_2O_3 对组分活度的影响如图 2-20 所示。可见，随着炉渣中 Cr_2O_3 含量的提高，碱性氧化物活度下降，酸性氧化物的活度升高，其变化规律与碱度对炉渣组分活度影响相似。需特别注意 Cr_2O_3 活度的变化，当其摩尔分数从 0.3 下降到 0.04 时，Cr_2O_3 的活度从 0.01 下降到 6.4×10^{-5}，因此，随着 Cr_2O_3 还原反应的进行，反应的平衡常数逐步下降。

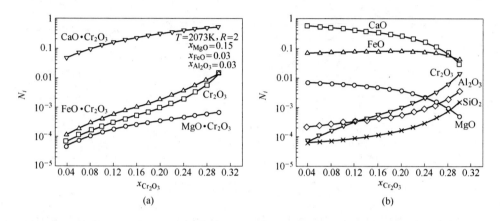

图 2-20 Cr_2O_3 含量对组分活度的影响

炉渣中 FeO 对组分活度的影响如图 2-21 所示。可见，随着炉渣中 FeO 含量的提高，FeO 和 MgO 活度增加，CaO、Cr_2O_3 活度变化不大，Al_2O_3 和 SiO_2 下降。对于含 Cr_2O_3 的复合氧化物，随着炉渣中 FeO 含量的提高，$MgO \cdot Cr_2O_3$ 和 $FeO \cdot Cr_2O_3$ 活度增加，$CaO \cdot Cr_2O_3$ 活度下降。

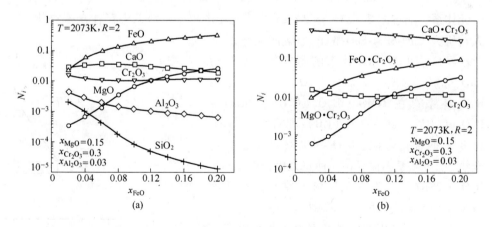

图 2-21 FeO 含量对组分活度的影响

炉渣中 MgO 对组分活度的影响如图 2-22 所示。可见，随着炉渣中 MgO 含量的提高，碱性氧化物的活度提高，酸性氧化物的活度下降；对于含 Cr_2O_3 的复合氧化物，$MgO \cdot Cr_2O_3$ 活度提高，$FeO \cdot Cr_2O_3$ 活度下降，$CaO \cdot Cr_2O_3$ 变化不大。

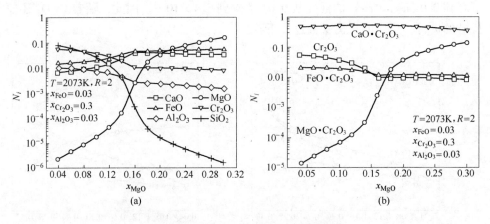

图 2-22　MgO 含量对组分活度的影响

对于其他组成的含 Cr_2O_3 渣系，如不锈钢冶炼渣系、Cr_2O_3 熔融还原渣系，读者可根据自己需要自行求解。

2.7　CaO-SiO$_2$-B$_2$O$_3$ 活度模型

2.7.1　炉渣构成的确定

分子离子共存理论的核心问题之一是熔渣组分的确定，对于 CaO-SiO$_2$-B$_2$O$_3$ 三元体系，通过图 2-23 ~ 图 2-25 的二元相图可知，渣系中存在众多物相。前人在研究 CaO-SiO$_2$-FeO-WO$_3$ 等熔渣组分活度时已经确定 CaO-SiO$_2$ 体系的主要化合物，为 CaO · SiO$_2$（CS）、2CaO · SiO$_2$（C$_2$S）。CaO-B$_2$O$_3$ 体系存在 3CaO · B$_2$O$_3$（C$_3$B）、2CaO · B$_2$O$_3$（C$_2$B）、CaO · B$_2$O$_3$（CB）和 CaO · 2B$_2$O$_3$（CB$_2$）四种化合物。B$_2$O$_3$-SiO$_2$ 体系无复合化合物。三元渣系中仅存在一种三元化合物 CaO · B$_2$O$_3$ · 2SiO$_2$，它存在的区域非常小，对活度模型几乎无影响，所以计算中不考虑。

因此，通过相图可以确定冶炼非晶母合金熔渣体系的基本氧化物为 CaO、SiO$_2$ 和 B$_2$O$_3$，该三元渣系的结构单元为 Ca^{2+}、O^{2-} 以及 B$_2$O$_3$、SiO$_2$、CS、C$_2$S、C$_3$B、C$_2$B、CB 和 CB$_2$ 分子。

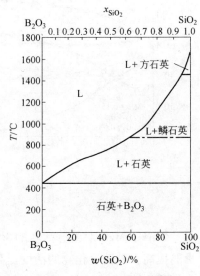

图 2-23　B$_2$O$_3$-SiO$_2$ 相图

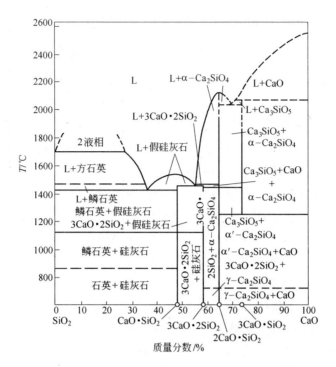

图 2-24 CaO-SiO₂ 相图

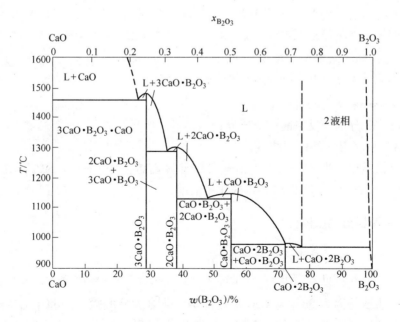

图 2-25 CaO-B₂O₃ 相图

2.7.2　CaO-SiO$_2$-B$_2$O$_3$ 三元活度模型

令各组元的作用浓度为 $N_1 = N_{CaO}$，$N_2 = N_{SiO_2}$，$N_3 = N_{B_2O_3}$，$N_4 = N_{CS}$，$N_5 = N_{C_2S}$，$N_6 = N_{C_3B}$，$N_7 = N_{C_2B}$，$N_8 = N_{CB}$，$N_9 = N_{CB_2}$，$\sum x =$ 平衡总摩尔分数。

化学平衡：

$$(Ca^{2+} + O^{2-}) + (SiO_2) = (CaO \cdot SiO_2)$$

$$\Delta G^{\ominus} = -22476 - 38.52T \qquad N_4 = K_1 N_1 N_2$$

$$2(Ca^{2+} + O^{2-}) + (SiO_2) = (2CaO \cdot SiO_2)$$

$$\Delta G^{\ominus} = -100986 - 24.03T \qquad N_5 = K_2 N_1^2 N_2$$

$$3(Ca^{2+} + O^{2-}) + (B_2O_3) = (3CaO \cdot B_2O_3)$$

$$\Delta G^{\ominus} = -129790.8 - 54.60T \qquad N_6 = K_3 N_1^3 N_3$$

$$2(Ca^{2+} + O^{2-}) + (B_2O_3) = (2CaO \cdot B_2O_3)$$

$$\Delta G^{\ominus} = -108019.44 - 46.56T \qquad N_7 = K_4 N_1^2 N_3$$

$$(Ca^{2+} + O^{2-}) + (B_2O_3) = (CaO \cdot B_2O_3)$$

$$\Delta G^{\ominus} = -75362.4 - 20.77T \qquad N_8 = K_7 N_1 N_3$$

$$(Ca^{2+} + O^{2-}) + 2(B_2O_3) = (CaO \cdot 2B_2O_3)$$

$$\Delta G^{\ominus} = -109694.16 - 0.67T \qquad N_9 = K_6 N_1 N_3^2$$

质量平衡：

$$N_1 + N_2 + N_3 + K_1 N_1 N_2 + K_2 N_1^2 N_2 + K_3 N_1^3 N_3 + K_4 N_1^2 N_3 + K_5 N_1 N_3 + K_6 N_1 N_3^2 = 1$$

$$a = \sum x(0.5N_1 + K_1 N_1 N_2 + 2K_2 N_1^2 N_2 + 3K_3 N_1^3 N_3 + 2K_4 N_1^2 N_3 + K_5 N_1 N_3 + K_6 N_1 N_3^2)$$

$$b = \sum x(N_2 + K_1 N_1 N_2 + K_2 N_1^2 N_2)$$

$$c = \sum x(N_3 + K_3 N_1^3 N_3 + K_4 N_1^2 N_3 + K_5 N_1 N_3 + 2K_6 N_1 N_3^2)$$

式中　K_i——某反应的平衡常数；

a，b，c——分别为反应前熔渣成分；

N_i——物质 i 的作用浓度。

三元渣系模型中，联立以上诸式可以计算出熔渣中 CaO、SiO$_2$、B$_2$O$_3$、CS、C$_2$S、C$_3$B、C$_2$B、CB 和 CB$_2$ 的作用浓度。

2.7.3　熔渣组分活度的分析

2.7.3.1　碱度对组元活度的影响

从图 2-26 可见，当 B$_2$O$_3$ 含量等于 0.05 时，随着碱度的增大，SiO$_2$ 活度迅速下降，主要是因为 SiO$_2$ 与 CaO 形成高熔点化合物硅酸盐。CaSiO$_3$ 活度先增大后减小，原因是当碱度小于 1.2 时，反应生成的 SiO$_2$ 与 CaO 结合生成 CaSiO$_3$，但当碱度大于 1.2 后，CaO 含量较多，SiO_2 与大量的 CaO 形成了 Ca_2SiO_4。从图中也可以看出，随着碱度增大，Ca_2SiO_4 的活度逐渐增大，当碱度大于 1.2 后，Ca_2SiO_4 迅速增大。渣中 B_2O_3 含量少，活度较低。

当 B_2O_3 含量等于 0.2 时，从图 2 - 27 中可以看出，随着碱度的增大，B_2O_3 和 SiO_2 活度降低，CS 和 CB 活度增大，相同碱度下，SiO_2 要比 B_2O_3 活度大，CS 要比 CB 活度大。冶炼非晶母合金，加入 CaO 可有效降低 SiO_2 活度，使反应顺利进行。C_2B 活度也随着碱度的增大而增大，活度基本上小于 CB，只是在高碱度（R > 1.9）下，才显示出比 CB 较高的活性。

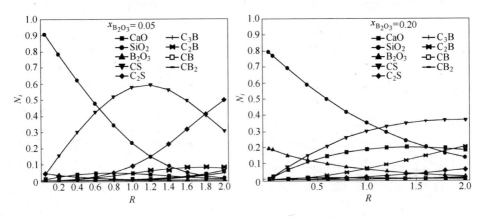

图 2 - 26　碱度对组元活度的影响　　　图 2 - 27　碱度对组元活度的影响

2.7.3.2　B_2O_3 含量对组元活度的影响（碱度一定时）

从图 2 - 28 中可见，随着渣中 B_2O_3 含量增大，CS 和 C_2S 活度下降，其中 CS 下降较大，$x_{B_2O_3}$ 从 0.05 增大到 0.40 时，CS 从 0.6 下降到 0.1，而 C_2S 的最大活度也只有 0.1，这说明了渣中 CaO 与 SiO_2 主要是以 CS 形式存在。

低 B_2O_3 含量下，因为有部分 C_2S 生成，所以 SiO_2 活度会增大，但是在高 B_2O_3 含量下，C_2S 活度几乎为 0，因此，SiO_2 随着碱度增大而有所降低。显然，B_2O_3 含量增多，其在渣中活度也增大，CB 和 CB_2 活度也增大，C_2B 在 $x_{B_2O_3}$ < 0.1 时是增加的，之后逐渐减小，原因是在高 B_2O_3 含量下，CaO 含量相对较少，C_2B 活度会下降。

CaO 含量一定时，B_2O_3 含量对组元活度的影响。如果渣中 CaO 含量一定

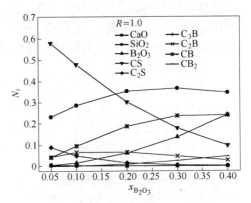

图 2 - 28　B_2O_3 含量对组元活度的影响

（$x_{CaO} = 0.35$），随着 B_2O_3 含量增大，从图 2-29 中可见，B_2O_3、CB 和 CB_2 活度逐渐增大，但 CB 活度远大于 CB_2，当 $x_{B_2O_3} = 0.4$ 时，CB_2 达到的最大活度也只有 0.05，这比 CB 的最小活度也要小，因此渣中 B_2O_3 和 CaO 主要是以 CB 形式存在。随着 B_2O_3 含量增大，渣中 SiO_2 活度减小，CS 和 C_2S 也下降，其中 C_2S 活度很小，说明 SiO_2 主要以 CS 形式存在。

2.7.3.3　温度的影响

从图 2-30 可见，随着温度的升高，SiO_2 活度有所降低，B_2O_3 活度增大。CS 活度最大，CB、C_2S 和 C_2B 活度也较大，随温度变化很小。C_3B 和 CB_2 活度随温度升高而有所增大，其数值很小，比 CB 小 2~3 个数量级，可以忽略。

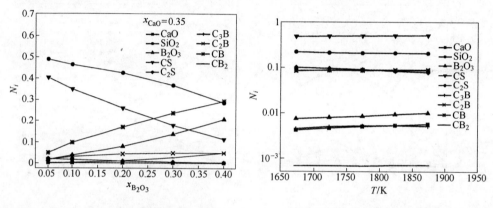

图 2-29　B_2O_3 含量对组元活度的影响　　　　图 2-30　温度对活度的影响

2.8　FeSiB 熔体中合金元素活度的计算

2.8.1　熔体组分的确定

前人对 Fe-Si 系已进行了多方面的研究，相图的研究已经取得了统一的意见，对活度的研究也做了较充分的工作，其中启普曼的测量结果最可靠，为理论工作提供了牢固的实践基础。对 Fe-B、Si-B 系的相图研究较少，涉及活度的就更少。本节建立 Fe-Si-B 三元系合金熔体的作用浓度计算模型，详细地研究了 Fe-Si-B 三元熔体的热力学性质。

根据图 2-31~图 2-33 的 Fe-Si、Fe-B 和 Si-B 相图可知，Fe-Si-B 三元金属熔体的主要结构单元为 Fe、Si 和 B 原子及 FeSi、$FeSi_2$、FeB、FeB_2 和 SiB_6 五种化合物；从相图上可以看出，Fe_2Si、Fe_5Si_3、Fe_2B、Fe_3B、SiB_3 等物质，熔点很低会分解，高温下其影响非常小，因此在模型中忽略。

2.8.2　Fe-Si-B 三元活度模型

令熔体成分为 $a = \sum x_{Fe}$，$b = \sum x_{Si}$，$c = \sum x_B$；归一后各结构单元的作用浓度

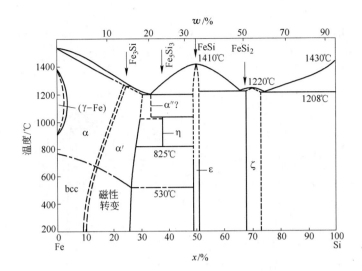

图 2 – 31 Fe-Si 相图

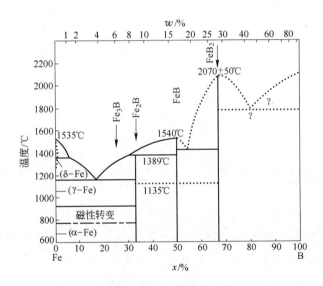

图 2 – 32 Fe-B 相图

为 $N_1 = N_{Fe}$，$N_2 = N_{Si}$，$N_3 = N_B$，$N_4 = N_{FeSi}$，$N_5 = N_{FeSi_2}$，$N_6 = N_{FeB}$，$N_7 = N_{FeB_2}$，$N_8 = N_{SiB_6}$，$\sum x =$ 平衡总摩尔分数。

化学平衡：

$$Fe_{(1)} + Si_{(1)} \Longleftrightarrow FeSi \qquad N_4 = K_1 N_1 N_2 \qquad \Delta G^{\Theta} = -149702.19 + 47.14T$$

$$Fe_{(1)} + 2Si_{(1)} \Longleftrightarrow FeSi_2 \qquad N_5 = K_2 N_1 N_2^2 \qquad \Delta G^{\Theta} = -205016.52 + 88.56T$$

$$Fe_{(l)} + B_{(l)} = FeB \qquad N_6 = K_3 N_1 N_3 \qquad \Delta G^{\ominus} = -141778.54 + 35.39T$$

$$Fe_{(l)} + 2B_{(l)} = FeB_2 \qquad N_7 = K_4 N_1 N_3^2 \qquad \Delta G^{\ominus} = -217475.79 + 60.53T$$

$$Si_{(l)} + 6B_{(l)} = SiB_6 \qquad N_8 = K_5 N_2 N_3^6 \qquad \Delta G^{\ominus} = -721371.32 + 163.67T$$

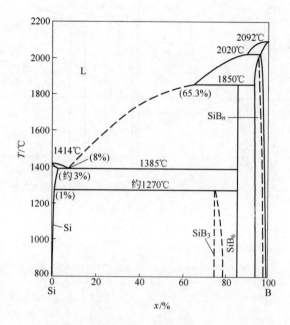

图 2-33　Si-B 相图

质量平衡：

$$N_1 + N_2 + N_3 + K_1 N_1 N_2 + K_2 N_1 N_2^2 + K_3 N_1 N_3 + K_4 N_1 N_3^2 + K_5 N_2 N_3^6 = 1$$

$$\left. \begin{aligned} a &= \sum x (N_1 + K_1 N_1 N_2 + K_2 N_1 N_2^2 + K_3 N_1 N_3 + K_4 N_1 N_3^2) \\ \sum x &= a/(N_1 + K_1 N_1 N_2 + K_2 N_1 N_2^2 + K_3 N_1 N_3 + K_4 N_1 N_3^2) \end{aligned} \right\}$$

$$\left. \begin{aligned} b &= \sum x (N_2 + K_1 N_1 N_2 + 2K_2 N_1 N_2^2 + K_5 N_2 N_3^6) \\ \sum x &= b/(N_2 + K_1 N_1 N_2 + 2K_2 N_1 N_2^2 + K_5 N_2 N_3^6) \end{aligned} \right\}$$

$$\left. \begin{aligned} c &= \sum x (N_3 + K_3 N_1 N_3 + 2K_4 N_1 N_3^2 + 6K_5 N_2 N_3^6) \\ \sum x &= c/(N_3 + K_3 N_1 N_3 + 2K_4 N_1 N_3^2 + 6K_5 N_2 N_3^6) \end{aligned} \right\}$$

式中　K_i——某反应的平衡常数；

　a，b，c——分别为反应前熔体成分；

　　N_i——物质 i 的作用浓度。

在三元熔体模型中，联立以上诸式可以计算出熔体 Fe、Si 和 B 及 FeSi、FeSi$_2$、FeB、FeB$_2$ 和 SiB$_6$ 化合物的作用浓度。

2.8.3 熔体组分活度的分析

2.8.3.1 硅铁比对熔体组分活度的影响

当 $x_B = 0.1$ 时，由图 2-34 可见，随着硅铁比的提高，Fe 的活度下降、Si 的活度升高、B 的活度先升高后下降，在硅铁比（x_{Si}/x_{Fe}）= 1.1 时，出现最大值。同时可见，B 的活度很低，这是因为 Fe 和 B 之间的结合力很强；FeB 的活度也出现一峰值，当硅铁比（x_{Si}/x_{Fe}）< 0.5 时，随着硅铁比提高，FeB 活度升高，当硅铁比大于 0.5 时，随硅铁比提高，FeB 活度反而下降，FeB_2 和 SiB_6 的活度都很小，比 FeB 的活度低一个数量级。

2.8.3.2 硼含量对熔体组分活度的影响

当 Fe 含量为 0.8 时，随 B 含量的增大，熔体组分活度变化规律如图 2-35 所示。由图可见，Fe 的活度最大，基本保持一条直线变化很小，FeB 的活度随着 B 含量的增加而升高，Si、B、FeB_2 和 SiB_6 的活度很小；随着 B 含量的增加，Si 的活度降低，B 和 FeB_2 的活度升高，SiB_6 的活度非常小。当 $x_{Fe} = 0.4$ 时，Fe-Si-B 熔体中各组分的活度随 B 含量的变化如图 2-36 所示，B 系化合物的活度很大，FeB 的活度最大；与图 2-35 相比，Fe 的活度最大值下降到 0.2，B 的活度显著提高。

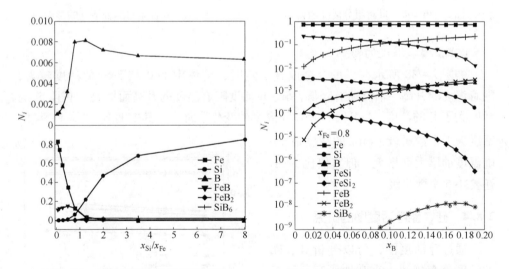

图 2-34　硅铁比对组分活度的影响　　　　图 2-35　B 含量对组分活度的影响

对于铁基合金，基体铁的含量对熔体组分的活度影响也很大。冶炼过程中，在纯铁熔化初期，铁含量较少，渗入铁水中的 B 的比例较大，B 的活度也很大；随着纯铁的熔化，铁水迅速增多，B 的活度也变小，渣中的 B 溶进铁水中，使得反应速率提高。

从图 2－37 可见，当硅含量等于 0.1 时，其活度非常小；随着 B 含量的增加，Fe 的活度降低，B、FeB_2 和 SiB_6 的活度升高，FeB 的活度先增大后降低，出现一个峰值。冶炼硼铁和冶炼非晶母合金时，Si 含量差不多，但是由于硼铁中 B 的含量很高，其活度远大于非母合金中 B 的含量，因此，冶炼非晶母合金比冶炼硼铁更有优势。

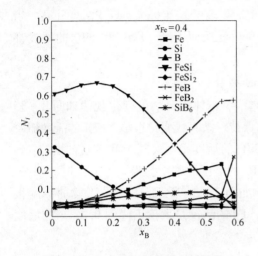

图 2－36　B 含量对组分活度的影响　　　图 2－37　B 含量对组分活度的影响

2.8.3.3　温度的影响

如图 2－38 所示，当母合金成分一定时，熔体中 FeB 和 FeSi 的活度较大，随着温度的升高，活度略有降低，Si、B 活度随着温度的升高而增大，并且 Si 的活度大于 B 的活度，FeB_2 和 $FeSi_2$ 随温度的变化非常小，其中 FeB_2 要比 $FeSi_2$ 的活度大 1 个数量级，SiB_6 的活度最小，随温度的增大而增大，但其值比 $FeSi_2$ 还要小 5 个数量级。

2.8.4　硅、硼等活度图的研究

通过等活度图，可以分析硅、硼的活度分布规律，直观地研究三元熔体组分对活度的影响。由图 2－39 可见，Si 的等活度线在靠近硼的一端比较密，靠近 Fe 的一端比较疏，在低硼浓度下，硼含量的改变对硅的活度影

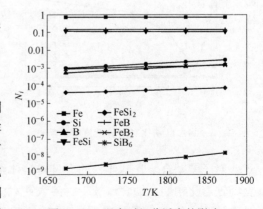

图 2－38　温度对组分活度的影响

响不大，但在高硼浓度下，硼含量较小的增加，会导致硅活度降低很多。相对于硅的活度来说，硼的活度很小，由图2-40可见，当硼的浓度大于60%时，其活度才大于0.1，主要原因是高温下铁和硼的结合力较强，在熔体中主要是以化合物形式存在。

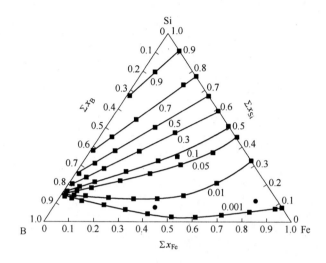

图2-39　Si 的等活度图

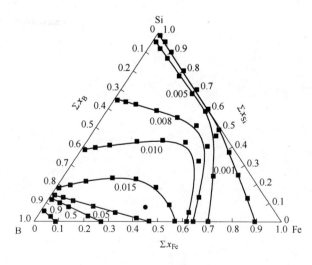

图2-40　B 的等活度图

冶金资源高效利用技术

3 白钨矿高效利用理论与技术

　　钨是我国重要的战略资源，其储存量与开发量长期居世界首位。大部分钨资源消耗在钢铁工业，中间产品有钨铁、碳化钨等。由于钨铁生产过程的高污染、高排放问题，国内外提出了用白钨矿直接合金化炼钢技术。作者经过十余年的研究，系统研究了钨矿还原过程的热力学与动力学等相关理论，开发了完全用钨矿冶炼高速钢与模具钢的技术，已在国内生产应用。最近几年，作者提出了低温冶金技术，通过此技术，可以在低温下得到碳化钨与钨铁制品，进一步降低钨冶金工业的能耗与污染。本章将重点介绍作者在钨矿直接炼钢技术的理论与实践，并介绍新开发的低温还原冶炼碳化钨与钨铁新技术。

3.1 白钨矿冶炼钨铁典型流程及存在的问题

3.1.1 钨铁生产工艺

3.1.1.1 钨铁基本性质

　　钨是生产特殊钢的重要合金元素之一。钨加入钢中后能与其他元素结合成复杂的碳化物，使钢的晶粒变细，因而提高钢的红硬性、耐磨性和冲击强度。因此，钨广泛应用于高速工具钢、合金工具钢、合金结构钢、磁性钢、耐热钢和不锈钢等。

　　图 3 - 1 为铁 - 钨体系相图，当钨含量为 33% 时形成共晶体，其熔点为 1813K。随着钨含量的增加，合金熔点随之增加。当钨含量大于 70%，合金熔点超过 2873K。工业生产的钨铁合金（钨含量为 74% ~78%）熔点约为 3000K，很难以液态合金从炉内排出。

3.1.1.2 钨铁的生产方法

　　钨含量为 70% ~80% 的钨铁，熔点在 2873K 以上，用电炉冶炼的钨铁是半

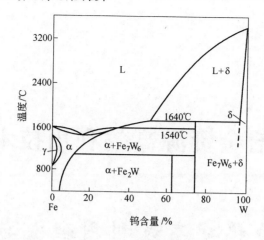

图 3 - 1　铁 - 钨体系相图

熔融状态，不能流出炉外。目前，主要采用取铁法生产钨铁。采用沥青焦炭和硅铁作还原剂，熔炼好的半熔融状钨铁，用挖铁机从炉内挖出，回收率约为95%，单位电耗为3000kW·h。

3.1.1.3　取铁法生产钨铁

我国采用取铁法生产钨铁是在电炉中用碳、硅作还原剂。熔炼钨铁的电弧炉为3500kV·A的三相矿热炉。变压器具有数个电压级，3500kV·A电炉熔炼时的工作电压为 154V 和 192V。为了使熔池加热均匀，炉子可绕中心轴转动（0.05r/min），某些新建的电炉其炉底可稍作倾动，以利于炉渣的排除。

取铁法生产钨铁的原料有钨精矿、沥青焦、75%硅铁、钢屑、硅石和萤石。钨精矿，由于各矿区的杂质含量不同，需混合搭配使用。取铁法生产钨铁，采用周期式操作法，工艺流程如图3-2所示。冶炼各期的工艺制度见表3-1。

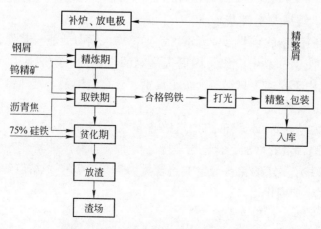

图 3 - 2　取铁法生产钨铁的工艺流程

表 3 - 1　冶炼钨铁工艺制度

过程名称	时间/h	电压/V	加料批数（100kg 为 1 批）
放渣补炉放电极	0.3 ~ 0.75		
加热精炼期	1.5 ~ 2.0	192 ~ 154	30 ~ 35
取铁期	2.5 ~ 3.5	154 ~ 192	40 ~ 45
贫化期	2.0 ~ 2.5	192	25 ~ 30

3.1.2　钨铁工艺流程存在的问题

钨铁工艺流程存在的问题包括：

（1）工艺流程复杂。钨精矿是生产铁合金的原料，从图 3 - 2 可见，用钨精矿冶炼钨铁，然后利用钨铁在电弧炉中冶炼含钨钢，首先需要冶炼铁合金，而冶炼铁合金工艺（如矿热炉冶炼钨铁）本身就很复杂；然后又要在电弧炉内重新加热、熔化进入钢液中。可见，此流程二次消耗能源和资源，并且工艺相当复杂。

（2）氧化钨容易还原与钨铁熔点过高相矛盾。氧化钨极易还原，使用硅铁或碳，在 1200℃ 左右就可将氧化钨还原，但是钨铁合金的熔点约为 3000K，为了生产钨铁合金，不得不使用矿热炉冶炼，如此高的熔点给生产过程造成了极大的困难。

（3）能源消耗大。取铁法生产 1t 钨铁（含钨 70%）电耗约 3000kW·h，消耗沥青焦 120kg，焦炭 116kg。

（4）合金元素总收得率不高。从钨精矿冶炼钨铁合金，由于冶炼设备、工艺等诸多因素，钨精矿的回收率只有 95% 左右。而用钨铁冶炼合金钢，由于钨铁熔点过高，必须在电弧下熔化。由于高温挥发、随渣损失等因素，钨铁的回收率一般也只有 90% ~ 95% 左右。所以，从钨精矿冶炼钨铁合金然后到冶炼合金钢，钨元素的总收得率只有 85% ~ 90% 左右。可见，有 10% ~ 15% 的钨资源在冶炼过程中被浪费。

（5）环境污染严重、劳动强度大。生产钨铁，属于超高温冶炼，要产生大量烟尘和 NO_x 气体，生产条件恶劣，工人劳动强度大。

3.2　白钨矿还原热力学

白钨矿渣系的活度模型已在第 2 章进行了介绍，本节主要介绍高温下实际反应自由能与分配比的计算。

3.2.1　ΔG 和钨分配比 L_W

碳化硅与 $CaWO_4$ 发生的高温反应的实际反应自由能为：

$$\Delta G = \Delta G^{\ominus} + RT\ln\left(\frac{a_{\mathrm{CaO}}a_{\mathrm{SiO_2}}a_{\mathrm{W}}p_{\mathrm{CO}}}{a_{\mathrm{CaWO_4}}a_{\mathrm{SiC}}p^{\ominus}}\right)$$

当反应达到平衡时，渣中和钢液中钨的分配比 L_{W} 由上式可得：

$$L_{\mathrm{W}} = \frac{x_{\mathrm{CaWO_4}}}{[\% \mathrm{W}]} = a_{\mathrm{CaO}}a_{\mathrm{SiO_2}}\frac{f_{\mathrm{W}}}{\gamma_{\mathrm{CaWO_4}}}\exp\left(\frac{\Delta G^{\ominus}}{RT}\right)$$

同理可得硅和碳在高温下与 $CaWO_4$ 所发生还原反应的 ΔG 和 L_{W}。

$$[\mathrm{Si}]\quad \Delta G = \Delta G^{\ominus} + RT\ln\left(\frac{a_{\mathrm{CaO}}a_{\mathrm{SiO_2}}^{3/2}a_{\mathrm{W}}}{a_{\mathrm{CaWO_4}}a_{\mathrm{Si}}^{3/2}}\right)$$

$$L_{\mathrm{W}} = \frac{x_{\mathrm{CaWO_4}}}{[\% \mathrm{W}]} = \frac{f_{\mathrm{W}}a_{\mathrm{CaO}}a_{\mathrm{SiO_2}}^{3/2}}{\gamma_{\mathrm{CaWO_4}}a_{\mathrm{Si}}^{3/2}}\exp\left(\frac{\Delta G^{\ominus}}{RT}\right)$$

$$[\mathrm{C}]\quad \Delta G = \Delta G^{\ominus} + RT\ln\left(\frac{a_{\mathrm{W}}a_{\mathrm{CaO}}}{a_{\mathrm{C}}^{3}a_{\mathrm{CaWO_4}}}\right)$$

$$L_{\mathrm{W}} = \frac{x_{\mathrm{CaWO_4}}}{[\% \mathrm{W}]} = \frac{f_{\mathrm{W}}a_{\mathrm{CaO}}}{\gamma_{\mathrm{CaWO_4}}a_{\mathrm{C}}^{3}}\exp\left(\frac{\Delta G^{\ominus}}{RT}\right)$$

3.2.2　炉渣碱度对白钨矿还原的影响

以 $CaO\text{-}SiO_2\text{-}WO_3$ 三元渣系来计算。钢液成分见表 3－2。炉渣碱度对反应自由能和钨分配比的影响如图 3－3 和图 3－4 所示。随碱度提高，SiC 和 [Si] 与 $CaWO_4$ 反应的自由能下降，但 [C] 与 $CaWO_4$ 反应的自由能却上升。SiC、[Si] 与 $CaWO_4$ 反应的分配比 L_{W} 随碱度上升变得更小，[C] 则相反。SiC 与 $CaWO_4$ 反应的分配比 L_{W} 比 [Si] 相应的 L_{W} 小 3～5 个数量级，比 [C] 相应的 L_{W} 小 5～8 个数量级。由此可见，在高温下，SiC 比 [Si]、[C] 的反应性能强，[C] 的反应性能最弱。

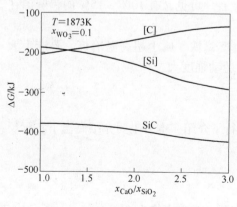

图 3－3　碱度对 ΔG 的影响

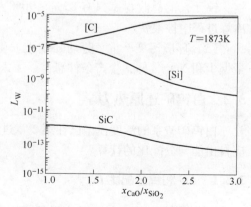

图 3－4　碱度对 L_{W} 的影响

表 3 - 2 　 W6Mo5Cr4V 钢成分

钢中元素	[C]	[Mn]	[Si]	[Al]	[V]	[Cr]	[W]	[Mo]
成分/%	0.85	0.20	0.30	0.20	2.0	4.0	6.0	5.0

3.2.3　钢液成分对白钨矿还原的影响

钢液中［Si］和［C］的含量对白钨矿反应有一定影响，特别在熔氧期，如果硅、碳还原剂加入量不足，或过度吹氧助熔导致［Si］、［C］严重烧损时，将对白钨矿的还原率产生较大影响。

［Si］对白钨矿还原的影响如图 3 - 5 所示。可见，当钢中［Si］很低时，渣中将剩余一部分 $CaWO_4$ 与钢液中的钨平衡。［Si］含量从 0.2 ％降低到 0.01 ％，L_W 升高了两个数量级。［C］对 L_W 的影响规律大致与［Si］类似，如图 3 - 6 所示。因此，废钢熔化过程中应保持钢液中有一定量［Si］和［C］，将能使白钨矿有较高的收得率，此外，较高的［Si］和［C］含量对还原反应动力学也有利，反应物质浓度高，反应速度快。因此，在用还原剂时，应保证还原剂量够，如果冶炼工艺需要在废钢熔化期吹入大量氧气，则应该考虑氧气氧化所消耗的还原剂量。

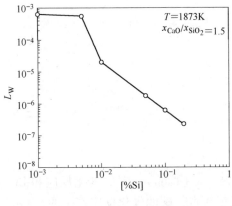

图 3 - 5　［% Si］对 L_W 的影响

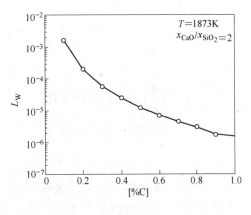

图 3 - 6　［% C］对 L_W 的影响

3.2.4　炉渣氧化性对白钨矿还原率的影响

炉渣氧化性对白钨矿还原率的影响与炉渣碱度有关。图 3 - 7 是 $CaO\text{-}SiO_2\text{-}FeO\text{-}WO_3$ 四元渣系中 WO_3 含量对［Fe］还原 $CaWO_4$ 的影响。从图可知，渣中 WO_3 含量高时，［Fe］才能还原 $CaWO_4$，当渣中 WO_3 低于某值时，［Fe］则不能还原 $CaWO_4$。渣中 FeO 和 CaO 的活度对 L_W 的影响如图 3 - 8 所示。当完全用白钨矿和氧化钼冶炼 W6Mo5Cr4V 钢时，渣量可达到 100kg/t 钢，以 $L_W = 0.001$ 计算，渣中约含 WO_3 2.4%，此时钨的最大收得率为 96.8%。因此必须控制渣中 FeO 和 CaO 的活度，应尽可能降低渣中 a_{FeO}，将其在渣中活度低于 0.075；或将炉渣碱度降低到 1.5 以下（$a_{CaO} < 0.05$）。综上所述，在白钨矿还原过程应少吹氧，当冶炼工艺非吹氧不可时，则应将渣碱度降低到 1.5 以下，否则会造成钨的收得率下降。此外，在吹氧过程中尽量使炉渣留在电炉内，这样即使钢液中钨被氧化进入渣中，在预还原时还可以通过强还原剂将钨重新还原进入钢液中。如果炉渣从炉门流出，将不可避免造成钨的损失。

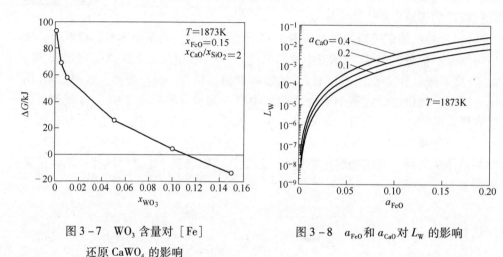

图 3 - 7　WO_3 含量对 [Fe]　　　图 3 - 8　a_{FeO} 和 a_{CaO} 对 L_W 的影响
还原 $CaWO_4$ 的影响

3.3　白钨矿还原动力学研究

3.3.1　固态白钨矿还原动力学

3.3.1.1　碳还原白钨矿

从图 3 - 9 可见，在标准条件下 101.325kPa（1atm），碳的气化反应和 CO 还原 $CaWO_4$ 反应曲线交于 A 点，当温度低于 A 点，碳的气化反应产生的 CO 浓度不能满足 CO 还原 $CaWO_4$ 反应要求，因此，碳还原白钨矿只能通过固 - 固反应进行。

$$CaWO_{4(s)} + 3C_{(s)} \Longrightarrow CaO_{(s)} + W_{(s)} + 3CO$$

低温下反应物的晶格移动很慢，导致低温下反应速度很慢。

当还原温度高于 A 点的温度，气化反应产生的 CO 浓度能够满足 CO 还原 $CaWO_4$ 反应要求，因此反应还能按照下述气固反应进行。降低体系压力，A 点向低温移动，有利于气固反应的进行。

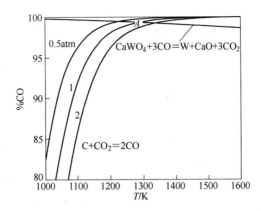

图 3-9 碳气化反应与 CO 还原 CaWO$_4$ 反应的 CO 平衡图

$$CaWO_{4(s)} + 3CO \Longrightarrow CaO_{(s)} + W_{(s)} + 3CO_2$$

$$2CO \Longrightarrow C_{(s)} + CO_2$$

由于 CO 还原 CaWO$_4$ 反应要求的 CO 浓度很高以及反应活化能很大，导致 1573K 以下，反应速度过慢。提高反应温度，反应速率常数增大，并且还原所需的 CO 浓度降低，因此有利于反应的进行。

当白钨矿和碳的颗粒度较小时，它们之间的点接触面积大，因此加快了触发反应。同时颗粒度较小也有利于 CO 的气基还原反应和碳的气化反应的进行。另外，由于白钨矿与碳发生的还原反应属于强吸热反应，因此，还原过程还会涉及热量传输过程。

从图 3-10 可见，在一定温度下，随着恒温时间变长，白钨矿的还原率提高，但曲线趋于平缓。由此可知，随着反应时间变长，白钨矿中 CaWO$_4$ 浓度在下降，而反应速度与反应物的浓度有关，浓度降低，反应速率降低，因此还原率曲线变得平缓。白钨矿与碳反应速率较小，1200℃恒温 40 min，还原率才达到 30% 左右，1300℃恒温 40min，还原率达到 55%，而低于 1200℃时，白钨矿与炭粉的反应速度更小，这说明了白钨矿不易被碳还原。从图 3-11 可见，随着反应温度升高，白钨矿的还原率迅速提高，这表明反应温度的升高加快了白钨矿的还原速率。当温度高于 1300℃后，反应速度明显加快，在 1370℃左右时，由于激烈反应产生大量 CO，导致白钨矿和炭粉混合物呈现大沸腾现象，沸腾渣的密度仅为 0.43g/cm^3。

综上所述，碳还原白钨矿，低温反应性能差，在高温下由于反应过于激烈容易使炉渣产生大沸腾现象。

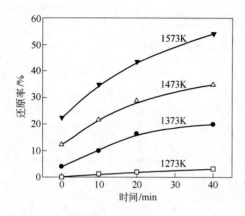

图 3 - 10　不同恒温条件下的白钨矿还原率　　　图 3 - 11　温度对白钨矿还原率的影响

计算结果表明在 1000℃、1100℃、1200℃ 和 1300℃ 各个温度条件下，反应级数为二级时，相关系数最高，因此，白钨矿粉与炭粉之间的反应属于二级反应。白钨矿与炭粉发生直接还原反应的反应速率公式为：

$$\dot{r} = \frac{\mathrm{d}\psi}{\mathrm{d}\tau} = -\frac{\mathrm{d}\varepsilon}{\mathrm{d}\tau} = \exp\left(-\frac{234600}{RT} + 15.13\right)\varepsilon^2$$

式中　ψ——反应物的转换率；

ε——未反应的量占初始量的比例；

τ——反应时间；

R——气体常数；

$\dot{r}$——反应速率。

反应的表观反应活化能 E 为 234.6kJ·mol^{-1}。

3.3.1.2　硅还原白钨矿

硅铁粉与白钨矿粉之间发生的还原反应不同于炭粉与白钨矿粉之间的反应，因为它没有中间产物 CO、CO_2 参与反应。

当反应温度低于硅铁熔点时，硅铁粉将与白钨矿发生固 - 固反应，化学反应速度公式为：

$$-\frac{\mathrm{d}G_s}{\mathrm{d}\tau} = kAc^n$$

式中　G_s——尚未反应的固体反应物质的量；

c——反应物浓度；

A——反应面积。

提高反应面积将能加快反应速度。设硅铁的块度为边长为 10cm 的正方体，其比表面积为 60m^{-1}，将硅铁块磨成粒度为 100μm 的粉，则比表面积将达到 6 ×

$10^4 m^{-1}$，因此，将白钨矿粉与硅铁粉均匀混合时的反应速度将远大于它与块状硅铁的反应速度。

当反应生成产物层以后，硅铁粉必须经过扩散通过产物层，才能与白钨矿粉继续反应，而固体的扩散是相当缓慢的，幸好硅铁粉的熔点不高（约为 1200～1300℃），当反应温度高于它的熔点后，液态硅铁可穿过反应层继续与白钨矿粉反应。

实验方法与碳直接还原白钨矿相似。将 4.0g 硅铁粉（75% Si）与 24.0g 白钨矿粉混匀放入 MgO 坩埚中，然后将坩埚放在碳管炉恒温区升温、冷却。温度控制曲线如图 3-12 所示。

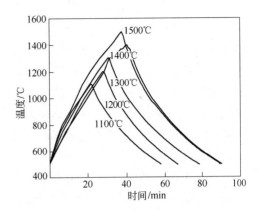

图 3-12　硅铁粉还原白钨矿粉温度控制曲线

不同温度下硅铁还原白钨矿时的还原率见表 3-3。

表 3-3　不同温度下硅铁还原白钨矿时的还原率（恒温时间 = 0min）

温度/℃	1100	1200	1300	1400	1500
还原率/%	27	34	44	48	60

3.3.1.3　碳化硅还原白钨矿

碳化硅与白钨矿粉之间的反应过程不同于硅铁或碳与白钨矿之间的反应过程。与硅铁相比，碳化硅与白钨矿的反应过程产生 CO 气体；但产生的气体量仅为炭粉与白钨矿反应产生气体量的 1/3。

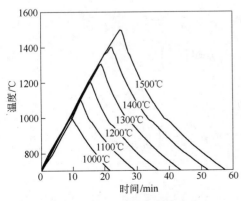

图 3-13　碳化硅粉还原白钨矿粉温度控制曲线

将 4.2g 碳化硅粉与 24.0g 白钨矿混合物放入 MgO 坩埚中，然后将坩埚放在碳管炉恒温区升温、冷却。温度控制曲线如图 3-13 所示。

从图 3-14 可见，1100℃以下，碳化硅不与白钨矿反应，温度升至 1200℃，还原率也仅为 5.2%，在此温度区域，比炭粉还原白钨矿时的还原率还要低。虽然从热力学上看，碳化硅与白钨矿反应的最低温度为 433 K（标准条件下），但是碳化硅在较低温度下不活泼，导致动力学反应速度很慢。当温

度高于 1200℃时，碳化硅的活性才有所
提高，反应速度因此加快。当温度达到
1500℃时，白钨矿的还原率超过 50%。

当温度升至 1370℃左右时，炉渣开
始泡沫化，由于反应产生的 CO 气体量
较少，因此，炉渣泡沫化程度低于炭粉
与白钨矿反应时的泡沫渣程度。以
1400℃试样为例，泡沫渣的最小密度为
0.71g·cm^{-3}，而炭粉还原白钨矿时的泡
沫渣密度为 0.43g·cm^{-3}。

综上所述，低温下碳化硅还原白钨
矿的综合性能差于硅铁，但优于炭粉。

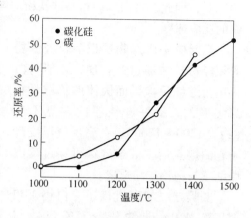

图 3-14 碳化硅与碳还原率的比较

3.3.2 白钨矿粉的铁浴还原

当电炉内形成一定深度的钢液后，电炉底的白钨矿粉由于密度小于钢液密度
而在钢液中上浮，上浮过程中将与钢液中 [Si]、[C] 等元素发生还原反应。由
于白钨矿粉粒度小，反应比表面积很大，铁浴还原是白钨矿粉还原的重要阶段。

3.3.2.1 白钨矿粉的熔化动力学

白钨矿粉的熔化可分为三种情况：（1）在高温电弧直接辐射下熔化；
（2）远离电弧，只能靠对流换热熔化；（3）在电弧辐射和对流换热共同作用下
熔化。白钨矿粉的熔化过程由预热期和紧接预热期之后的熔化期组成。预热期时
间用 t_p 表示，熔化期时间用 t_s 表示。总熔化时间 $t = t_p + t_s$。

在预热期和熔化期内，白钨矿粉内部热传导可用 Fourier 公式表示：

$$\frac{\partial T}{\partial \tau} = \frac{k}{\rho c_p} \left(\frac{\partial^2 T}{\partial r^2} + \frac{2}{r} \frac{\partial T}{\partial r} \right)$$

预热期的边界条件为：

$$a(T_e - T_0) + \sigma \varepsilon (T_e^4 - T_0^4) = k \left(\frac{\partial T}{\partial r} \right)_{r = r_0}$$

熔化期的边界条件：

在 $r = r$ 处 $\qquad\qquad T_0 = T_F$

$$a(T_e - T_F) + \sigma \varepsilon (T_e^4 - T_F^4) = L_F \rho \frac{dh}{d\tau} + k \left(\frac{\partial T}{\partial r} \right)_{r = r}$$

式中　L_F——白钨矿熔化热；

$\qquad h$——已熔化的厚度；

$\qquad k$——热传导率；

$\qquad a$——对流换热系数；

ρ——密度；

c_p——比热容；

T_e——环境温度；

T_0——白钨矿粉边界温度；

T_F——白钨矿熔化温度；

σ——黑体辐射常数；

ε——综合辐射系数；

T——温度。

在高温电弧作用下，取环境温度为2300K，ε取0.9，白钨矿粉的粒度$d=0.1mm$，经计算白钨矿粉的熔化时间小于0.5s。因此，在三相电弧所辐射到的区域，白钨矿的熔化很快。而炉衬周边的白钨矿粉主要通过钢液对流换热的热量来熔化，白钨矿的熔点约1853K，普通废钢的熔点约1773K，因此，当钢液平均温度低于白钨矿的熔点时，炉衬周边的白钨矿粉很难熔化。而白钨矿在钢液中的上浮速度可表示为：

$$v = \frac{2}{9} \frac{\rho_m - \rho_{CaWO_4}}{\eta_m} gr^2 = 0.0019 m \cdot s^{-1}$$

假定白钨矿粉在钢液中的平均上浮距离为100mm，则上浮时间为53s，炉衬周边的白钨矿粉将上浮到渣中溶解或熔化。

3.3.2.2 白钨矿粉的还原动力学

白钨矿粉在高温电弧作用下很快熔化，钢液中的［Si］、［C］等元素扩散到白钨矿颗粒的边界与白钨矿发生还原反应，生成［W］进入钢液中。以硅还原白钨矿粉为例，其还原过程示意如下：

$$[Si] \xrightarrow[\text{扩散}]{\beta_{m1}} [Si]^* \xrightarrow[\text{界面反应}]{k_{化}} [W]^* \xrightarrow[\text{扩散}]{\beta_{m2}} [W]$$

高温下液－液化学反应速率$k_{化}$很大，界面反应不会成为限制性环节，因此还原速率由扩散来控制。

扩散过程的还原速率如下：

$$\bar{r}_1 = -\frac{dn}{d\tau} = 4\pi r^2 \beta_{m1}(c_{[Si]} - c_{[Si]}^*)$$

$$\bar{r}_2 = -\frac{dn}{d\tau} = \frac{3}{2} 4\pi r^2 \beta_{m2}(c_{[W]}^* - c_{[W]})$$

式中　$c_{[Si]}$，$c_{[W]}$——分别为钢液中［Si］和［W］的摩尔浓度；

$c_{[Si]}^*$，$c_{[W]}^*$——分别为反应界面上［Si］和［W］的摩尔浓度；

β_{m1}，β_{m2}——分别为［Si］和［W］的传质系数；

n——摩尔数。

而 $\dfrac{c_{[W]}^*}{c_{[Si]}^*} = K$，根据准稳态原理，$\bar{r} = \bar{r}_1 = \bar{r}_2$ 可得：

$$\bar{r} = \frac{4\pi r^2 \left(c_{[Si]} - c_{[W]}/K\right)}{\dfrac{1}{\beta_{m1}} + \dfrac{1}{1.5K\beta_{m2}}}$$

经推导可得：

$$r_0 \frac{\rho_{CaWO_4}}{M_{CaWO_4}} \frac{dR}{d\tau} = 2(1-R)^{2/3} \beta_{m1} c_{[Si]}$$

当白钨矿粉完全还原时，还原时间为：

$$\tau = \frac{3\rho_{CaWO_4} r_0}{2M_{CaWO_4}\beta_{m1} c_{[Si]}}$$

用质量分数替代体积摩尔浓度，可得：

$$\tau = \frac{150\rho_{CaWO_4} r_0 M_{Si}}{M_{CaWO_4}\beta_{m1}\rho_m [\% Si]} = \frac{11.05 r_0}{\beta_{m1}[\% Si]}$$

β_{m1} 可根据舍伍德数计算，舍伍德数公式为：

$$Sh = \frac{2\beta r_0}{D}$$

Sh，Re 和 Sc 之间存在如下关系：

$$Sh = 2 + 0.6 Re^{1/2} Sc^{1/3}$$

Re 以及 Sc 的计算式分别为：

$$Re = \frac{2r_0 v \rho_m}{\eta}$$

$$Sc = \frac{\eta}{\rho_m D}$$

式中　Sh——舍伍德数；

　　　　Re——雷诺数；

　　　　Sc——施密特数；

　　　　D——扩散系数；

　　　　η——钢液黏度。

从图 3-15 可见，[Si] 含量愈高，白钨矿粉的还原时间愈短。从图 3-16 可见，白钨矿粉粒度愈小，还原时间愈短，当然当 r_0 小于 20μm 时，还原时间变化不大。因此，没有必要追求过细的颗粒度，相反过细的颗粒度还可能产生负面影响（如白钨矿粉的透气性不好等）。因此，白钨矿粉铁浴还原的关键问题是如何保证白钨矿粉周围有足够的 [Si] 含量。如果还原剂硅铁不与白钨矿混合，造成钢液中硅浓度分布不均匀，当白钨矿粉周围 [Si] 浓度较低时，白钨矿粉的还原速度将受到很大影响。因此，将白钨矿粉与硅铁粉均匀混合，使白钨矿粉的周围都有足够高的［Si］含量，从而能加速白钨矿粉的还原。

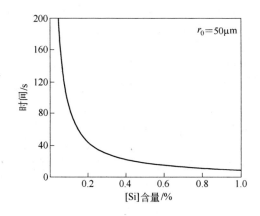

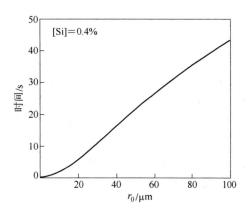

图 3 - 15 ［Si］含量对白钨
矿粉还原时间的影响

图 3 - 16 白钨矿粉粒度对还原时间的影响

如果白钨矿在远离电弧高温区的范围内，由于白钨矿粉的熔点高于废钢熔点，因此白钨矿粉穿过钢液过程发生的铁浴反应属于液 - 固反应。从 3.3.1.2 节硅铁粉与白钨矿粉混合实验结果可知，在很短的上浮时间内，白钨矿粉还原率很低，因此这部分白钨矿粉一大部分将进入顶渣中。

综上所述，为使白钨矿粉充分利用铁浴还原必须将白钨矿粉与硅铁粉均匀混合放在电弧炉高温电弧作用区域，而应该远离炉壁。而实际电弧炉操作，很难做到这一点，因此必将有部分白钨矿进入顶渣中，通过钢渣反应来完成白钨矿的还原过程。

3.3.3 高温下白钨矿的还原反应

从上述分析可知，在三相电弧高温所辐射到的区域内，白钨矿很容易熔化还原，但是炉衬周边的白钨矿较难熔化，由于白钨矿粉上浮时间短，不少白钨矿粉上浮进入渣中，依靠渣金界面反应继续还原。

3.3.3.1 液 - 液反应

钢液中［Si］、［C］、［Cr］、［Al］等元素均可以还原 $CaWO_4$，如图 3 - 17 所示。$CaWO_4$ 的还原速度取决于各种元素与 $CaWO_4$ 反应的合成速度，比单一元素的反应速度快。为了便于分析（$CaWO_4$）的还原过程，仍以单一元素反应为例。

渣中（$CaWO_4$）与钢液中某一元素的反应是由多个环节组成的，主要包括（$CaWO_4$）扩散到反应界面、在界面发生还原反应以及反应产物［W］*扩散到钢液中等环节。还原过程的进程如下：

$$(CaWO_4) \xrightarrow[\text{扩散}]{\beta_s} (CaWO_4)^* \xrightarrow[\text{界面反应}]{k_\text{化}} [W]^* \xrightarrow[\text{扩散}]{\beta_m} [W]$$

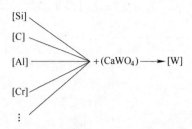

图 3 - 17　钢液中各元素与渣中 $CaWO_4$ 的反应示意图

高温下液 - 液反应迅速，界面化学反应不会成为限制性环节，扩散过程的速率公式如下：

$$\bar{r}_1 = -\frac{dc_{(CaWO_4)}}{d\tau} = \beta_s \frac{A}{V_s}(c_{(CaWO_4)} - c^*_{(CaWO_4)})$$

$$= k_s(c_{(CaWO_4)} - c^*_{(CaWO_4)})$$

$$\bar{r}_2 = -\frac{dc_{[W]}}{d\tau} = \beta_m \frac{A}{V_m}(c^*_{[W]} - c_{[W]})$$

$$= k'_m(c^*_{[W]} - c_{[W]})$$

$$k_s = \beta_s \frac{A}{V_s}, \quad k'_m = \beta_m \frac{A}{V_m}$$

式中　$c_{(CaWO_4)}$，$c^*_{(CaWO_4)}$——分别为 $CaWO_4$ 在渣中、反应界面上的浓度；

$\qquad V_m$，V_s——分别为钢液和熔渣的体积；

$\qquad A$——反应面积；

$\qquad \beta_m$，β_s——分别为钢液及熔渣内的传质系数。

利用准稳态原理，$\bar{r} = \bar{r}_1 = \bar{r}_2$ 可得：

$$\bar{r} = -\frac{dc_{(CaWO_4)}}{d\tau} = \frac{c_{(CaWO_4)} - c_{[W]}/K}{\dfrac{1}{k_s} + \dfrac{1}{k'_m K}}$$

经推导可得：

$$-\frac{d(\% CaWO_4)}{d\tau} = k_s(\% CaWO_4)$$

$$\frac{(\% CaWO_4)}{(\% CaWO_4)_0} = \exp(-k_s\tau) = \exp\left(-\beta_s \frac{A}{V_s}\tau\right)$$

$(CaWO_4)/(CaWO_4)_0$ 与反应时间之间的关系如图 3 - 18 所示。$(CaWO_4)$ 还原过程的限制性环节是 $CaWO_4$ 在熔渣中的扩散，还原进程与 $(CaWO_4)$ 的传质系数及反应界面有关。而传质系数以及反应界面积都与熔池流动状态相关。一般说来，炉渣中组分传质系数的数量级约为 $10^{-5} \sim 10^{-6}$ m·s^{-1}，当熔池平静时，传

质系数以及 A/V_s 都很小。以出钢量为 20t 的电弧炉为例，熔池直径为 2300mm，渣量以 5% 计算，可得 $A/V_s = 50m^{-1}$，令 $\beta_s = 1.0 \times 10^{-6} m \cdot s^{-1}$，计算可得 $k_s = 0.003min^{-1}$，由此可见平静熔池时，渣中 $CaWO_4$ 还原速度很慢。但是通过碳质原料作还原剂，还原过程中将产生大量 CO，使炉渣和金属液形成乳化液（大量金属小液滴与炉渣混在一起）以及产生泡沫渣，从而极大地提高钢渣反应面积，改善了动力学条件。此时，A/V_s 和 β_s 都与炉渣的泡沫化程度有关，令渣滴平均尺寸为 10mm（现代转炉操作炉渣平均尺寸约为 1.5~4mm，电炉内 CO 产生量低于转炉），$\beta_s = 5 \times 10^{-6} m \cdot s^{-1}$，计算可得 $k_s = 0.09min^{-1}$，因此，渣中 $CaWO_4$ 还原 90% 需要 26min。由此可见，提高 $CaWO_4$ 在渣中的传质系数及增大渣金界面的面积对加速（$CaWO_4$）的还原进程很重要。当然电弧炉内 CO 反应不能过于强烈以防出现大沸腾现象和炉渣溢出炉门。

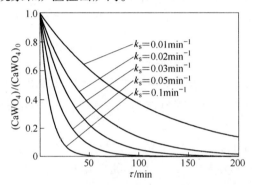

图 3-18 （$CaWO_4$）/（$CaWO_4$）$_0$ 与反应时间之间的关系

3.3.3.2 氧化气氛下的白钨矿还原反应

前面分析了还原气氛下白钨矿的还原反应，但在实际冶炼操作中，往往通过吹氧助熔来加速废钢的熔化，此时将有大量氧气吹入钢液中，使钢中的 [Si]、[Cr]、[C] 等元素受到烧损。至于 [Si]、[C] 等元素氧化烧损的方式通常有直接氧化和间接氧化两种方式。以 [C] 氧化为例，它可能发生如图 3-19 所示的反应。

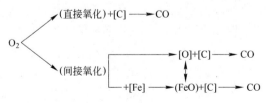

图 3-19 氧气与 [C] 反应示意图

前两个反应直接与氧气以及钢液有关，第三个反应则通过钢渣反应来完成。

而 [C]、[Si] 等元素与氧的反应能力强于它们与 CaWO₄ 的反应能力，以 [Si] 为例：

$$[Si] + O_2 =\!=\!= (SiO_2) \qquad\qquad \Delta G^\ominus = -810740 + 212.42T$$

$$[Si] + 2[O] =\!=\!= SiO_{2(s)} \qquad\qquad \Delta G^\ominus = -576440 + 218.2T$$

$$[Si] + 2(FeO) =\!=\!= (SiO_2) + 2[Fe] \qquad \Delta G^\ominus = -334440 + 113.5T$$

$$[Si] + 2/3CaWO_{4(l)} =\!=\!= 2/3(CaO) + (SiO_2) + 2/3[W] \qquad \Delta G^\ominus = -109249 + 7.9T$$

由此可见，[Si] 很容易被氧化。但 [Si]、[C] 等还原剂与 CaWO₄ 发生反应，不管从热力学角度还是从动力学角度来说，都需要一定的含量，否则白钨矿的还原速率及收得率都将受到很大影响。当吹氧强度过大时，还能使渣中 (FeO) 含量过高，导致 [W] 被氧化，这些已经被工业实践所证实。

总之，吹氧助熔时，必须注意到以下几点：

(1) 吹氧时间选择。应尽可能晚吹氧（与用钨铁冶炼含钨钢工艺相比），实现白钨矿在前期还原。

(2) 吹氧强度的控制。不宜选择过大的吹氧强度，一者这样不仅使 [Si]、[C] 等含量迅速下降，二者也会产生大量 CO 及升温过快引发大沸腾事故。

(3) 还原剂用量的控制。吹氧助熔时，必须考虑到还原剂的烧损，装料时可多加入一定量的还原剂。

(4) 吹氧时，由于炉内炉渣的泡沫化程度较大，会使部分炉渣流出炉门，造成钨的损失，因此应堵住炉门，以免钨随渣流失。

3.3.3.3 碳化硅的还原作用

碳化硅的性质不同于硅、碳等物质，它在低温下较稳定，但在高温下表现出很强的还原能力。在电弧高温区，它能分解成 [Si] 和 [C]（SiC ⟶ [Si] + [C]，$\Delta G^\ominus = 13690 - 96.53T$），与白钨矿粉发生还原反应。由于白钨矿粉上浮时间较短，不少碳化硅将随白钨矿粉一同进入顶渣中。在炉渣中，它既能直接与白钨矿粉作用，也能分解成 [Si] 和 [C]，然后与白钨矿作用，如图 3－20 所示。由于碳化硅的粒度很小，反应比面积很大，同时还能通过多种反应途径与白钨矿反应，并且分解出来的 [Si]、[C] 不仅活性高、而且局部浓度相当高，因此熔渣中碳化硅与白钨矿的反应动力学很优越。有关碳化硅还原白钨矿动力学公式可参考液－液还原及铁浴还原动力学公式，在此不再赘述。

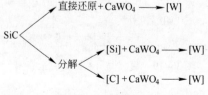

图 3－20 碳化硅与白钨矿反应示意图

另外，碳化硅受吹氧助熔的氧化影响要小于钢液中的 [Si]、[C] 等元素，这是因为氧气直接吹入钢液内，首先将与钢液中的 [Fe]、[Si]、[C] 等元素作用，当 FeO 进入炉渣后，才与碳化硅作用。同时，由于熔渣中存在碳化硅，也保护了钢中的 [W] 不被氧化。

综上所述，碳化硅在高温下是还原性能很好的还原剂。

3.4 白钨矿炼钢的技术基础研究

本节将研究单加白钨矿时的还原情况，同时研究还原剂（硅铁、炭粉等）、（白钨矿）加入量、渣系、装料方式对白钨矿收得率的影响。

3.4.1 硅铁粉还原白钨矿

碱度对白钨矿还原率的影响如图 3-21 所示。初渣碱度指配入白钨矿中的 CaO 和 SiO_2 的质量比值（% CaO/% SiO_2），而不计白钨矿中的 CaO 质量。终渣碱度指实验结束后渣中 CaO 与 SiO_2 的质量比值，考虑了渣中未反应的 $CaWO_4$ 中 CaO 的含量。由图可见，碱度低时，白钨矿的还原率高，当终渣碱度小于 1.9 时，白钨矿的还原率达到 97.0 % 以上。

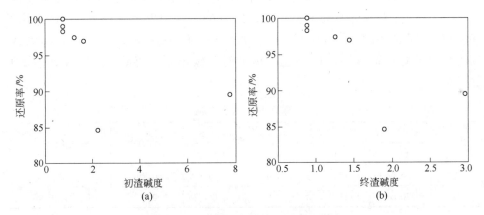

图 3-21　碱度对白钨矿还原率的影响

在相同的渣系条件下，进行了白钨矿的加入量使钢中进钨量分别达 3%、6% 和 9% 的还原实验。结果表明，即使白钨矿加入量大，还原率也很高，如图 3-22 所示，终渣 WO_3 含量小于 0.2%。这说明可完全使用白钨矿冶炼 W9Mo3Cr4V、3Cr2W9V、W6Mo5Cr4V 等含钨量高的钢种。

加入方式对白钨矿还原率的影响如图 3-23 所示。采用两种加料方式：（1）将硅铁粉与白钨矿粉混匀；（2）将硅铁粉放在白钨矿上方，而不与白钨矿粉混匀。可见，混匀样的还原效果好于未混匀样的还原效果。这是因为混匀后，白钨矿粉和硅铁粉接触面积远大于未混匀时的接触面积，因此白钨矿还原速度显著加快。

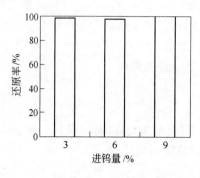

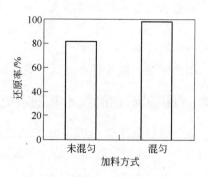

图 3 - 22　白钨矿加入量对还原率的影响　　　图 3 - 23　加料方式对还原率的影响

3.4.2　炭粉还原白钨矿

为了比较渣系对还原白钨矿的影响，采用了两种性质不同的渣（A 渣与 B 渣），A 渣与 B 渣的碱度、半球点温度相近，但 A 渣含一定量 CaF_2，同时 A 渣白钨矿含量低于 B 渣，见表 3 - 4。在相同的实验条件下（渣系与炭粉均匀混合，白钨矿加入量、还原剂用量相同，进钨量约 6%），白钨矿还原率及钢中进钨量相差较大，B 渣还原性能远优于 A 渣，如图 3 - 24 和图 3 - 25 所示。而且含 CaF_2 使渣起泡强度明显高于无 CaF_2 渣，因此对于碳还原白钨矿，渣中最好不要添加 CaF_2。

表 3 - 4　渣系性质

渣型	成分/%				碱　度	半球点温度/℃
	白钨矿	CaO	SiO_2	CaF_2		
A	56.4	16.5	22.0	5.1	0.75	1320
B	70.6	11.8	17.6	0	0.67	1310

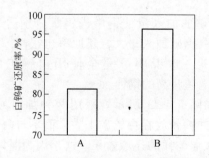

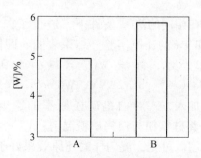

图 3 - 24　渣系对白钨矿还原率的影响　　　图 3 - 25　渣系对进钨量的影响

　　在相同渣系条件下（B渣），渣与炭粉均匀混合，在相似的升温条件与反应时间下，分别使钢中进钨量达3%和6%，实验结果如图3-26所示。由图可见，即使白钨矿加入量大，但白钨矿的还原率仍很高。

　　在相同的渣系条件下（A渣），采用三种加入方式研究碳还原白钨矿的规律，见表3-5和图3-27。可见，以渣系与炭粉均匀混合方式加入效果最好，而以块状炭形式加入效果最差。这是因为A1样中炭粉与渣系的接触面积最大，反应动力学条件最佳，而A3样，接触面积最小，反应动力学不利，在相同的反应时间下，A1样反应速率最快，而A3样反应速率最慢。因此应该将渣系与还原剂均匀混合。

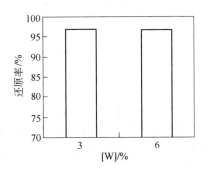
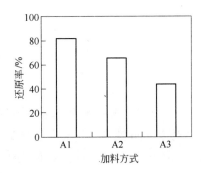

图3-26　白钨矿加入量对碳还原白钨矿的影响　　图3-27　加入方式对白钨矿还原率的影响

表3-5　加入方式对碳还原白钨矿的影响

序号	加入方式	[W]目标含量 /%	[W] /%	终渣（WO_3） /%	钨还原率/%
A1	渣系与炭粉混合均匀	6.0	4.96	10.20	81.4
A2	炭粉放在渣系下方，与渣系不混合	6.0	4.01	17.54	65.2
A3	块状炭放在渣系下方	3.0	1.34	25.68	43.1

3.4.3　硅碳混合还原白钨矿

3.4.3.1　硅铁与碳的配比对白钨矿还原率的影响

　　将硅铁粉与炭粉按照还原白钨矿的比例配合，例如70%硅铁-30%碳指硅铁还原70%白钨矿、碳还原30%白钨矿（硅铁含硅75%）。对白钨矿使钢中增钨6%的条件设计了4种配比，即全部用硅铁、全部用碳、70%硅铁-30%碳、50%硅铁-50%碳4种配比。从图3-28（a）可见，使用50%硅铁-50%碳作还原剂，白钨矿还原率不足90%，而其他3种情况还原率都超过了95%。对白钨矿使钢中增钨3%的条件设计了3种配比（硅铁、全部用碳、70%硅铁－30%碳），如图3－28（b）所示。可见，这3种配比，白钨矿还原率均高于95%。

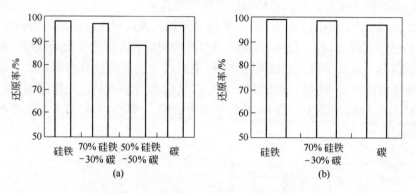

图3－28　还原剂配比对白钨矿还原率的影响

（a）［W］=6%；（b）［W］=3%

3.4.3.2　白钨矿加入量对硅铁与碳混合还原剂还原白钨矿的影响

对70%硅铁－30%碳混合还原剂，进行了白钨矿加入量对还原率影响的实验。从图3－29（a）可见，白钨矿的加入量使钢中增钨9%时，白钨矿还原率仍高于95%。因此用此还原剂还原白钨矿，完全可冶炼W9Mo3Cr4V、3Cr2W9V等含钨量高的钢种。

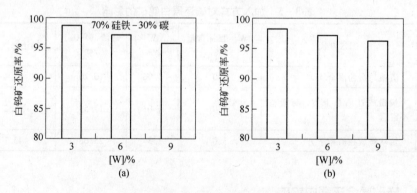

图3－29　白钨矿加入量对白钨矿还原率的影响

（a）硅铁与碳混合还原剂；（b）碳化硅还原剂

3.4.4　碳化硅还原白钨矿

根据上述实验结果，制定了碳化硅还原白钨矿实验方案。将终渣碱度定为1.50，碳化硅与白钨矿等炉料均匀混合。3炉试验分别使钢中增钨3.0%、6.0%和9.0%，结果如图3－29（b）所示。可见，用碳化硅还原白钨矿冶炼高钨钢是可行的。然而，炉渣泡沫化程度和渣量随着白钨矿加入量的增加而变大，如图 3 - 30 和图 3 - 31 所示。因此，在冶炼高钨钢过程中，必须控制好炉渣泡沫化程度和渣量。

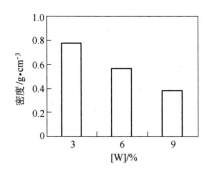 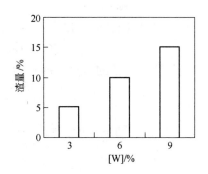

图 3 - 30　白钨矿加入量对泡沫渣密度的影响　　图 3 - 31　白钨矿加入量对渣量的影响

3.5　白钨矿直接炼钢过程中渣量控制

渣量是白钨矿和氧化钼直接还原冶炼合金钢工艺的敏感问题之一，当冶炼低钨、低钼合金钢时，渣量不会很多；但是冶炼高速钢（如 W6Mo5Cr4V、W9Mo3Cr4V 等），如果白钨矿和氧化钼加入量较多时，渣量将会很多。渣量增加，会产生一系列问题，如电耗增加，炉衬侵蚀加重，工人劳动强度提高、冶炼时间延长等。同时，渣量增大还会降低钨、钼元素的收得率，例如在 20t 电弧炉上冶炼 W6Mo5Cr4 钢，当渣中 WO_3 含量为 5% 时，如果渣量为 5%，钨的收得率将达到 96.7%；渣量达到 10% 时，钨的收得率降低到 93.4%；如果渣量继续增加，钨的收得率还要下降。可见，渣量的控制是白钨矿和氧化钼还原工艺的关键问题之一。

3.5.1　白钨矿直接还原工艺渣量计算

白钨矿中主要成分有 WO_3、CaO 和 SiO_2 等，令它们的含量分别为（$\%WO_3$）、（$\%CaO$）和（$\%SiO_2$）等，钢中的钨目标含量为 $[\%W]_0$，若全部用白钨矿代替钨铁实现合金化，则冶炼 1t 钢，需要白钨矿（kg）：

$$10 \times \frac{[\%W]_0}{\eta} \times \frac{232}{184} \times \frac{100}{(\%WO_3)}$$

式中　η——钨收得率。

此时白钨矿中 CaO 质量（kg）为：

$$10 \times \frac{[\%W]_0}{\eta} \times \frac{232}{184} \times \frac{(\%CaO)}{(\%WO_3)}$$

SiO_2 的质量（kg）为：

$$10 \times \frac{[\%W]_0}{\eta} \times \frac{232}{184} \times \frac{(\%SiO_2)}{(\%WO_3)}$$

3.5.1.1　硅铁作还原剂

硅与 WO_3 的反应简化为：

$$WO_3 + 3/2Si \rightleftharpoons W + 3/2SiO_2$$

还原所需硅铁的质量（kg）为：

$$10 \times \frac{[\%W]_0}{\eta} \times \frac{42}{184} \times \frac{1}{\eta_1}$$

还原反应产生的 SiO_2 质量（kg）为：

$$10 \times \frac{[\%W]_0}{\eta} \times \frac{42}{184} \times \frac{60}{28}$$

吹氧助熔时硅烧损量为 a_1 kg/t 钢，则需要硅铁量（kg）为 a_1/η_1，产生 SiO_2 量（kg）为：$60a_1/28$。η_1 为硅铁中硅含量。

补炉料需用镁砂 a_2 kg/t 钢，镁砂中主要成分为 MgO 和 CaO，这样，冶炼 1t 含钨钢，CaO + MgO 的质量（kg）为：

$$10 \times \frac{[\%W]_0}{\eta} \times \frac{232}{184} \times \frac{(\%CaO)}{(\%WO_3)} + a_2$$

SiO_2 的总质量（kg）为：

$$10 \times \frac{[\%W]_0}{\eta} \times \frac{232}{184} \times \frac{(\%SiO_2)}{(\%WO_3)} + 10 \times \frac{[\%W]_0}{\eta} \times \frac{42}{184} \times \frac{60}{28} + \frac{60}{28}a_1$$

此时炉渣碱度 $R = (CaO + MgO)/SiO_2$，渣量为 $CaO + MgO + SiO_2$。若考虑炉渣中其他成分（如 FeO、MnO 和 Al_2O_3 等）或添加其他渣料（如石灰），渣量将更大。

对于冶炼含钨钢，从热力学分析可知，熔氧期炉渣碱度应低于 1.5，以免钢中的钨氧化损失。

3.5.1.2　碳化硅作还原剂

SiC 与 WO_3 的反应简化为：

$$SiC + WO_3 \rightleftharpoons W + SiO_2 + CO$$

还原所需碳化硅的质量（kg）为：

$$10 \times \frac{[\%W]_0}{\eta} \times \frac{40}{184} \times \frac{1}{\eta_2}$$

还原反应产生的 SiO_2 质量（kg）为：

$$10 \times \frac{[\%W]_0}{\eta} \times \frac{40}{184} \times \frac{60}{40}$$

式中　η_2——碳化硅中 SiC 含量。

补炉料需用镁砂 a_2 kg/t 钢，这样，冶炼 1t 含钨钢，$CaO + MgO$ 的质量（kg）为：

$$10 \times \frac{[\%W]_0}{\eta} \times \frac{232}{184} \times \frac{(\%CaO)}{(\%WO_3)} + a_2$$

SiO_2 的总量（kg）为：

$$10 \times \frac{[\%W]_0}{\eta} \times \frac{232}{184} \times \frac{(\%SiO_2)}{(\%WO_3)} + 10 \times \frac{[\%W]_0}{\eta} \times \frac{40}{184} \times \frac{60}{40}$$

3.5.2 渣量计算与分析

计算条件为：硅铁含硅 75%，碳化硅中 SiC 含量为 66.06%，$a_1 = 2$ kg/t 钢，$a_2 = 5$ kg/t 钢，钨收得率为 95%。

3.5.2.1 白钨矿加入量对渣量的影响

分别用硅铁和碳化硅作还原剂，白钨矿加入量分别使钢中增钨 2%、4%、6% 和 8%，渣量计算如图 3-32 所示。从图 3-32（a）可见，当钢中进钨量低于 4% 时，渣量低于 60kg/t 钢，而当钢中进钨量超过 6% 时，渣量将大于 80kg/t 钢。电弧炉正常操作时，渣量约为 50kg/t 钢，可在 30~70kg/t 钢范围内波动，当渣量超过 70kg/t 钢时，即所谓的大渣量，如果渣量超过 100kg/t 钢，则渣量过大，将给冶炼操作带来困难。因此，对于 WO_3 含量为 65% 左右的白钨矿，进钨量应控制在 5% 以下为宜。

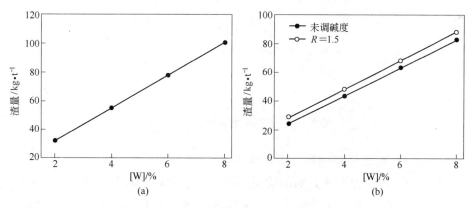

图 3-32 白钨矿加入量与渣量关系
（a）硅铁作还原剂；（b）碳化硅作还原剂

单独用碳化硅作还原剂，渣量比用硅铁时渣量低，当 [W] = 6% 时，渣量约为 63kg/t 钢，在正常渣量范围内，如图 3-32（b）所示；但是炉渣碱度偏高，约为 2，比白钨矿在熔氧期所需的炉渣碱度（R 低于 1.5）要高，为此必须加硅铁调碱度到 1.5 左右，这时渣量又有所增加，即使如此，渣量要低于完全用硅铁作还原剂的渣量，[W]＝6%时，渣量约为70kg/t钢。

由此可见，单独使用硅铁或碳化硅作还原剂都不太适宜，因此，如用硅铁作主还原剂，可配加部分炭粉作还原剂；如果用碳化硅作主还原剂，则应配加部分硅铁作还原剂，这样既可保证一定渣量，还可得到适宜的炉渣碱度。

3.5.2.2 白钨矿成分对渣量的影响

白钨矿成分对渣量也有较大影响，两种白钨矿主成分见表3-6。用碳化硅作主还原剂还原白钨矿的渣量变化如图3-33所示。可见，特级白钨矿的渣量远低于优质白钨矿的渣量。当［W］＝6%时，渣量仅为52 kg/t钢；［W］＝8%时，渣量不足70 kg/t钢，比优质白钨矿渣量低20 kg/t钢。因此，用特级白钨矿即使冶炼3Cr2W8V等高钨钢种，渣量也不会大。

表3-6 白钨矿主要成分 （％）

矿 种	WO_3	CaO	SiO_2
优质白钨矿	67.25	30.47	1.26
特级白钨矿	74.1	24.0	0.49

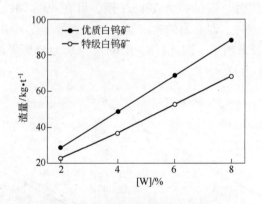

图3-33 白钨矿成分对渣量的影响

3.5.2.3 配合返回钢冶炼可降低渣量

对于WO_3含量为65%左右的优质白钨矿，冶炼3Cr2W8V等高钨钢，渣量接近90kg/t钢。此时为了降低渣量，可选择返回钢冶炼工艺。返回钢成本低，但是磷含量较高，同时返回钢的数量毕竟有限，因此冶炼高速钢时通常用低磷废钢加20%~40%的返回钢冶炼工艺。这样冶炼3Cr2W8V等高钨钢，若返回钢加入比例为20%，渣量可降低到70kg/t钢，若冶炼W6Mo5Cr4V钢，渣量仅为55kg/t钢。

综上所述，完全用白钨矿代替钨铁冶炼高钨合金钢时，只要选择好合适的工艺参数，就可保证冶炼过程渣量不大。

3.6 白钨矿直接炼钢工业实践

3.6.1 用铁合金冶炼 W6Mo5Cr4V 高速钢

为了对比白钨矿、氧化钼矿和工业 V_2O_5 冶炼高速钢的冶金效果，在重庆特殊钢公司一炼钢厂 10t 电弧炉上进行了用钨铁、钼铁和钒铁冶炼 W6Mo5Cr4V 高速钢的工业试验。此工艺属于传统的冶炼高速钢工艺，共进行了 13 炉试验，每炉出钢量约 18 t。返回钢约占钢铁料的 20%（另外还有约 80% 的低磷普碳废钢）。W6Mo5Cr4V 高速钢主要成分见表 3 - 7。

表 3 - 7 W6Mo5Cr4V 高速钢主要成分　　　　　　　　（%）

[C]	[W]	[Mo]	[Cr]	[V]	[Si]	[P]、[S]	[Mn]
0.80 ~ 0.90	5.50 ~ 6.75	4.50 ~ 5.50	3.80 ~ 4.40	1.75 ~ 2.20	0.20 ~ 0.45	≤0.03	0.15 ~ 0.40

从表 3 - 8 可见，冶炼 1t W6Mo5Cr4V 高速钢冶炼周期平均为 233.2min，冶炼时间平均为 217.5min。熔化期时间约占冶炼时间的一半，为 107.3min，其中吹氧助熔时间为 32.0min。还原期、预还原（包括扒初渣时间）、氧化期时间依次降低，如图 3 - 34 所示。钨、钼收得率平均值分别为 93.8% 和 96.9%。由于钨铁的熔点高、密度大，因此收得率不太稳定，标准差为 6.0%。钼铁和钒铁收得率的平均值超过了 95%。铁合金冶炼吨钢电耗平均为 580kW·h。

表 3 - 8 钨铁、钼铁和钒铁冶炼 W6Mo5Cr4V 试验数据

炉号	收得率/%			冶炼周期/min								
	W	Mo	V	补炉	装料	熔化期	吹氧助熔	氧化期	预还原	还原期	总时间	冶炼时间
1	95.2	90.8	96.2	6	18	100	48	30	31	36	221	203
2	95.0	98.0	98.3	27	3	121	38	60	40	23	274	244
3	91.1	99.0	92.7	8	2	105	32	15	35	51	216	206
4	78.0	91.3	92.5	10	5	130	50	11	30	30	216	201
5	91.0	98.9	96.1	9	11	109	34	35	35	35	234	214
6	99.1	98.1	95.2	8	3	97	33	7	28	40	183	172
7	90.0	98.0	93.8	7		85	20	40	25	63	223	213
8	99.0	98.8	98.3	6	5	120	30	30	36	110	307	296
9	89.5	99.3	94.3	10	8	128	48	14	28	45	233	215
10	96.5	89.0	93.9	6	7	95	38	35	30	120	293	280
11	96.7	99.4	97.5	2		86	24	37	30	27	190	180
12	99.0	99.1	98.8	10	5	112	30	32	35	35	226	211
13	99.0	99.2	97.9	12	6	107	7	35	24	32	216	198
平均值	93.8	96.9	95.8	9.7	6.1	107.3	32.0	29.3	31.1	49.8	233.2	217.5
标准差	6.0	3.8	2.3	5.5	4.4	14.7	13.1	14.4	4.5	30.9	36.8	35.7

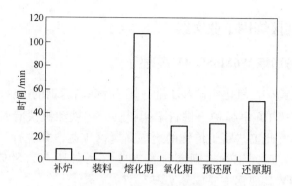

图 3-34　用铁合金冶炼 W6Mo5Cr4V 高速钢电弧炉各操作工序时间分配

3.6.2　用白钨矿冶炼 W6Mo5Cr4V 高速钢

在重庆特殊钢公司二炼钢厂 10t 电弧炉上进行了用白钨矿代替钨铁的工业试验，电弧炉出钢量约为 23t。最初尝试用白钨矿部分代替钨铁冶炼 W6Mo5Cr4V 高速钢，钢中的钨来源于返回钢、钨铁和白钨矿，见表 3-9。主还原剂为碳化硅，副还原剂为碳或硅铁。熔氧期炉渣碱度控制在 2.5 左右。电弧炉装料顺序为：底垫石灰→白钨矿→碳化硅等还原剂→废钢与铁合金等。

表 3-9　白钨矿主要成分　（%）

WO₃	CaO	SiO₂	P	H₂O	S
67.25	30.47	1.26	0.002	0.11	0.106

由于钨铁和白钨矿所需的冶炼路线不同，加钨铁需要多吹氧，而加白钨矿则希望少吹氧，因此使操作发生混乱。同时，冶炼工艺炉渣碱度高，渣量大（超过 80kg/t 钢），造成部分炉渣流出炉门。再次，由于白钨矿与还原剂分开加入，使反应速度受到很大影响。种种原因导致氧化末期钨的收得率平均仅为 82.1%，并且收得率波动很大，标准差达到 10.1%，见表 3-10。

表 3-10　白钨矿部分代替钨铁冶炼 W6Mo5Cr4V 高速钢数据

炉号	钨收得率/%	钼收得率/%	钨的合金化比例/%			白钨矿进钨量/%
			返回钢	钨铁	白钨矿	
1	75.7	88.3	26.1	2.8	71.1	4.45
2	93.8	99.0	24.7	31.7	43.6	2.90
3	76.8	91.0	24.7	31.7	43.6	2.90
平均值	82.1	92.8	25.2	22.1	52.8	3.40
标准差	10.1	5.6	0.8	16.7	15.9	0.90

根据上述结果，调整工艺制度。首先，用白钨矿完全代替钨铁冶炼
W6Mo5Cr4V高速钢，然后，装料及冶炼过程中少加炉料，并且将白钨矿和还原
剂混在一起加入。试验结果见表3-11。白钨矿进钨量达到4.95%（氧化末期），
此时渣量约为60 kg/t钢。由于条件改善，钨的收得率迅速提高，达到93.5%，
与用钨铁冶炼W6Mo5Cr4V高速钢时收得率相当，并且钨的收得率稳定，标准差
仅为1.8%。

表3-11　白钨矿完全代替钨铁冶炼W6Mo5Cr4V高速钢数据

| 炉号 | 钨收得率/% | 钼收得率/% | 钨的合金化比例/% | | 白钨矿进钨量/% |
			返回钢	白钨矿	
4	95.0	97.0	26.3	73.7	5.06
5	91.0	98.9	26.3	73.7	5.06
6	94.4	90.8	32.3	67.7	4.84
7	93.4	97.1	29.4	70.6	4.84
平均值	93.5	95.6	28.6	71.4	4.95
标准差	1.8	3.5	2.9	2.9	0.13

在一炼钢厂10t电弧炉上再次进行了用白钨矿完全代替钨铁冶炼W6Mo5Cr4V
高速钢试验（与用钨铁冶炼W6Mo5Cr4V钢为同一座电弧炉），出钢量也约为
18t，共进行了8炉试验。返回钢控制在20%左右，白钨矿的进钨量提高到
5.39%（熔氧期数据，还原期由于添加钒铁、铬铁等铁合金，此数值将降低），
比1999年试验时高0.44%。结果见表3-12。钨的收得率仍然达到93.4%，与
钨铁炼钢相差很小，收得率波动小于钨铁炼钢工艺。

表3-12　白钨矿完全代替钨铁冶炼W6Mo5Cr4V高速钢第二阶段试验数据

| 炉号 | 钨收得率/% | 白钨矿进钨量/% | 冶炼周期/min | | | | | | | | |
			补炉	装料	熔化期	吹氧助熔	氧化期	预还原	还原期	总时间	冶炼时间
1	90.4	5.25	9	4	132	39	33	40	58	276	263
2	88.1	6.0	9	10	137	37	13	42	52	263	244
3	97.5	5.2	5	5	110	30	30	39	54	243	233
4	91.3	6.0	10	5	131	26	19	39	55	259	244
5	98.3	5.2	10	10	97	35	32	26	32	207	187
6	91.7	5.76	8	5	95	45	15	31	92	246	233
7	90.0	5.92	11	5	84	19	43	40	64	247	231
8	100.0	3.78	5	2	102	32	22	33	60	224	217
平均值	93.4	5.39	8.4	5.8	111.0	32.9	25.9	36.3	58.4	245.6	231.5
标准差	4.5	0.74	2.3	2.8	19.9	8.1	10.3	5.6	16.6	21.9	22.4

从冶炼时间来看,熔化期为 111.0min,比钨铁炼钢工艺长 3.7min,但氧化期则比钨铁炼钢工艺短 3.4min。由于渣量大于钨铁炼钢工艺,扒渣时间增长,因此预还原期比钨铁炼钢工艺长 5.2min。这样从熔化期到预还原结束,冶炼时间仅增加 5.5min。试验中,由于还原期较长,为 58.4min,比钨铁炼钢工艺增加 8.6min,导致电弧炉冶炼时间比钨铁炼钢工艺长 14.1min,吨钢电耗约增加 37kW·h。

可见,用白钨矿完全代替钨铁冶炼 W6Mo5Cr4V 高速钢能取得较好的冶炼效果。经过几年实践,钨的收得率已稳定在 95% 以上。

3.7　白钨矿粉直接还原制备新技术

作者提出了低温快速还原理念,通过细化与催化等手段加速矿粉在低温条件下的反应。历经 8 年的研究发展,已在微观反应、宏观反应、反应器改进与设计等多方面取得成果。利用低温还原技术,可处理钨、钼、硼、钒、镍、铌等矿产资源。

3.7.1　碳与白钨矿之间的反应

普通粒度的白钨矿粉与炭粉反应的热重曲线如图 3-35 所示。从图可见,温度高于 1100℃ 以上,反应才开始进行;而当粉体的粒度降低到 40μm 时,反应温度降低了 100℃ 以上;当将粉体的粒度降低到 10μm 以下时,反应温度可降低到 1000℃ 以下。

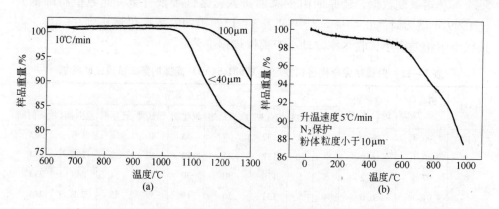

图 3-35　白钨矿与碳反应热重曲线

3.7.2　碳与氧化钨之间的反应

不同粒度的氧化钨与碳的反应如图 3-36 所示。随着氧化钨粒度降低,反应温度逐步下降。当粒度降低到 10μm 以下时,1000℃ 就可完成氧化钨的还原。

900℃恒温1h 的样品进行 X 射线衍射（见图3-37），产物中只有金属钨和 W₂C，表明氧化钨已完全失氧。

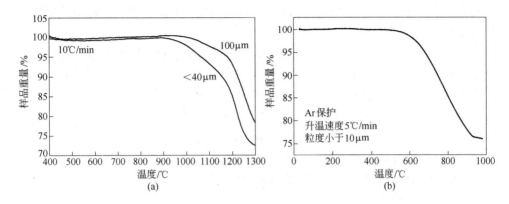

图3-36　WO₃ 与碳反应热重曲线

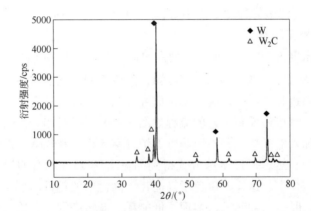

图3-37　反应产物的 X 射线衍射图

3.7.3　新流程构思

除了碳和白钨矿之间能够发生低温快速反应，硅铁也能在1000~1300℃还原白钨矿。根据白钨矿反应动力学的研究，将硅铁粉和白钨矿粉混匀后，在此温度范围恒定一段时间，就可将白钨矿还原。硅铁和白钨矿的反应属于放热反应，而碳与白钨矿的反应属于强吸热反应。选择适宜的比例可保证反应过程热量均匀。

$$3/2Si_{(s)} + CaWO_{4(s)} =\!\!=\!\!= CaO_{(s)} + 3/2SiO_{2(s)} + W_{(s)} \qquad \Delta G^{\ominus} = -375140 + 14.01T$$

$$3C_{(s)} + CaWO_{4(s)} =\!\!=\!\!= W_{(s)} + CaO_{(s)} + 3CO \qquad \Delta G^{\ominus} = 638800 - 502.11T$$

考虑到白钨矿本身含有一定量的 CaO、SiO₂ 等炉渣，反应过程中还能产生一定量的 SiO₂，实际上还原后的产物将是金属钨粉和炉渣组成的混合物。当然，可将含有金属钨的混合物直接加入电弧炉，在电弧炉熔化废钢过程中，混合物中的钨粉进入钢液中，CaO、SiO$_2$ 等进入炉渣。此法与白钨矿直接加入电弧炉冶炼合金钢相比，省去炼钢过程的还原时间，但总渣量并未减少。因此，新工艺缩短了冶炼时间。

其实，还原后的产物中，金属钨、炉渣仅仅是混合物，完全可通过简单的重选法实现金属钨与炉渣的分离。

重选的可选性判断标准 E 的计算公式为：

$$E = \frac{\rho_1' - \rho}{\rho_1 - \rho}$$

式中　ρ_1'——被分选物料中高密度成分的密度；

　　　ρ_1——被分选物料中低密度成分的密度；

　　　ρ——介质的密度。

当 $E > 2.5$ 时，分选极易进行；$E = 2.5 \sim 1.75$ 时，容易实现分选；$E = 1.75 \sim 1.5$ 时，分选难易程度属于中等；$E = 1.5 \sim 1.25$ 时，分选比较困难；$E < 1.25$ 时，分选极其困难。

由于钨的密度为 $19.3\mathrm{g \cdot cm^{-3}}$，而白钨矿中的主要杂质 CaO、SiO$_2$ 的密度小于 $3\mathrm{g \cdot cm^{-3}}$，从重选系数 E 为 11.4 可知，分离钨和杂质非常容易。作者进行了利用摇床法分离钨和杂质的试验，初步研究表明，分离率达 97% 以上。

使用白钨矿直接还原新工艺的流程如图 3 – 38 所示。当产品为钨粉时，就与钨铁相似直接加入电弧炉，并不影响电弧炉炼钢流程。在较低的温度下还原白钨矿得到金属钨粉，然后通过重选方式得到品位大于 95% 左右的钨粉，用此品代替钨铁加入炼钢炉中。这样既避免了高能耗、高污染的钨铁冶炼工艺，也避免了白钨矿直接加入时引发的问题，实现了低能耗、低污染的绿色冶金流程。此流程具有如下优势：

（1）冶炼能耗低。由于冶炼温度在 $1000 \sim 1300$℃ 左右，1t 钨铁替代品的能耗只有 1000kW · h 左右，远低于钨铁生产的能耗。

（2）污染少。生产过程中不需要使用沥青、焦炭等污染大的原料，从而大幅度降低了冶炼过程的污染；其次，冶炼温度低，产生的废气（SO$_x$、NO$_x$）量也低于高温冶炼时的产生量。

（3）钨的综合利用率高。由于生产得到的钨球或钨块成海绵状，很容易溶入钢液中，其收得率可超过 97%，比钨铁的综合收得率高出 9% 以上。

（4）生产成本低。由于原材料、电等消耗量少于传统的钨铁生产过程，生产成本约比传统工艺低 15% ~ 25%。

（5）装置简单、操作方便，工人劳动强度低。由于采用了新技术新流程，操作简单方便，工人劳动强度较低。

（6）不影响现代炼钢工艺的生产节奏。

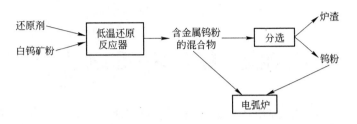

图 3-38　白钨矿直接还原新工艺的流程

除了上述新流程外，作者还开发了新的低温还原处理白钨矿工艺，可以直接得到钨铁，如图 3-39 和图 3-40 所示。本项研究工作已完成了中间放大试验（100kg 级），具有良好的经济效益与社会效益。新工艺有望取代传统高温钨铁冶炼工艺，形成新一代钨铁冶炼新工艺。

图 3-39　白钨矿低温还原制备钨铁新工艺

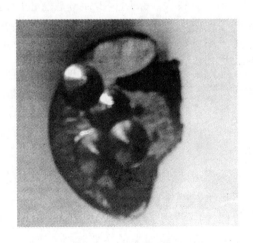

图 3-40　低温还原钨铁产品

4　氧化钼矿高效利用理论与技术

钼是我国重要的战略资源，其储存量居世界第二位，开发量长期居世界首位。80%的钼用于冶炼合金钢，钼铁是重要的中间产品。钼铁冶炼过程污染严重，钼的损失率较高。作者经过十余年的研究，系统研究了氧化钼矿还原过程的热力学与动力学等相关理论，开发了完全用钼矿代替钼铁冶炼高速钢的技术，已在国内数个企业得到应用。最近几年作者提出了低温冶金技术，通过此技术，可以在低温下得到钼铁制品，进一步降低钼冶金工业的能耗与污染。本章将重点介绍作者在钼矿直接炼钢技术的理论与实践，并介绍新开发的低温还原冶炼钼铁新技术。

4.1　钼铁块的生产

钼铁主要采用炉外金属热法和电炉碳热法生产。电炉碳热法是将钼精矿或氧化钼与碳质还原剂等材料，置于碳质炉衬的电炉中直接冶炼碳含量较高的钼铁。由于这种方法能耗高，钼损失较大，采用较少。硅热法生产钼铁的实质是用硅代替碳作氧化钼的还原剂，反应所放出的大量热能足以使冶炼顺利进行，因此不需外部加热，这种方法生产钼铁简单、经济，并且碳含量低于0.10%的钼铁只能采用硅热法生产，因此，硅热法是国内外应用最广的生产方法。硅热法冶炼钼铁的原料：熟钼精矿、75%硅铁、铝粒、铁矿或铁鳞、钢屑、硝石和萤石。

钼铁冶炼存在的问题：

（1）熔炼过程危险。由于炉料潮湿或单位发热量过高或砂窝潮湿等原因，都会引发大喷溅。

（2）污染大。反应过程中排出大量的浅褐色浓烟，且工艺原料是焙砂。而焙砂的生产会产生二氧化硫，也是大污染的工艺。

（3）高能耗。

（4）钼损失大。生产中造成钼损失的主要途径是烟气带走的损失和炉渣损失。烟气中的钼主要以氧化钼粉末的形式存在；炉渣中的钼主要以金属颗粒的形式存在。过程中两种损失的钼大约占总钼量的5% ~8%。

4.2　氧化钼还原热力学

含氧化钼炉渣的活度模型计算见第2章相关介绍，本节主要介绍氧化钼直接合金化过程中的反应趋势计算。

4.2.1 ΔG 和钼分配比 L_{Mo}

与 $CaWO_4$ 相类似,可得硅、碳化硅和碳在高温下与 $CaMoO_4$ 所发生还原反应的 ΔG 和 L_{Mo}。

$$SiC \quad \Delta G = \Delta G^\ominus + RT\ln\left(\frac{a_{CaO}a_{SiO_2}a_{Mo}}{a_{CaMoO_4}}\right)$$

$$L_{Mo} = \frac{x_{CaMoO_4}}{[\%Mo]} = a_{CaO}a_{SiO_2}\frac{f_{Mo}}{\gamma_{CaMoO_4}}\exp\left(\frac{\Delta G^\ominus}{RT}\right)$$

$$[Si] \quad \Delta G = \Delta G^\ominus + RT\ln\left(\frac{a_{CaO}a_{SiO_2}^{3/2}a_{Mo}}{a_{CaMoO_4}a_{Si}^{3/2}}\right)$$

$$L_{Mo} = \frac{x_{CaMoO_4}}{[\%Mo]} = \frac{f_{Mo}a_{CaO}a_{SiO_2}^{3/2}}{\gamma_{CaMoO_4}a_{Si}^{3/2}}\exp\left(\frac{\Delta G^\ominus}{RT}\right)$$

$$[C] \quad \Delta G = \Delta G^\ominus + RT\ln\left(\frac{a_{Mo}a_{CaO}}{a_C^3 a_{CaMoO_4}}\right)$$

$$L_{Mo} = \frac{x_{CaMoO_4}}{[\%Mo]} = \frac{f_{Mo}a_{CaO}}{\gamma_{CaMoO_4}a_C^3}\exp\left(\frac{\Delta G^\ominus}{RT}\right)$$

4.2.2 炉渣碱度对氧化钼还原的影响

以 $CaO\text{-}SiO_2\text{-}MoO_3$ 三元渣系来计算。钢液成分见表 3-2。炉渣碱度对反应自由能和钼分配比的影响如图 4-1 和图 4-2 所示。

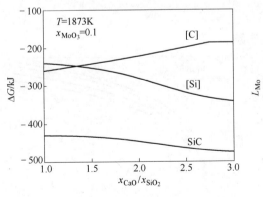

图 4-1 碱度对 ΔG 的影响

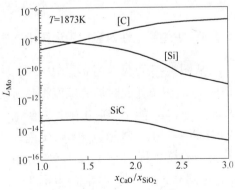

图 4-2 碱度对 L_{Mo} 的影响

可见,$CaMoO_4$ 比 $CaWO_4$ 容易还原。随碱度提高,SiC 和[Si]与 $CaMoO_4$ 反应的自由能下降,但[C]与 $CaMoO_4$ 反应的自由能却上升。SiC、[Si]与 $CaMoO_4$

反应的分配比 L_{Mo} 随碱度上升变得更小，[C] 则相反。SiC 与 $CaMoO_4$ 反应的分配比 L_{Mo} 比 [Si] 相应的 L_{Mo} 小 3 ~ 5 个数量级，比 [C] 相应的 L_{Mo} 小 5 ~ 8 个数量级。由此可见，在高温下，SiC 比 [Si]、[C] 的反应性能强，[C] 的反应性能最弱。

4.2.3 钢液成分对氧化钼还原的影响

与白钨矿还原过程不同，[Si] 和 [C] 含量对渣中 $CaMoO_4$ 含量影响不大，即使 [Si] 低于 0.001% 或 [C] 低到 0.1%，平衡时渣中 $CaMoO_4$ 含量仍很低，如图 4-3 和图 4-4 所示。以 $L_{Mo} = 1 \times 10^{-4}$ 计算，令渣量为 100kg/t 钢，[%Mo] = 5 来计算，可得 $x_{CaMoO_4} = 0.0005$，即渣中约含 $CaMoO_4$ 0.17%（质量分数），钼损失率不足 0.5%。但从动力学角度来说，提高 [Si] 和 [C] 浓度可加速还原反应进程。因此，如果单还原氧化钼，还原剂量可少于还原白钨矿所需要的硅铁量或炭粉量。

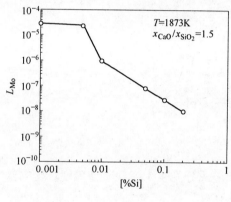

图 4-3 [%Si] 对 L_{Mo} 的影响

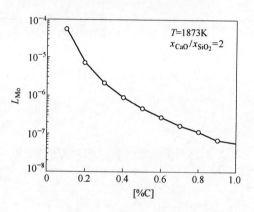

图 4-4 [%C] 对 L_{Mo} 的影响

4.2.4 炉渣氧化性对氧化钼还原率的影响

从图 4-5 可见，当 $a_{FeO} = 0.2$ 时，即使 $a_{CaO} = 0.6$（此时炉渣碱度将超过 3.0），L_{Mo} 也能达到 0.001，冶炼 W6Mo5Cr4V 钢，渣量以 100kg/t 钢计算，钼的氧化损失率不足 1.6%。当 a_{FeO} 达到 0.3 时，只要 $a_{CaO} < 0.2$（碱度约在 2.0 以下），仍能保证 $L_{Mo} = 0.001$。由此可见，高温下钢液中钼没有钨那么容易氧化。即使大量吹氧使氧化铁浓度很高，钢液中钼也不容易

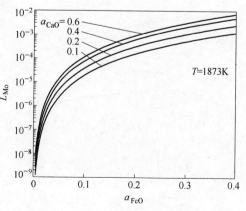

图 4-5 a_{FeO} 和 a_{CaO} 对 L_{Mo} 的影响

氧化，这是因为钨要先氧化，生成 WO_3 进入渣中，WO_3 与 CaO 结合生成的 $CaWO_4$ 能显著降低 CaO 的活度。

4.3　氧化钼低温还原动力学研究

4.3.1　碳还原氧化钼动力学

4.3.1.1　直接还原过程分析

与白钨矿低温还原动力学相比，氧化钼的还原动力学更为复杂。与白钨矿还原相似之处在于：

在一定温度下，由于炭粉与氧化钼的紧密接触可发生直接还原反应：

$$MoO_{3(s)} + 3C_{(s)} = Mo_{(s)} + 3CO \qquad (4-1)$$

由于碳与氧化钼颗粒之间为点接触，一旦反应生成金属钼相，两者的接触即中断，因此反应（4-1）可称为触发反应。然后通过下列连锁间接反应还原氧化钼：

$$MoO_{3(s)} + 3CO = Mo_{(s)} + 3CO_2 \qquad (4-2)$$

$$2CO = C_{(s)} + CO_2 \qquad (4-3)$$

与白钨矿还原过程不同之处在于：

氧化钼在低温下挥发形成气态氧化钼，然后可与炭粉或 CO 气体发生还原反应：

$$MoO_{3(g)} + 3C_{(s)} = Mo_{(s)} + 3CO$$

$$MoO_{3(g)} + 3CO = Mo_{(s)} + 3CO_2$$

$$2CO = C_{(s)} + CO_2$$

如果体系为敞开体系，则将有一部分氧化钼挥发损失。

4.3.1.2　直接还原实验

实验方案与白钨矿实验方案类似。将 24.0g 氧化钼、6.0g CaO（化学纯）与 5.2g 炭粉磨细均匀混合，放在 MgO 坩埚内，然后在碳管炉中升温，温度曲线如图 4-6 所示。根据失重法测定氧化钼的还原率。氧化钼的主要化学成分见表 4-1。加 CaO 可用于抑制氧化钼的挥发，从而不影响还原率的计算。

表 4-1　氧化钼的主要化学成分　（%）

MoO_3	CaO	SiO_2	P	S
78.03	10.34	10.52	0.015	0.022

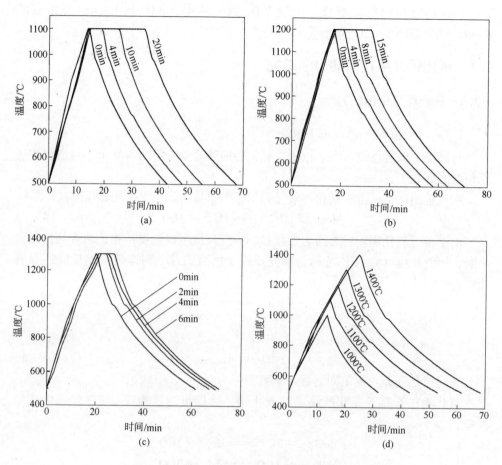

图4-6　碳直接还原氧化钼实验温度控制曲线

（a）~（c）恒温试验；（d）变温试验

　　碳直接还原氧化钼的实验结果如图4-7所示。从图4-7（a）可见，在一定温度下，随着恒温时间延长，氧化钼的还原率提高，但曲线趋于平缓。与白钨矿直接还原对比，氧化钼的还原率明显高于白钨矿的还原率。从图4-7（b）可见，随着温度提高，氧化钼的还原速率提高，从1000℃到1400℃，仅13min就还原了近80%的氧化钼。由此可见，氧化钼在固态下很容易与炭粉发生还原反应。将图4-7（b）中数据拟合可得还原率与温度之间的关系式：

$$\psi = -68.84 + 0.0291t + 6.5 \times 10^{-5}t^2 \quad r = 0.9998$$

4.3.2　碳化硅还原氧化钼

　　将7.9g碳化硅粉、24.0g氧化钼粉及6.0g CaO混合物放入MgO坩埚中，然

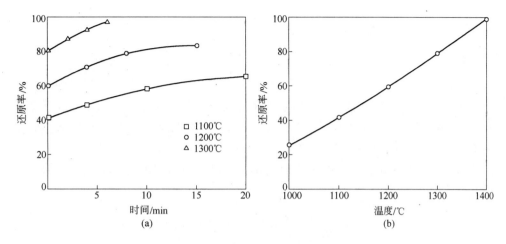

图 4 - 7　碳直接还原氧化钼实验结果

（a）恒温试验；（b）变温试验

后将坩埚放在碳管炉恒温区升温、冷却。温度控制曲线如图 4 - 8 所示。

从图 4 - 9 可见，低温下碳化硅与氧化钼的还原速度很慢，温度升至 1200℃时，氧化钼的还原率才达到 6.4%，与炭粉还原氧化钼的差别很大：炭粉与氧化钼的反应，温度升至 1200℃时，已有 60% 的氧化钼被还原。温度高于 1200℃时，碳化硅的活性提高，而氧化钼又易还原，因此反应速度加快，从 1200℃升至 1400℃，仅 7min 时间氧化钼的还原率就达到 76%。由于反应过快，导致炉渣在 1330℃左右时发生泡沫化，炉渣最小密度仅为 $0.35 g \cdot cm^{-3}$（1400℃试样）。而炭粉还原氧化钼过程，炉渣未出现泡沫化现象。综上所述，由于碳化硅的低温还原性能差，导致氧化钼在较高温度下的反应速度过快，从而引发炉渣沸腾现象。因此，氧化钼与碳化硅之间的反应动力学条件差于它与炭粉之间的反应动力学条件。

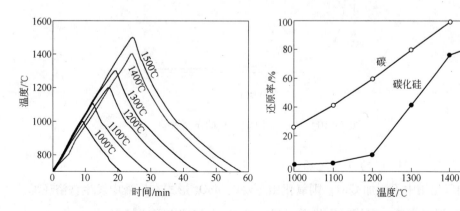

图 4 - 8　温度控制曲线　　　　图 4 - 9　碳化硅与碳还原氧化钼的还原率比较

4.3.3　氧化钼高温还原动力学研究

4.3.3.1　$CaMoO_4$ 的铁浴还原

与白钨矿还原过程相似，钢液中的[Si]、[C]、[Al]等元素都能与 $CaMoO_4$ 发生铁浴反应，就连铁也能容易还原 $CaMoO_4$，同时 $CaMoO_4$ 熔点只有1380℃左右，在整个钢液中都能熔化还原。由此可见，$CaMoO_4$ 发生铁浴还原的动力学条件远比 $CaWO_4$ 相应的动力学条件优越。

以[C]与 $CaMoO_4$ 发生铁浴还原为例，经推导可得（与 $CaWO_4$ 铁浴过程相似）：

$$r_0 \frac{\rho_{CaMoO_4}}{M_{CaMoO_4}} \frac{dR}{d\tau} = 4(1-R)^{2/3} \beta_{m1} c_{[C]}$$

当 $CaMoO_4$ 粉完全还原时，

$$\tau = \frac{3\rho_{CaMoO_4} r_0}{4 M_{CaMoO_4} \beta_{m1} c_{[C]}}$$

用质量分数替代体积摩尔浓度，可得：

$$\tau = \frac{75\rho_{CaMoO_4} r_0 M_C}{M_{CaMoO_4} \beta_{m1} \rho_m [\%C]} = \frac{1.88 r_0}{\beta_{m1} [\%C]}$$

β_{m1} 可根据舍伍德数计算。以 $r_0 = 50\mu m$ 计算，可得图4-10。从图可见，$CaMoO_4$ 颗粒的还原时间很短。

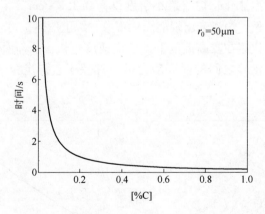

图4-10　[%C]对 $CaMoO_4$ 的还原影响

4.3.3.2　MoO_3 的铁浴还原

如氧化钼中不添加 CaO，则氧化钼主要以 MoO_3 形式在钢液中发生铁浴还原。当 MoO_3 温度高于一定值时，将有一部分 MoO_3 在钢液中形成气泡。

　　液态 MoO_3 的铁浴还原与液态 $CaMoO_4$ 的铁浴过程相似。而气态氧化钼在钢液中可与[C]、[Si]等元素发生下列还原反应:

$$3/2[Si] + MoO_{3(g)} \Longrightarrow [Mo] + 3/2(SiO_2) \qquad \Delta G^\Theta = 831805 - 214.2T$$

$$3[C] + MoO_{3(g)} \Longrightarrow [Mo] + 3CO \qquad \Delta G^\Theta = -30772 - 235.6T$$

$$3[Fe] + MoO_{3(g)} \Longrightarrow [Mo] + 3(FeO) \qquad \Delta G^\Theta = -381892 + 67.1T$$

$$3[Mn] + MoO_{3(g)} \Longrightarrow [Mo] + 3(MnO) \qquad \Delta G^\Theta = -751816 + 236.5T$$

$$2[Al] + MoO_{3(g)} \Longrightarrow [Mo] + Al_2O_{3(s)} \qquad \Delta G^\Theta = -381892 + 67.1T$$

　　从上述反应标准自由能可见,这五种还原剂均能将 $MoO_{3(g)}$ 充分还原。以[C]为例来分析[C]和气态 MoO_3 反应的动力学。反应动力学示意图如图 4-11 所示。这一过程可由以下步骤组成:

　　(1) 钢液中 [C] 和气泡内 MoO_3 通过各自边界层扩散到气泡表面;

　　(2) 在气泡表面发生化学反应,生成 CO 气体和[Mo];

　　(3) CO 气体通过边界层扩散到气泡内部,[Mo]通过边界层扩散到钢液内部。

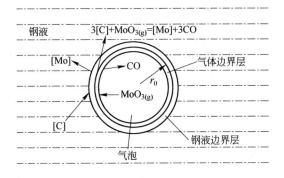

图 4-11　气态 MoO_3 铁浴还原动力学示意图

　　根据气液反应动力学推导可得:

$$-\frac{dn}{d\tau} = \frac{1}{3} k_d A c_{[C]}$$

$$k_d = 2\sqrt{\frac{D}{\pi \tau_e}}$$

式中　k_d——传质系数;

　　　　A——气泡表面积;

　　　$c_{[C]}$——钢液中碳的物质的量;

　　　　D——扩散系数;

　　　　τ_e——接触时间。

　　τ_e 的计算公式如下:

$$\tau_e = \frac{2r_0}{v}$$

$$v = 2\sqrt{\frac{r_0 g}{3}}$$

式中　r_0——气泡半径；

　　　v——气泡的上浮速度；

　　　g——重力加速度。

联立可得：

$$-\frac{\mathrm{d}p_{MoO_3}}{\mathrm{d}\tau} = \frac{RT}{3V}k_d A c_{[C]}$$

气泡在上浮过程中，由于钢水静压力减小，而气泡中 CO 压力迅速增加，因此气泡将逐渐长大。为了简化计算，可视气泡体积为常数。取气泡直径为 0.1cm、1cm，钢中 [C] 以 0.8% 计算，将气泡内 p_{MoO_3} 从 1.2×10^5 Pa 降低到 1000Pa 所需时间小于 0.1s。可见，气态氧化钼在钢液中很容易还原。

综上所述，通过低温还原及铁浴还原就可以将氧化钼完全还原。但是如果将氧化钼加在废钢上方，或者氧化钼以块状加入炉内，就会有部分氧化钼进入顶渣中继续还原，还有一小部分氧化钼因挥发而损失。

4.3.3.3　高温下氧化钼的液 – 液反应

炉渣中 MoO_3 是以 $CaMoO_4$ 状态存在的。与 $CaWO_4$ 的还原过程相似，钢液中 [Si]、[C]、[Cr]、[Al]、[Mn] 等元素均能与 $CaMoO_4$ 发生液 – 液反应。另外，连[Fe]都能还原 $CaMoO_4$，这表明 $CaMoO_4$ 液 – 液反应速度将快于 $CaWO_4$ 的液 – 液反应速度，而且因为[Fe]也能还原 $CaMoO_4$，所以 $CaMoO_4$ 的还原受吹氧助熔的影响较小。

渣中（$CaMoO_4$）与钢液中某一元素的反应是由多个环节组成的，主要包括（$CaMoO_4$）扩散到反应界面、在界面发生还原反应以及反应产物[Mo]*扩散到钢液中等环节。还原过程的进程如下：

$$(CaMoO_4) \xrightarrow[\text{扩散}]{\beta_s} (CaMoO_4)^* \xrightarrow[\text{界面反应}]{k_{化}} [Mo]^* \xrightarrow[\text{扩散}]{\beta_m} [Mo]$$

与 $CaWO_4$ 动力学公式推导相似，可得：

$$-\frac{\mathrm{d}(\%CaMoO_4)}{\mathrm{d}\tau} = k_s(\%CaMoO_4)$$

$$\frac{(\%CaMoO_4)}{(\%CaMoO_4)_0} = \exp(-k_s \tau) = \exp\left(-\beta_s \frac{A}{V_s}\tau\right)$$

可见，（$CaMoO_4$）还原过程的限制性环节是 $CaMoO_4$ 在炉渣中的扩散，还原速率与（$CaMoO_4$）的传质系数及反应面积有关。有关分析请参考 $CaWO_4$ 的还原动力学。

4.4　抑制氧化钼挥发的研究

由液态转变为气态的过程称为蒸发，由固态转变为气态的过程称为升华，在冶金术语中，这两种现象统称为挥发。与挥发过程相反，由气态转变为液态或固态的过程称为凝聚。

氧化钼的挥发较严重，这是导致氧化钼在直接合金化过程中收得率不高的原因之一。本节将对氧化钼的挥发过程进行研究，为抑制氧化钼挥发提供有效方法。

4.4.1　空气中氧化钼挥发的热力学

4.4.1.1　挥发热力学

固体氧化钼挥发的热力学公式如下：

$$MoO_{3(s)} \rightleftharpoons MoO_{3(g)} \qquad \Delta G^{\ominus} = 380350 - 187.32T$$

空气中氧化钼的分压一般很低，因此，经计算固态氧化钼挥发是可能的。氧化钼的熔点较低，为795℃，当温度高于此值时，氧化钼将熔化。液态氧化钼挥发的热力学公式如下：

$$MoO_{3(1)} \rightleftharpoons MoO_{3(g)} \qquad \Delta G^{\ominus} = 304660 - 117.17T$$

同样经计算，液态氧化钼发生挥发在热力学是可行的。

4.4.1.2　氧化钼的蒸气压

如果将氧化钼放在密闭的容器中，在一定温度下，氧化钼的挥发将达到平衡，此时容器中氧化钼的分压称为氧化钼的蒸气压。一定温度下，氧化钼蒸气压与温度的关系见表4-2。可见，当温度达到800℃时，蒸气压超过2000Pa，已有明显的挥发现象，而当温度达到1151℃时，蒸气压达到101.325kPa，挥发将很激烈。因此，随着温度提高，氧化钼蒸气压迅速提高。

将表4-2中的数据回归可得氧化钼蒸气压与温度之间的关系式：

$$\lg p^* = 25.476 + 0.00120T - 8679.3\frac{1}{T} - 5.098\lg T$$

表4-2　氧化钼蒸气压与温度的关系

蒸气压/Pa	0.0013	0.0133	0.133	1.33	13.33	133.3	1333.2	101325
温度/℃	307	354	409	476	557	657	786	1151

4.4.2　空气中氧化钼挥发的动力学

4.4.2.1　挥发动力学公式

假定氧化钼挥发反应为可逆反应，根据反应动力学，MoO_3 的挥发速度等于气化速度和凝聚速度之差。MoO_3 的挥发速度公式为：

$$r_{挥} = -\frac{\mathrm{d}n}{\mathrm{d}\tau} = \frac{aA(p^* - p')}{\sqrt{2\pi MRT}} \qquad (4-4)$$

对于敞口体系，挥发出去的氧化钼进入大气中，当温度降低时，将会重新凝聚。敞口体系中 $p' \ll p^*$，式（4-4）可简化为：

$$r_{挥} = -\frac{\mathrm{d}n}{\mathrm{d}\tau} = \frac{aAp^*}{\sqrt{2\pi MRT}} \qquad (4-5)$$

式中　$r_{挥}$——挥发速度，$mol \cdot s^{-1}$；

A——反应面积，cm^2；

n——摩尔数，mol；

p'——气相中氧化钼的分压，Pa；

p^*——氧化钼蒸气压，Pa；

τ——时间，s；

T——温度，K；

M——摩尔质量；

a——系数。

从挥发动力学公式可见，氧化钼挥发速率与挥发表面积、挥发温度有关。挥发表面积越大，挥发速率越大。由于蒸气压和温度成指数关系，虽然式（4-5）中分母含有 $\sqrt{T}$，但是温度提高仍能明显加快氧化钼的挥发。

4.4.2.2　挥发动力学实验

将一定量氧化钼放入敞口硅碳管炉中，然后按一定升温速度升温。根据氧化钼失重可计算出氧化钼的挥发率。氧化钼的主要化学成分见表 4-1。实验中采用氧化钼粉和氧化钼块两种方案，实验结果如图 4-12 所示。挥发率计算公式为：

$$挥发率 = \frac{MoO_3 的挥发质量}{氧化钼中纯 MoO_3 质量} \times 100\%$$

从图 4-12 可见，氧化钼在 600℃ 时已有一定的挥发，800℃ 以上挥发激烈。从 600℃ 到 1100℃，不到 5min 的时间内，块状氧化钼挥发率就已达到 30%，而粉状氧化钼挥发率高达 40%。从挥发率的曲线来看，曲线斜率随温度升高而急剧变大，这表明随着温度升高，氧化钼挥发速率变大。由图同时可见，粉状氧化钼的挥发速率大于块状氧化钼的挥发速率。实验结束后，将块状氧化钼样取出，发现块状氧化钼已成为蜂窝状，这表明块状氧化钼的挥发随反应进行，挥发表面积已变得很大，这也加剧了氧化钼的挥发。因此，本实验也证实了上述挥发动力学的分析规律（温度越高，挥发速率越快；挥发面积越

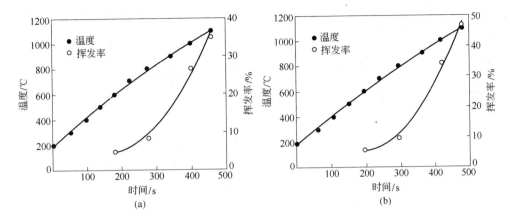

图 4 - 12　氧化钼挥发率与温度、时间的关系
（a）块状氧化钼；（b）粉状氧化钼

大，挥发速率越大）。

4.4.3　抑制氧化钼挥发的方法

由 4.4.1 节和 4.4.2 节可知，氧化钼在空气中的挥发很严重。为了使氧化钼广泛用于炼钢过程，必须解决它的挥发问题。本节将采用向氧化钼中添加物料的方法来抑制氧化钼的挥发。

4.4.3.1　物料对氧化钼挥发率的影响

在硅碳管中加入一定量氧化钼和物料（如 CaO、SiO_2、Al_2O_3），然后按一定升温程序升温至 1200℃，按失重法计算氧化钼的挥发率。

A　CaO 对氧化钼挥发的影响

CaO 对氧化钼挥发的影响如图 4 - 13 所示。可见，当不配加 CaO 时，氧化钼挥发很严重，随着 CaO 配加量的增加，氧化钼挥发率减少，当 CaO 配加量超过 20%，可有效抑制氧化钼的挥发。

这是因为 CaO 和 MoO_3 产生了较强的结合力使氧化钼的挥发得到抑制。CaO 和 MoO_3 可发生如下反应：

$$CaO_{(s)} + MoO_{3(s)} =\!=\!= CaMoO_{4(s)} \quad \Delta G^{\ominus} = -167400 - 4.2T$$

$$CaO_{(s)} + MoO_{3(l)} =\!=\!= CaMoO_{4(s)} \quad \Delta G^{\ominus} = -215100 + 40.99T$$

当氧化钼中不添加 CaO 时，由于氧化钼中本身就含有一定 CaO，因此它可固定一部分 MoO_3。利用氧化钼的化学成分，可计算出氧化钼的最大挥发率为 65.9%；又如当氧化钼中添加 10% CaO，此时氧化钼的最大挥发率为 29.3%；而当 CaO 加入量达到 20%，理论上氧化钼将不挥发。这与图 4 - 13 中的结果相符合。这也表明在本实验条件下，当温度升高到1200℃，氧化钼中成自由态的 MoO_3 将挥发完毕。

B　SiO_2 对氧化钼挥发的影响

SiO_2 对氧化钼挥发的影响如图4-14所示。从图可见，SiO_2 对抑制氧化钼的挥发基本上无作用，这是因为 SiO_2 不能固定 MoO_3。

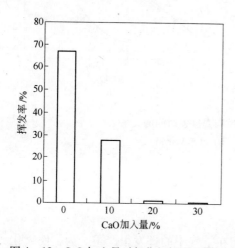 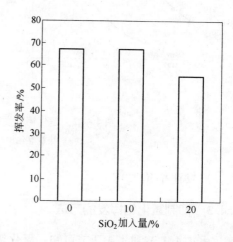

图4-13　CaO加入量对氧化钼挥发的影响　图4-14　SiO_2 加入量对氧化钼挥发的影响

C　Al_2O_3 对氧化钼挥发的影响

Al_2O_3 加入量对氧化钼挥发的影响如图4-15所示。可见，Al_2O_3 对抑制氧化钼的挥发基本上无作用。

4.4.3.2　白钨矿对抑制氧化钼挥发的影响

从以上研究结果可知，CaO对抑制氧化钼挥发有效。最常用的含CaO物料为石灰，但对于用白钨矿和氧化钼冶炼高速钢，如加入大量石灰将导致冶炼过程中渣量增加较多。而白钨矿约含30%左右的CaO，如果其中的CaO能抑制氧化钼挥发，就完全可以不用加石灰。

将氧化钼和一定比例白钨矿混合，然后按前述方法升温至1200℃，利用失重法测定氧化钼的挥发率，结果如图4-16所示。从图可见，随白钨矿加入量提高，氧化钼的挥发率降低，这说明了白钨矿对抑制氧化钼挥发有效，这是因为CaO与 MoO_3 之间的

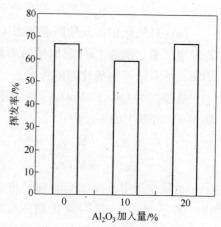

图4-15　Al_2O_3 加入量对氧
化钼挥发的影响

结合力大于它与 WO_3 之间的结合力。它们之间的反应式如下：

$$MoO_{3(s)} + CaO \cdot WO_{3(s)} =\!=\!= WO_{3(s)} + CaO \cdot MoO_{3(s)} \quad \Delta G^{\ominus} = -18900 - 4.83T$$

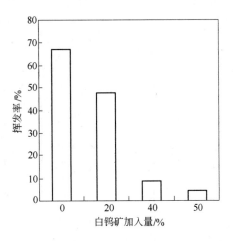

图 4 - 16　白钨矿加入量对氧化钼挥发率的影响

4.5　氧化钼炼钢过程工艺参数对收得率的影响试验

4.5.1　氧化钼形式对还原率的影响

　　氧化钼采用块状和粉状两种形式，其他物质如工业纯铁、CaO、SiO_2 和碳的加入量一样，钢中钼目标含量为 5%。结果如图 4 - 17 所示，由图可见，氧化钼以粉状和其他物质均匀混合的还原率高于氧化钼以块状加入的情况。而且以块状加入时，温度升至 1400℃，发生大沸腾现象，泡沫渣密度为 $0.157g \cdot cm^{-3}$，5min 后泡沫渣消失，标志反应基本结束。而氧化钼以粉状均匀混合时，升温过程渣无起泡现象。

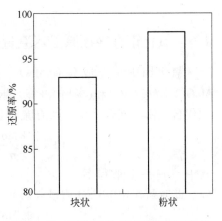

图 4 - 17　氧化钼形式对还原率的影响

4.5.2　氧化钙加入量对还原率的影响

　　氧化钼以粉状加入，CaO 加入量分别为 0%，10% 和 20%（占氧化钼和 CaO 总量的含量），钢中钼目标含量为 5%。氧化钼还原率的变化情况如图 4 - 18 所示，由图可见，随着 CaO 加入量的提高，氧化钼的还原率也提高，这与 CaO 抑制氧化钼的挥发有关。

4.5.3　氧化钼加入量对还原率的影响

采用氧化钼粉和其他物质均匀混合,分别使钢中增钼2%和5%,还原结果如图4-19所示。两种情况还原率都超过了98%,可见正确的方案能保证钼的高收得率。

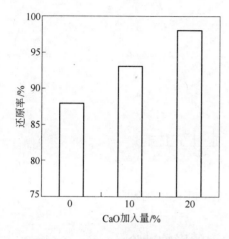

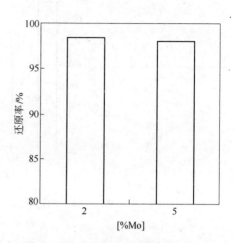

图4-18　CaO加入量对氧化钼
还原率的影响

图4-19　氧化钼加入量对氧化钼
还原率的影响

4.6　氧化钼直接还原工艺渣量计算

氧化钼中主要成分有 MoO_3 、CaO 和 SiO_2 等,令它们的含量分别为($\%MoO_3$)、($\%CaO$)和($\%SiO_2$)等,钢中的钼目标含量为$[\%Mo]_0$,若全部用氧化钼代替钼铁实现合金化,则冶炼1t钢,需要氧化钼的量(kg)为:

$$10 \times \frac{[\%Mo]_0}{\eta} \times \frac{144}{96} \times \frac{100}{(\%MoO_3)}$$

式中　η——钼收得率。

此时氧化钼中 CaO 质量(kg)为:

$$10 \times \frac{[\%Mo]_0}{\eta} \times \frac{144}{96} \times \frac{(\%CaO)}{(\%MoO_3)}$$

SiO_2 的质量(kg)为:

$$10 \times \frac{[\%Mo]_0}{\eta} \times \frac{144}{96} \times \frac{(\%SiO_2)}{(\%MoO_3)}$$

抑制氧化钼挥发所加 CaO 量(kg)为:

$$10 \times \frac{[\%Mo]_0}{\eta} \times \frac{144}{96} \times \frac{100}{(\%MoO_3)} \times (5\% \sim 15\%)$$

4.6.1 硅铁还原氧化钼

硅与 MoO_3 的反应简化成：

$$MoO_3 + 3/2Si = Mo + 3/2SiO_2$$

还原所需硅铁的质量（kg）为：

$$10 \times \frac{[\%Mo]_0}{\eta} \times \frac{42}{96} \times \frac{1}{\eta_1}$$

还原反应产生的 SiO_2 质量（kg）为：

$$10 \times \frac{[\%Mo]_0}{\eta} \times \frac{42}{96} \times \frac{60}{28}$$

吹氧助熔时硅烧损量为 $a_1 kg/t$ 钢，则需要硅铁量（kg）为：a_1/η_1，产生 SiO_2 量（kg）为：$60a_1/28$。η_1 为硅铁中硅含量。

补炉料需用镁砂 $a_2 kg/t$ 钢，镁砂中主要成分为 MgO 和 CaO，这样，冶炼 1t 含钼钢，CaO + MgO 的质量（kg）为：

$$10 \times \frac{[\%Mo]_0}{\eta} \times \frac{144}{96} \times \frac{100}{(\%MoO_3)} \times (1.05 \sim 1.15) + a_2$$

SiO_2 的总量（kg）为：

$$10 \times \frac{[\%Mo]_0}{\eta} \times \frac{144}{96} \times \frac{(\%SiO_2)}{(\%MoO_3)} + 10 \times \frac{[\%Mo]_0}{\eta} \times \frac{42}{96} \times \frac{60}{28} + \frac{60}{28}a_1$$

这样，炉渣碱度 $R = (CaO + MgO)/SiO_2$，渣量为 $CaO + MgO + SiO_2$。

4.6.2 碳化硅还原氧化钼

SiC 与 MoO_3 的反应简化为：

$$SiC + MoO_3 = Mo + SiO_2 + CO$$

还原所需碳化硅的质量（kg）为：

$$10 \times \frac{[\%Mo]_0}{\eta} \times \frac{40}{96} \times \frac{1}{\eta_2}$$

还原反应产生的 SiO_2 质量（kg）为：

$$10 \times \frac{[\%Mo]_0}{\eta} \times \frac{60}{96}$$

式中　η_2——碳化硅中 SiC 含量。

补炉料需用镁砂 $a_2 kg/t$ 钢，这样，冶炼 1t 含钼钢，CaO + MgO 的质量（kg）为：

$$10 \times \frac{[\%Mo]_0}{\eta} \times \frac{144}{96} \times \frac{100}{(\%MoO_3)} \times (1.05 \sim 1.15) + a_2$$

SiO_2 的总量（kg）为：

$$10 \times \frac{[\% \mathrm{Mo}]_0}{\eta} \times \frac{144}{96} \times \frac{(\% \mathrm{SiO}_2)}{(\% \mathrm{MoO}_3)} + 10 \times \frac{[\% \mathrm{Mo}]_0}{\eta} \times \frac{60}{96}$$

4.6.3 炭粉还原氧化钼

炭粉与 MoO_3 的反应简化成:

$$\mathrm{MoO}_3 + 3\mathrm{C} =\!=\!= \mathrm{Mo} + 3\mathrm{CO}$$

还原所需炭粉量(kg)为:

$$10 \times \frac{[\% \mathrm{Mo}]_0}{\eta} \times \frac{36}{96} \times \frac{1}{\eta_3}$$

式中 η_3 ——炭粉中的碳含量。

碳与 MoO_3 反应产生 CO 气体,而不产生新渣,因此冶炼 1t 含钼钢,CaO + MgO 的质量(kg)为:

$$10 \times \frac{[\% \mathrm{Mo}]_0}{\eta} \times \frac{144}{96} \times \frac{100}{(\% \mathrm{MoO}_3)} \times (1.05 \sim 1.15) + a_2$$

SiO_2 的总量(kg)为:

$$10 \times \frac{[\% \mathrm{Mo}]_0}{\eta} \times \frac{144}{96} \times \frac{(\% \mathrm{SiO}_2)}{(\% \mathrm{MoO}_3)}$$

4.6.4 渣量计算与分析

计算条件为:氧化钼成分见表 4-1,硅铁含硅 75%,$a_1 = 2\mathrm{kg/t}$ 钢,$a_2 = 5\mathrm{kg/t}$ 钢,抑制氧化钼挥发所需 CaO 的公式中系数为 10%,钼收得率为 95%。

4.6.4.1 硅铁对渣量的影响

硅铁对渣量的影响如图 4-20 所示。从图 4-20(a)可见,单独用硅铁作

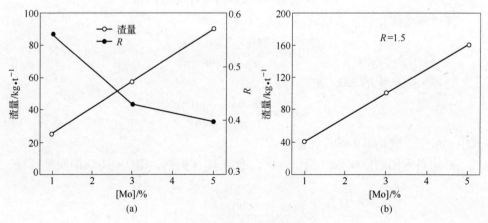

图 4-20 硅铁对渣量的影响

(a)不调炉渣成分;(b)调节炉渣成分

还原剂，炉渣碱度过低，必须加石灰调高碱度。将炉渣碱度调高到1.5，炉渣渣量如图4-20（b）所示。当[Mo]=2%时，渣量为71kg/t钢；当[Mo]=3%时，渣量已达100kg/t钢；当[Mo]=5%时，渣量竟高达161kg/t钢。可见，用硅铁作还原剂，渣量将很大。

4.6.4.2　碳化硅对渣量的影响

碳化硅对渣量的影响如图4-21所示。单独用碳化硅作还原剂时，炉渣碱度偏低，需要添加石灰提高碱度，将碱度提高到1.5，此时渣量与[%Mo]的关系如图4-21（b）所示。可见，用碳化硅作还原剂，渣量低于用硅铁作还原剂时的渣量，如[Mo]=3%时，渣量为65kg/t钢，在正常炉渣范围内；但是如果[Mo]超过3%时，渣量仍将很大。因此若单独用碳化硅还原氧化钼，氧化钼的加入量应控制在3%以内。

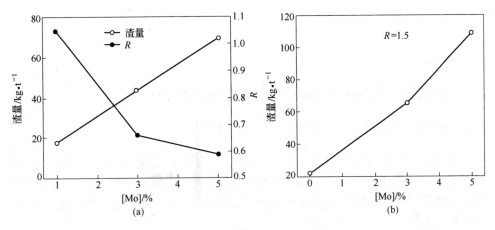

图4-21　碳化硅对渣量的影响
（a）不调炉渣成分；（b）调节炉渣成分

4.6.4.3　炭粉对渣量的影响

炭粉对渣量的影响如图4-22所示。从图4-22（a）可见，炭粉还原氧化钼时的渣量很小，但碱度较高，对于冶炼非钨系含钼钢，熔氧期碱度可允许超过2.0；而对于钨系含钼钢（如W6Mo5Cr4V高速钢），碱度则应低于1.5，此时应调低炉渣碱度，通过添加硅铁粉将碱度降低到1.5，此时渣量如图4-22（b）所示。可见，即使炉渣碱度调到1.5，但渣量仍较低，[Mo]=5%时，渣量也只有43kg/t钢。因此，用炭粉还原氧化钼完全能冶炼W6Mo5Cr4V钢等高钼钢，且保持冶炼过程渣量不大。

综上所述，对于氧化钼代替钼铁冶炼含钼钢工艺，最适宜的还原剂应为炭粉，通过配加少量硅铁粉或碳化硅粉，既能保证炉渣得到合适的碱度，还能控制

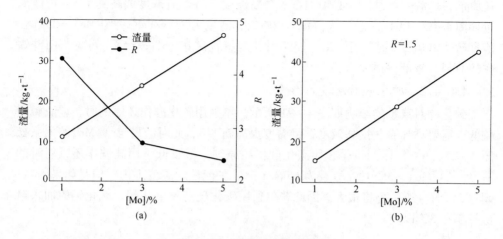

图 4 - 22　炭粉对渣量的影响

（a）不调炉渣成分；（b）调节炉渣成分

较少的渣量。

4.7　用氧化钼冶炼 W6Mo5Cr4V 高速钢工业实践

4.7.1　不采用抑制氧化钼挥发技术的工业试验

在重庆特殊钢二炼钢厂 10t 电弧炉上进行用氧化钼块代替钼铁冶炼 W6Mo5Cr4V 高速钢试验。使用硅铁粉作主还原剂。由于渣量较大，只用氧化钼块部分代替钼铁。钢中钼的合金化来源于返回钢、钼铁和氧化钼块，见表 4 - 3 和图 4 - 23。

表 4 - 3　氧化钼部分代替钼铁冶炼 W6Mo5Cr4V 高速钢数据

炉　号	钼收得率 /%	钼的合金化比例/%			氧化钼进钼量/%
		返回钢	钼铁	氧化钼	
1	91.5	33.0	28.8	38.2	2.3
2	83.1	39.4	15.0	45.6	2.4
3	89.7	36.0	35.9	28.1	1.4
4	96.1	39.8	33.5	26.7	1.3
平均值	90.1	37.1	28.3	34.7	1.9
标准差	5.4	3.2	9.3	8.9	0.6

装料时，先垫底石灰，然后再加氧化钼块和硅铁粉，最后加废钢和其他炉料。冶炼结果见表 4 - 3。4 炉试验氧化钼的平均进钼量为 1.9%，虽然进钼量不高，但是由于氧化钼成块状，反应面积小以及氧化钼的挥发未得到抑制，导致钼

的平均收得率只有90.1%。由图4-24可见，当氧化钼进钼量平均为1.35%时，钼的收得率为92.9%；当进钼量达到2.35%时，钼的收得率却下降到87.3%。由此可见，氧化钼的加入量越高，钼的收得率越低。因此，对于氧化钼的直接合金化，如果不解决氧化钼的挥发现象，钼的收得率难以提高。

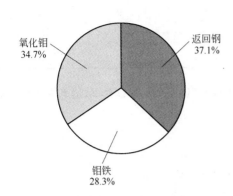 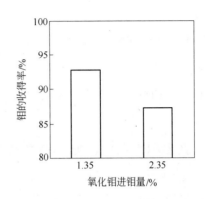

图4-23 钼的合金化来源比例   图4-24 氧化钼加入量对钼收得率的影响

4.7.2 采用抑制氧化钼挥发技术的工业试验

作者提出了抑制氧化钼的挥发技术，并获得了国家发明专利。其主要思想是通过添加少量活性石灰来抑制氧化钼的挥发。在重庆特殊钢二炼钢厂又进行了单加氧化钼矿的工业实验。首先，将氧化钼块破碎成粉状，并与还原剂、一定量活性石灰混合。在装料时，先将此混合物放入炉底，利用炉子的预热便可发生部分还原反应，然后加入其他炉料。在电弧炉通电熔化废钢早期，氧化钼便能快速还原，产生的CO在早期就能逸出电炉。因此，本技术能够降低炉渣沸腾强度，缩短冶炼时间和提高钼的收得率。

从表4-4可见，钼的收得率比较稳定，平均值为96.7%，与加钼铁冶炼时的收得率相当。从冶炼时间来看，熔化期为109.5min，比钼铁炼钢工艺长2.2min，但氧化期则比钼铁炼钢工艺短4.3min。由于渣量稍大于钼铁炼钢工艺，扒渣时间稍增长，因此，预还原期比钨铁炼钢工艺长3.7min。这样从熔化期到预还原结束，冶炼时间仅增加1.6min，与铁合金冶炼工艺相当。吨钢电耗平均增加12.7kW·h。

表4-4 氧化钼代替钼铁冶炼 W6Mo5Cr4V 高速钢新技术数据

炉　号	钼收得率 /%	钼的合金化比例/%			氧化钼进 钼量/%
		返回钢	钼铁	氧化钼	
5	97.5	15	20.8	64.2	3.2
6	94.3	25.3	16.2	58.5	2.9

续表 4 - 4

炉　号	钼收得率 /%	钼的合金化比例/%			氧化钼进钼量/%
		返回钢	钼铁	氧化钼	
7	98.7	0	0	100	5
8	96.1	30.3	0	69.7	3.5
平均值	96.7				
标准差	1.9				

可见，用氧化钼完全代替钼铁冶炼 W6Mo5Cr4V 高速钢能取得较好的冶炼效果。

4.8　氧化钼矿直接还原制备新技术

从氧化钼的还原动力学研究可知，氧化钼的还原温度是比较低的，因此，完全可以采用白钨矿直接还原新流程，如图 4 - 25 所示。考虑到硅铁作为还原剂会产生大量炉渣，因此，对于氧化钼的还原以炭粉为主要还原剂，还原温度可控制在 800 ~ 1200℃ 左右。氧化钼矿中 SiO_2、CaO 等含量较低，可将还原后的含金属钼的混合物直接加入到炼钢炉中。当然，由于金属钼与 SiO_2、CaO 等炉渣的密度差很大，完全可以通过重选方式去除混合物中的 CaO、SiO_2 等炉渣。

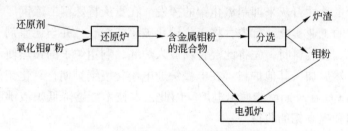

图 4 - 25　氧化钼矿直接还原新流程

5　新一代钼冶金工艺理论与技术

钼是我国重要的战略资源，其矿种主要为钼精矿，传统的钼冶金流程以钼精矿的氧化焙烧为基础，采用炉外法生产钼铁与氨浸法生产纯氧化钼与金属钼粉。这条生产流程线存在 SO_x 等多种污染、钼损失量高、流程长、加工成本高等缺点。作者经过 5 年多的研究，提出了新一代钼冶金工艺理论与技术，改变了传统钼冶金模式，现已建成工业化生产线，产品已在国内外应用。本章介绍新一代钼冶金工艺的理论与技术成果。

5.1　传统钼冶金流程与新一代钼冶金流程

5.1.1　传统钼冶金流程

图 5－1 为传统钼冶金的流程图。第一步为钼精矿的氧化焙烧工序，其目的是将二硫化钼转换为氧化钼，典型的工艺为回转窑焙烧工艺，还有多膛炉焙烧、流化床焙烧等工艺。由于氧化钼的挥发温度低，这些工艺只能选择较低的温度进

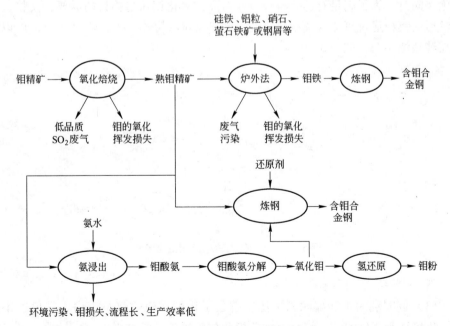

图 5－1　传统钼冶金流程

行焙烧，生产效率低下。同时，低品质 SO_2 废气处理代价大，氧化钼挥发后极细小的氧化钼无法回收造成钼损失。先进的氧化焙烧工艺，钼的损失率在 3% 左右；而较差的冶炼工艺，钼的损失率可达 5% ~8% 。

我国主要使用炉外法（硅热法）生产钼铁合金，这种方法生产钼铁简单、经济，并且产品碳含量低于 0.10% 的钼铁只能采用硅热法生产，因此，硅热法是国内外应用最广的生产方法。硅热法冶炼钼铁存在的问题见 4.1 节。

金属钼粉的生产要将氧化焙烧后的熟钼精矿通过氨浸出得到钼酸氨，再通过热分解得到纯氧化钼粉，然后通过两步氢还原法将氧化钼制备成金属钼粉。氨浸出过程复杂、流程长、环境污染大，同时生产周期非常长，效率低下。在浸出过程还会造成 5% 钼的损失。

20 世纪 90 年代起，钢铁研究总院成功开发了完全用氧化钼或熟精矿代替钼铁冶炼含钼合金钢的工艺，省去了钼铁加工工序，取得了良好的社会或经济效益。但是，使用熟精矿直接炼钢过程，冶炼过程渣量大，工人劳动强度增加。使用纯氧化钼块炼钢，依然要通过熟钼矿氨水浸出工序。

5.1.2　新一代高效绿色钼冶金流程提出与特点

作者与洛阳嵩县开拓者钼业有限公司合作，提出新一代高效绿色钼冶金流程：首先，在高温真空条件下将钼精矿（主要成分 MoS_2）直接分解成钼粉和硫蒸气，硫蒸气冷凝后得到单质硫，钼粉作为钼的添加剂加入炼钢炉内实现钼的合金化。同时，为了满足有色等特种行业对高纯氧化钼粉与钼粉的需要，又将真空分解后的钼粉通过氧化升华制成高纯、超细 MoO_3 粉体，进一步氢还原，可以得到高纯超细钼粉，如图 5-2 所示。

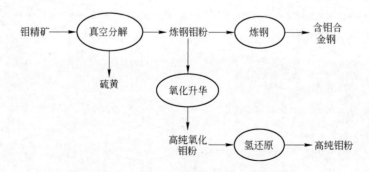

图 5-2　新一代高效绿色钼冶金流程

新一代钼冶金流程有如下特点：

（1）同时利用钼和硫两种资源，省去了钼精矿氧化焙烧工序，避免了钼精矿氧化焙烧所释放的 SO_2 综合处理负担和相关排放，既减少了 SO_2 排放又提高了资源综合效率。

（2）钼粉代替钼铁直接炼钢，避免了钼铁冶炼过程的高能耗、高排放问题，同时提高了钼的洁净度。

（3）新技术将传统钼矿到炼钢过程的长流程变为短流程，减少了冶炼工序，降低了固定投资，减少了能源消耗和 SO_2 排放。

（4）与氧化钼矿直接炼钢相比，适应现代化炼钢生产，不会延长炼钢时间，无需消耗还原剂。

（5）金属钼的综合收得率大于99%，远高于目前各种钼冶金流程。

（6）可以制备高纯 MoO_3，与氨水浸出、熟钼精矿升华相比，纯度更高，可以达到99.9%以上；还可以制备超细 MoO_3 粉，粒度可在100nm以下，远远细于氨浸出法制备的氧化钼粒度，因此可以省去高污染、收得率偏低的氨浸工序。

（7）可以制备超纯钼粉，纯度高于传统氨浸出－氢还原法，并且金属钼粉粒度远远细于传统氨浸出－氢还原法，而且由于粒度细，反应时间大大缩短，生产效率大幅度提高，节能效果显著。

（8）可以处理钨伴生钼精矿，得到高纯钼粉，解决了钨伴生钼精矿提钨的难题。

（9）可以处理高铼钼精矿，容易地实现铼与钼分离。

（10）可以处理铜伴生钼精矿，容易地实现铜与钼分离。

可见，新一代高效绿色钼冶金流程的成功，是钼冶金的一场技术革命，它解决了目前钼冶金存在的环保、钼收得率低、纯度不高、伴生矿不易处理等多个难题。

5.2 钼精矿真空分解理论

5.2.1 MoS_2 分解理论真空度

在高温条件下，MoS_2 将会发生热分解，总的反应式如下：

$$MoS_2 === Mo + S_{2(g)} \qquad \Delta G^\ominus = 389432 - 174.29T \qquad (5-1)$$

实际上 MoS_2 遵循逐级分解原理，首先从 MoS_2 分解成 Mo_2S_3，Mo_2S_3 再分解成金属钼粉。

$$4MoS_2 === 2Mo_2S_3 + S_{2(g)} \qquad \Delta G^\ominus = 424755 - 207T \qquad (5-2)$$

$$Mo_2S_3 === 2Mo + 1.5S_{2(g)} \qquad \Delta G^\ominus = 565600 - 245T \qquad (5-3)$$

从图5－3与图5－4可见，MoS_2 的开始分解温度约为1500K（分解压力为10Pa），而 Mo_2S_3 的分解温度要到1570K（分解压力为10Pa）以上。

5.2.2 液－气硫黄转换关系

除了钼精矿真空分解外，另外一个核心问题是硫的冷凝。目前，高温硫蒸气

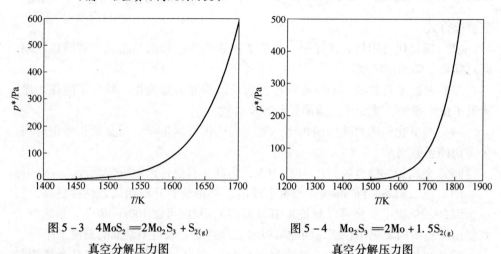

图 5 – 3　$4MoS_2 = 2Mo_2S_3 + S_{2(g)}$
真空分解压力图

图 5 – 4　$Mo_2S_3 = 2Mo + 1.5S_{2(g)}$
真空分解压力图

液化过程的热力学数据存在较大的偏差。硫的相图如图 5 – 5 所示，根据硫相图和液态硫在常压下的气化温度为 718K，计算高温硫蒸气在液化过程的热力学公式，如下所示：

$$\frac{1}{2}S_{2(g)} = S_{(1)} \quad \Delta G^{\ominus} = -44655 + 62.2T \tag{5-4}$$

计算气态硫液化温度与真空度之间的关系：

$$p_{S_2} = p^{\ominus}\exp\left(\frac{-89310 + 124.4T}{8.314T}\right) \tag{5-5}$$

从图 5 – 5 可见在压力为 0.4Pa 时，硫的三相点温度为 392K，当温度低于 392K 时，硫以固态形式存在。固态硫黄容易堵塞真空管，另外也容易发生硫黄燃烧。由图 5 – 6 可见，硫蒸气液化温度与真空度密切相关，以 100Pa 为例，液化温度为 490K。因此，液化回收硫的温度区间为 392 ～ 490K。

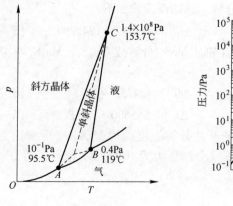

图 5 – 5　硫相图

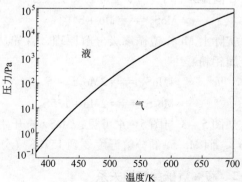

图 5 – 6　硫蒸气液化温度与真空度之间的关系

5.2.3 钼精矿中杂质去除

5.2.3.1 Bi_2S_3 的真空分解条件

从图 5 - 7 可见，钼精矿中的 Bi_2S_3 将在 1000℃ 以下分解或挥发（20 ~ 200Pa）。Bi 蒸气的冷凝温度也很高。

5.2.3.2 硫化铁的真空分解条件

FeS_2 非常容易分解，而 FeS 在低温下不易分解，在高温条件下容易分解，如图 5 - 8 所示。

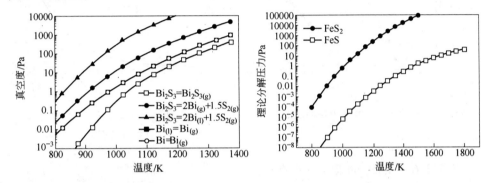

图 5 - 7 硫化铋的分解压力与温度的关系　　图 5 - 8 硫化铁的分解压力与温度的关系

当铁含量较高时，分解后通过磁性方式粗去铁。对于钼铁合金的替代品，无需去铁。

5.2.3.3 ZnS 的真空分解条件

从 ZnS 的分解压力来看，ZnS 不易升华，但易以气态单质锌与硫黄形式分解。Zn 蒸气的冷凝温度高于硫蒸气，如果矿中 Zn 含量高，可以通过冷凝方式回收 Zn，如图 5 - 9 所示。

5.2.3.4 PbS 的真空分解条件

PbS 非常容易挥发，比其分解成硫蒸气阻力更小（见图 5 - 10），因此杂质

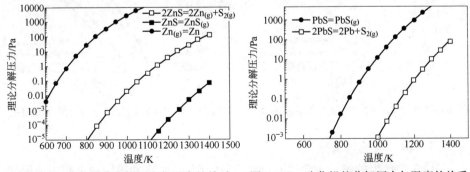

图 5 - 9 硫化锌的分解压力与温度的关系　　图 5 - 10 硫化铅的分解压力与温度的关系

PbS 将主要以 PbS 的挥发为主，其冷凝温度比硫蒸气高，长期会造成管道堵塞。

5.2.3.5 硫化铜的真空分解条件

CuS 在 1000℃ 以下，可以分解成硫蒸气和单质 Cu，Cu 在高温下有挥发的可能性，但其冷凝温度也高，如图 5-11 所示。而 Cu_2S 则相对稳定，如图 5-12 所示。

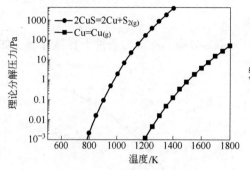

图 5-11 CuS 的分解压力与温度的关系

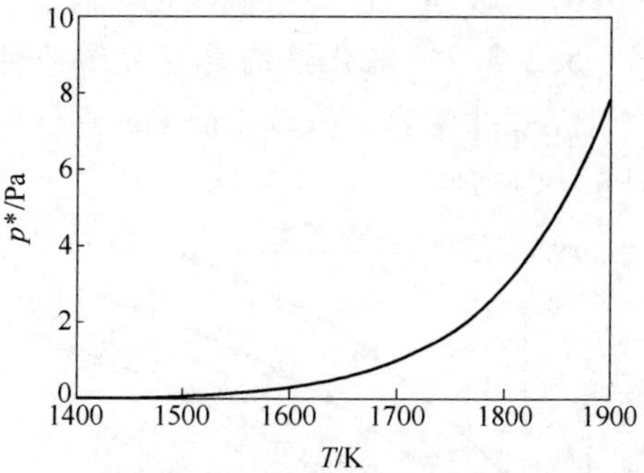

图 5-12 $2Cu_2S = 4Cu + S_{2(g)}$ 真空分解图

5.2.3.6 As_2S_3 的真空分解条件

从 As_2S_3 的真空分解热力学图中可见（见图 5-13），As_2S_3 更易挥发，但分解成硫蒸气的难度较大。

5.2.3.7 Sb_2S_3 的真空分解条件

Sb_2S_3 的熔点较低（843K），固体 Sb_2S_3 首先熔化，然后分解或挥发，如图 5-14 所示。

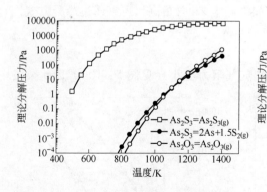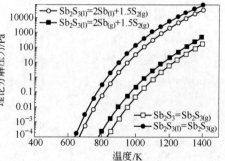

图 5-13 As_2S_3 的分解压力与温度的关系

图 5-14 Sb_2S_3 的分解压力与温度的关系

5.2.3.8 残钨的去除

钼精矿中伴生的钨，主要以 $CaWO_4$ 形式存在，通常的湿法冶金很难去除钨。

但真空条件下，$CaWO_4$ 能以气体形式从金属钼中分离，如图 5-15 所示。

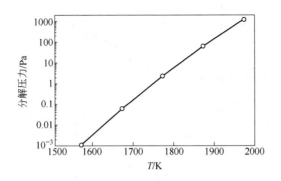

图 5-15　$CaWO_4$ 真空分解压力与温度的关系

5.2.4　深脱硫的问题

　　MoS_2 在分解过程中，开始分解速度快，随着分解的进行，硫含量越来越低，特别是硫含量小于 0.1% 以后时，硫脱除速度明显下降。此时，如果依然依靠真空分解，只会降低真空设备利用效率，延长冶炼周期。此时可用氢气进行深脱硫：

$$MoS_2 + 2H_{2(g)} = Mo + 2H_2S_{(g)} \quad \Delta G^{\ominus} = 208594 - 75.8T \quad (5-6)$$

　　利用氢气和氩气混合气体，在高温下可将残余硫转成 H_2S 而脱除。当反应达到平衡值时，气体中 H_2S 与 H_2 的比值与温度的关系如图 5-16 所示。可见，当温度低于 1600℃ 时，x_{H_2S}/x_{H_2} 比值小于 10%，温度越低，比值越低。实际上，反应速度很难瞬间达到平衡值，因此，1600℃ 时，气体中 H_2S 与 H_2 的实际比值不会超过 5%，即大部分 H_2 并未参与反应。

　　此时，对于排出的氢气有两种考虑：一种是直接排放，不需要固定投资；另一种是循环使用氢气，则需首先将排出的气体中的 H_2S 脱除，然后通过增压方式循环利用。

　　钼粉中残余硫，还与钼精矿中稳定的硫化物有关。例如，钼精矿中存在 CaS，其分解压力与温度的关系，如图 5-17 所示。可见，其分解压力远低于 MoS_2，如果矿中 CaS 含量较高，将对钼粉中的残硫控制产生不利影响。

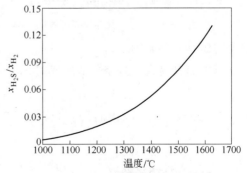

图 5-16　气体中 H_2S 与 H_2 的
比值与温度的关系

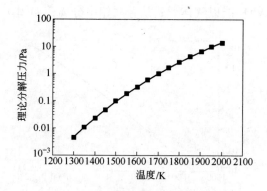

图 5 - 17　CaS 理论分解压力与温度的关系

5.2.5　真空分解对粒度的要求

5.2.5.1　粒度对系统压差与反应速度的影响

精矿粉压球的好处在于，真空炉内透气性较好，料层上下压差小。从式 (5 - 7) 可见，料层上下压差与粒度的二次方成反比，球团粒度越大，料层上下压差越小，越有利于下部炉料的真空分解。

$$\frac{\Delta p}{L} = 150 \frac{(1 - \varepsilon)^2}{\varepsilon^3} \times \frac{\mu u_0}{d_{\mathrm{p}}^2} \tag{5 - 7}$$

式中　Δp——压力差；

　　　L——料柱厚度；

　　　ε——空隙率；

　　　μ——气体黏度；

　　　d_{p}——平均粒度；

　　　u_0——气流表观速度。

从上述分析可知，精矿粉压球后，有利于整体的真空分解，但是对单个球的真空分解却是不利的。

球的直径越大，真空分解形成的 S_2 扩散阻力越大。

$$\tau = \frac{ar_0^2}{6D_{\mathrm{e}}(p^* - p')}[3 - 2R - 3(1 - R)^{2/3}] \tag{5 - 8}$$

式中　τ——分解时间；

　　　r_0——球团半径；

　　　R——分解率；

D_e——硫蒸气在球团内有效扩散系数；

a——系数。

从上可见，分解时间与粒度的平方成正比，10mm 的球团与 1mm 的球团反应时间相差 100 倍。

D_e 也是可改变的，可以添加一些易挥发的材料，让其在高温下自动挥发，形成空隙，从而可以提高 D_e 数值，有利于分解反应的进行。

5.2.5.2　球的最小粒度确定

气体密度计算公式为：

$$\rho_g = \frac{Mp}{RT} \tag{5-9}$$

式中　M——气体的物质的量；

　　　　p——气压，Pa；

　　　　R——气体常数，$R = 8.314$；

　　　　T——温度，K。

仅考虑分解过程硫蒸气（在不考虑氩气等对气体密度影响时），硫蒸气密度与温度、压力的关系如下：

$$v_t = \sqrt{\frac{3.09\rho_s gd}{\rho_g}} = \sqrt{\frac{3.09\rho_s gdRT}{Mp}} \tag{5-10}$$

不同温度与真空度条件下硫蒸气密度如图 5-18 所示。

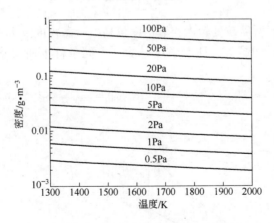

图 5-18　不同温度与真空度条件下硫蒸气密度

令盛有钼精矿的坩埚为圆柱体，内径为 D，高度为 h_0，实际装料高度为 h。则坩埚内的钼精矿质量为：

$$w = \frac{\pi D^2}{4} h \rho_s (1 - \varepsilon) \qquad (5-11)$$

令钼精矿硫含量为 η，则需要分解的硫蒸气量为 ηw。其在压力为 p、温度为 T 条件下所能产生的蒸气体积为 $\frac{\eta w RT}{Mp}$，则气体流量为：

$$Q = \frac{\eta h \rho_s (1 - \varepsilon) RT}{Mp} \qquad (5-12)$$

假定反应在 τ 时间段内反应完全，则平均气流速度为：

$$v = \frac{\eta h \rho_s (1 - \varepsilon) RT}{Mp \tau} \qquad (5-13)$$

为保证粉体不被气流带走，需要 $v < v_t$，

$$v = \frac{\eta h \rho_s (1 - \varepsilon) RT}{Mp \tau} < v_t = \sqrt{\frac{3.09 \rho_s g d RT}{Mp}} \qquad (5-14)$$

$$d > \frac{\eta^2 h^2 (1 - \varepsilon)^2}{3.09 g \tau^2} \frac{\rho_s RT}{Mp} \qquad (5-15)$$

对于一种钼精矿，硫含量 η、密度 ρ_s（2100kg·m^{-3}）、空隙率 ε（0.4）为定值，影响粒度的因素包括装料高度 h、反应温度、真空度 p 和反应时间（以 s 为单位）。

令钼精矿硫含量为 30%，为了防止矿球溢泛，要求粉的粒度式：

$$d > 295 \frac{h^2}{\tau^2} \frac{T}{p} \qquad (5-16)$$

因此，温度越高，所需粒度越大；真空度越高，所需粒度越大；料层越高，所需粒度越大；反应时间越短，所需粒度越大。不同条件下所要求的矿粉直径如图 5-19 所示。

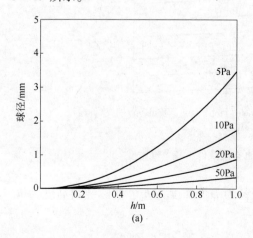

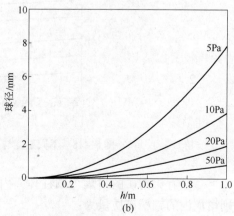

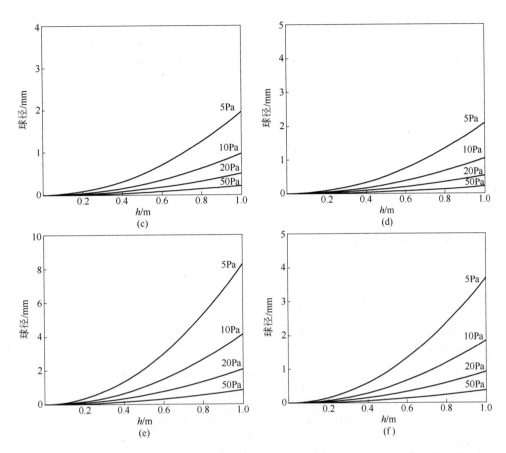

图 5-19　不同条件下所要求的矿粉直径

(a) 1.5h, 1723K；(b) 1h, 1723K；(c) 2h, 1723K；(d) 2h, 1823K；

(e) 1h, 1823K；(f) 1.5h, 1823K

5.2.6　真空分解能耗估算

MoS$_2$ 真空分解过程的能耗包括将原料加热到 1600℃所需的物理热，MoS$_2$ 分解热，设备的加热效率与各种热损失，抽真空的能耗等。

5.2.6.1　物理热

物理热包括 MoS$_2$ 和杂质的物理热。为计算方便，假定杂质为 SiO$_2$。

令钼精矿中钼的品位为 φ，则 SiO$_2$ 的含量为 $100-5/3\varphi$。

冶炼 1t 钼粉，需要钼精矿量为 $(1/\varphi\%)$t，MoS$_2$ 质量为 5/3t，SiO$_2$ 质量（t）为：

$$\frac{100-5/3\varphi}{\varphi}$$

1600℃，1t MoS_2 所需热量为 0.73GJ，则冶炼 1t 钼粉，MoS_2 物理热为 1.2GJ。

1600℃，1t SiO_2 所需热量为 1.83GJ，则冶炼 1t 钼粉，SiO_2 耗能（GJ）为：

$$\frac{100-5/3\varphi}{\varphi} \times 1.83$$

总物理热（GJ）为：

$$1.2 + \frac{100-5/3\varphi}{\varphi} \times 1.83$$

假定钼精矿的品位为 50%，则物理热为 1.8GJ。

5.2.6.2　MoS_2 分解热

得到 1t 钼粉，分解热为 4.06GJ。

因此，总的能量消耗（GJ）为：

$$5.26 + \frac{100-5/3\varphi}{\varphi} \times 1.83$$

5.2.6.3　冶炼过程实际能耗

加热效率假定为 $\eta_1\%$（与电气、设备、物理有关，可变），热损失假定为 $\eta_2\%$（与设备、抽真空等有关，可变）。

真空分解 1t 钼粉，上述需要总热量（GJ，不包括真空设备运转功率）为：

$$\frac{5.26 + \dfrac{100-5/3\varphi}{\varphi} \times 1.83}{\eta_1 \eta_2}$$

5.2.7　真空分级分离

钼精矿粉中除了主成分 MoS_2 以外，杂质成分较多，其中包括硫化物和氧化物，氧化物主要有 SiO_2、CaO 等，硫化物则可能包括硫化铁、有害有色元素的硫化物（As、Sb、Bi、Pb 等）。而这些硫化物，与硫化钼相比，分解温度低，所需真空度也低，因此，有理由分成两段真空分解，第一段低温低真空度分解，目的去除杂质硫化物和部分易挥发的有色金属氧化物；第二段高温高真空分解二硫化钼，可以得到较纯的钼粉和较为纯净的硫黄。分级真空分解的优点如下：

（1）缩短冶炼周期，提高生产效率。分级真空分解，将真空分解放在两部分真空装置中同时加热与分解，一级分解，起到预热和预抽真空作用；二级分解，作为二硫化物的分解，因此分解与预热时间缩短，利于缩短冶炼周期，提高生产效率。

（2）提高硫黄纯度。单纯的一个真空炉，各种硫化物和容易真空挥发的氧化物分解或挥发，然后再冷凝回收，硫黄品位不高。分解处理后，硫黄品位显著提高。

（3）利于回收其他有色元素。一级分解后，相对而言，有色元素含量提高，有助于综合利用这些元素。

（4）有助于提高钼粉纯度。单纯的一个真空炉，高温下一些氧化物容易结合成更为紧密的复合物相，使得一些低温下容易分离的有色元素不易分离。分级分解后，利用低温下容易分解特点，将这些有色元素先脱除，从而利于钼粉纯度的提高。

（5）高温真空分解负担减轻。单纯的一个真空炉，所有容易分解的或挥发的物质均分解或挥发，使得真空炉负荷增大。分级分解后，在高温高真空状态，主要针对难分解的二硫化钼，因此，高温真空炉的负荷减轻。

5.3　钼精矿真空分解技术实践

5.3.1　50kg 级真空分解系统与实践

作者与嵩县开拓者钼业有限公司共同研制了 50kg 级钼精矿真空分解系统，用于分解动力学研究及相关参数的研究。该系统包括真空感应炉、硫黄冷凝、真空机组、循环水冷却、机电控制等，如图 5-20 所示。作者考察了反应温度与真空度等参数对钼精矿脱硫效果的影响，并研究了金属钼、硫黄等产品质量。

图 5-20　50kg 级钼精矿真空分解系统

原料钼精矿的化学成分见表 5-1。

表 5-1　钼精矿的化学成分　　　　　　（质量分数，%）

Mo	SiO$_2$	As	Sn	P	Cu	Pb	CaO	Fe
47	11.0	0.06	0.05	0.04	0.26	0.31	2.50	0.95

5.3.1.1　脱硫与温度、真空度的关系

冶炼温度与真空度对脱硫的影响很大，从图 5-21 可见，反应温度从 1450℃

提高到 1650℃，产品中的残硫质量分数从 0.8% 下降到 0.05%。从图 5 - 22 可见，真空压力从 40Pa 降低到 10Pa，产品中的残硫质量含量从 0.7% 下降到 0.1%。

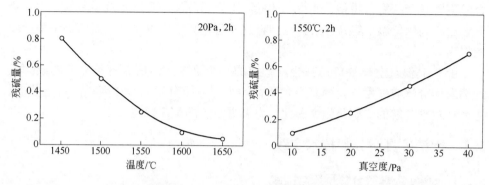

图 5 - 21　温度对脱硫的影响　　　　图 5 - 22　真空度对脱硫的影响

5.3.1.2　产品质量分析

真空分解后的产品是多孔状的，与致密的钼铁相比，极易溶解于钢液中。对真空分解后的样品进行了化学分析，从表 5 - 2 可见，其主要成分为金属钼，占到总质量的 75%，比目前钼铁中的钼含量高；最主要的杂质为 SiO_2 与 CaO，在炼钢过程中，随着金属钼的溶解，SiO_2 与 CaO 会自动进入渣中。本产品的最大特色是 P、Sn、As、Pb 等有害元素远远低于钼铁的相关标准。样品中的碳含量要高于钼铁中的碳含量。这种产品对于冶炼碳含量高的含钼钢是没有任何问题的；对于碳含量低的低钼钢种来说，其影响也是较小的。由本产品渗入的碳含量与钢中钼的大致关系为 $[\%C] = 0.017 \times [\%Mo]$，冶炼 1% Mo 的含钼钢种，渗碳量仅有 0.017%，对冶炼 30CrMo 来说，钼质量分数为 0.2%，渗碳 0.0034%，而 30CrMo 钢中碳含量为 0.3%，可见，由本产品带入的碳可忽略不计。对于超低碳且含钼高的钢种，只要控制产品中的碳含量，仍然能够保证钢中碳含量不超标。

表 5 - 2　钼精矿分解后样品的化学分析　　　　（质量分数,%）

Mo	SiO$_2$	S	As	Sn	P	Cu	Pb	CaO	Fe	C
75.21	17.60	0.08	0.01	0.01	0.02	0.24	0.03	4.00	1.52	1.28

5.3.1.3　硫黄质量分析

对冷凝后的硫黄块进行了杂质分析（见表 5 - 3），主要包括易挥发的 Zn、As、Sn、P、Pb 等，也含有一定量的 Cu，结果表明钼精矿中的 Cu 部分升华进入硫黄内。总的来说，硫黄的品质取决于钼精矿的成分，钼精矿内的易升华的杂质越少，硫黄内的杂质也就越少。

表 5 – 3 硫黄中杂质含量 （质量分数，%）

Zn	As	Sn	P	Cu	Pb
0.16	0.16	0.13	0.10	0.20	0.92

5.3.2 千吨级真空分解系统与实践

作者与嵩县开拓者钼业有限公司建设了新一代钼冶金的现代化生产基地，建成了一系列自主研发的冶炼装备，包括自主研制的微波干燥生产线、高温真空分解装置与控制系统、气态硫黄冷凝装置、特殊的真空处理系统等，年生产金属钼粉量可达1000t。已获授权国家发明专利3项，目前已批量生产炼钢用金属钼粉，如图 5 – 23 所示。

图 5 – 23 大型钼精矿真空分解系统与炼钢钼球

钼精矿的钼含量大于50%，所得炼钢钼粉内的钼金属含量大于80%，最高时的金属钼含量可达到99%，以满足各类产品的要求。产品呈多孔状，炼钢试验表明，钼的收得率达到99%，其中的 SiO_2 与 CaO 没有对产品质量产生不良影响。95%~99%的金属钼球质量与炼钢钼棒质量相当。新产品在炼钢过程的收得率高于钼铁的收得率（96%~97%），其原因比较简单：钼铁致密、熔点高、密度大，在钢液中易沉底，为了让钼铁快速熔化，在电弧炉炼钢装料过程中，将钼铁放在电弧高温区，让高温电弧直接使钼铁熔化，在此过程一般造成3%的损失。另外，产品的质量要明显优于钼铁，集中表现在炼钢钼粉内的有色杂质很少。

硫黄纯度高，可达97%以上，直接外售。

5.4　高纯超细 MoO_3 粉体制备

5.4.1　高纯 MoO_3 新工艺流程

生产 MoO_3 的主流程依然通过将钼精矿（MoS_2）进行氧化焙烧，然后通过湿法冶金方法制备 MoO_3，MoO_3 的纯度一般为99.5%；另一种方法是将焙烧后的氧化钼矿使用电加热升华法制取 MoO_3，一般纯度可达到99.8%。这种方法对原料的要求非常高，特别是对易挥发的低熔点有色金属元素。传统的钼精矿氧化焙烧方法，在低温下将硫化钼氧化生产熟钼精矿，由于反应温度低，矿中的有色金属元素如 Pb、Zn、Sb 等依然留在焙烧后的氧化钼矿中。用化学方法，部分有色元素无法去除，同时粒度一般在几微米～几十微米。升华法将 MoO_3 变成气态，部分有色金属元素进入气态 MoO_3 中。因此，上述两种方法，都需要将钼精矿氧化焙烧，但过程中释放的二氧化硫对生态环境构成了极大威胁，虽然目前也能对尾气中二氧化硫进行无公害处理，但是存在工艺复杂、处理成本高、纯度不高等问题。

为了制备纳米级超纯 MoO_3，通过科技攻关，作者提出了新型的纳米级超纯 MoO_3 制备工艺，如图 5-24 和图 5-25 所示。第一步是通过高温真空分解制备硫含量小于0.1%的炼钢钼粉，通过高温真空分解工序去除钼精矿中易挥发的有色金属元素，如 Pb、Zn、As、Sb 等以及难以升华的 WO_3 工艺，同时也去除其中的硫，将其变成固态硫黄出售，但是钼精矿中的石墨、Fe、SiO_2、CaO 等通过真空分解无法去除。第二步是将炼钢钼粉氧化，由于 MoO_3 极易气化，通过这种方法，很容易得到超纯的气态 MoO_3，然后在冷凝器内经过快速冷凝，即可得到纳

图 5-24　20kg/h 的纳米级 MoO_3 制备设备

米级超纯 MoO_3（图 5-26 和图 5-27）。MoO_3 纯度超过了 99.9%，最佳时可以达到 99.99% 水平。其平均粒度最细可以达到 50nm，通过调节技术参数，可以获得 80~200nm 的超纯 MoO_3 粉体。

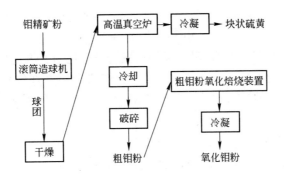

图 5-25　超纯 MoO_3 制备流程

图 5-26　纳米级超纯 MoO_3 粉体

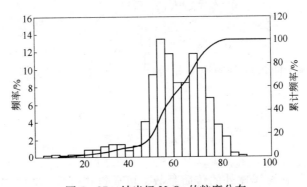

图 5-27　纳米级 MoO_3 的粒度分布

5.4.2　高纯 MoO₃ 制备原理

5.4.2.1　粗钼粉的制备

利用高温真空分解装备，将钼精矿中的主要成分硫通过气化方式去除：

$$MoS_2 = Mo + S_{2(g)}$$

在高温真空分解过程中，易挥发的有机物、硫化物、氧化物在真空条件下随着硫蒸气与粗钼粉分离。部分有色硫化物分解成金属态在气化升华与粗钼粉分离。此时，粗钼粉的主要成分是金属钼和不易升华的脉石，如 SiO_2、CaO、CaS 等。

5.4.2.2　超纯气态 MoO₃ 制备

将粗钼粉在高于 800℃ 以上的温度与空气反应：

$$2/3Mo + O_2 = 2/3MoO_{3(g)} \quad \Delta G^{\ominus} = -243504 + 41.5T \quad (5-17)$$

此反应属于强放热反应，应控制反应的强度，不让粗钼粉中的脉石产生液化相，否则液相层覆盖在粗钼粉的表面，会阻碍氧化反应进一步进行。

利用未反应核原理，解析粗钼粉的氧化升华动力学。

浓度为 $c_0(\mathrm{mol \cdot m^{-3}})$ 的含氧气体（空气、氧气或其他含一定氧气的气体）以一定速度向球表面流动，通过内扩散层到达脉石/粗钼粉界面，在界面的浓度为 c（见图 5-28），在氧化过程中不考虑球的体积变化，并假定反应是一级不可逆的。反应速度较快，应考虑外扩散的影响，为了公式简单，忽略了气体产物的向外扩散。

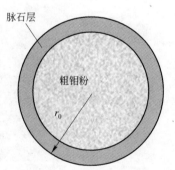

图 5-28　金属钼球的氧化示意图

气相边界层扩散　　$\bar{r}_1 = 4\pi r_0^2 \beta(c_0 - c_i)$　　(5-18)

氧化层内扩散　　　$\bar{r}_2 = 4\pi D_e \dfrac{r_0 r}{r_0 - r}(c_i - c)$　　　　(5-19)

界面化学反应　　　$\bar{r}_3 = 4\pi r^2 k\left(1 + \dfrac{1}{K}\right)c$　　　　　(5-20)

利用准稳态原理，使各环节的速率相等，并等于总反应的速率：$\bar{r} = \bar{r}_1 = \bar{r}_2 = \bar{r}_3$，可得：

$$\bar{r} = \frac{4\pi r_0^2 c_0}{\dfrac{1}{\beta} + \dfrac{r_0}{D_e}\dfrac{r_0 - r}{r} + \dfrac{K}{k(1+K)}\dfrac{r_0^2}{r^2}} \quad (5-21)$$

式中　β——气体在金属球外的传质系数，可通过式（5-22）~式（5-24）计算：

$$\frac{2\beta r_0}{D} = 2 + 0.6Re^{1/2}Sc^{1/3} \tag{5-22}$$

$$Re = \frac{2r_0 u_g \rho_g}{\eta_g} \tag{5-23}$$

$$Sc = \frac{\eta_g}{\rho_g D} \tag{5-24}$$

其中　Re，Sc——分别为雷诺数、施密特数；

　　u_g，ρ_g，η_g——分别为气体的流速、密度、黏度；

　　　　　D——外扩散系数；

　　c_i，c——分别为 r_0，r 处氧的浓度。

将 $r = r_0(1-O)^{1/3}$ 代入式（5-21），可得：

$$\bar{r} = \frac{4\pi r_0^2 c_0}{\dfrac{1}{\beta} + \dfrac{r_0}{D_e}\left[\dfrac{1}{(1-O)^{1/3}} - 1\right] + \dfrac{K}{k(1+K)}\dfrac{1}{(1-O)^{2/3}}} \tag{5-25}$$

以原子氧为对象，金属球的钼氧化速率与半径的关系为：

$$\bar{r} = -\frac{dn}{d\tau} = -\frac{d}{d\tau}\left(\frac{4}{3}\pi r^3 3\rho_{Mo}\right) = -12\pi r^2 \rho_{Mo}\frac{dr}{d\tau} \tag{5-26}$$

将 $r = r_0(1-O)^{1/3}$ 代入式（5-26），可得：

$$\bar{r} = -12\pi r_0^2(1-O)^{2/3}\rho_{Mo}\frac{d}{d\tau}[r_0(1-O)^{1/3}] = 4\pi r_0^3 \rho_{Mo}\frac{dO}{d\tau} \tag{5-27}$$

联立式（5-25）和式（5-27）可得：

$$\frac{r_0 \rho_{Mo}}{c_0}\frac{dO}{d\tau} = \frac{1}{\dfrac{1}{\beta} + \dfrac{r_0}{D_e}\left[\dfrac{1}{(1-O)^{1/3}} - 1\right] + \dfrac{K}{k(1+K)}\dfrac{1}{(1-O)^{2/3}}} \tag{5-28}$$

对式（5-28）积分可得：

$$\tau = \frac{\rho_{Mo} r_0}{c_0}\left\{\frac{O}{\beta} + \frac{r_0}{2D_e}[3 - 2O - 3(1-O)^{2/3}] + \frac{3K}{k(1+K)}[1 - (1-O)^{1/3}]\right\} \tag{5-29}$$

金属钼被氧气氧化，700～1200℃，K 值很大，因此，式（5-29）可以简化成：

$$\tau = \frac{\rho_{Mo} r_0}{c_0}\left\{\frac{O}{\beta} + \frac{r_0}{2D_e}[3 - 2O - 3(1-O)^{2/3}] + \frac{3}{k}[1 - (1-O)^{1/3}]\right\} \tag{5-30}$$

金属钼的氧化是迅速的，因此式（5-30）还可简化成：

$$\tau = \frac{\rho_{Mo} r_0}{c_0}\left\{\frac{O}{\beta} + \frac{r_0}{2D_e}[3 - 2O - 3(1-O)^{2/3}]\right\} \tag{5-31}$$

5.4.2.3　气态 MoO_3 的冷凝

氧化升华后的 MoO_3 离开反应区后进入快速冷凝回收器，将气态 MoO_3 快速

冷凝成超细的 MoO_3 固态粉体。

$$MoO_{3(g)} == MoO_{3(s)} \qquad\qquad (5-32)$$

冷凝过程属于物理过程，也要放热，控制冷却强度和即时清理 MoO_3 粉体是冷凝器的关键所在。

5.5　超纯 MoS_2 粉体制备

5.5.1　MoS_2 制备现状

二硫化钼是一种高纯固体润滑剂，具有优良的耐高温、抗压和稳定的化学性能等特性，也可用于催化添加剂、涂层和密封材料等领域。它被广泛地应用于航天、航空、化工、冶金等行业。目前，二硫化钼的生产主要集中在美国、俄罗斯、德国、智利、奥地利、巴西、印度和中国等拥有钼资源的国家和地区，2009年全球总产能达到 6000t，其中我国生产能力约为 2000t。

二硫化钼的制备工艺可分为两种：天然浸出法和化学合成法。天然浸出法生产二硫化钼是用化学浸出法将钼精矿中的金属与非金属组分分离除去，包括盐酸浸出、氟化浸出和氯盐浸出等；再用烘干设备除去水分和浮选油剂。化学合成法以钼酸铵为原料，先将其硫化为硫代钼酸铵，再转化为三硫化钼，然后经过热分解制备纯净的二硫化钼。二硫化钼的化学合成法还包括三氧化钼与硫化氢气体作用直接生成 MoS_2、将金属钼和硫在高温下反应生成 MoS_2 等方法。化学合成法得到的 MoS_2 产品中硫含量不是非常稳定，可以表述为 MoS_x 型，其 x 值为 0.7 ~ 2.8，属于斜方晶系，其润滑效果要差于天然浸出法得到的 MoS_2 产品。

我国 MoS_2 产品与国外标准相比，指标较低，除了 MoS_2 含量相同以外，H_2O 和 Fe 含量较高，而且 MoO_3 和酸值两项未在国标中体现，故我国 MoS_2 产品质量与国外相比差距较大。

经过 5 年研究，作者开发出钼精矿制备高纯二硫化钼新产品和新型制备技术，纯度达到 99.9% 以上水平，使我国二硫化钼提纯水平达到国际领先水平。目前，产品已在国内外销售，得到了多家用户的认可。

5.5.2　超纯 MoS_2 制备新技术的路线选择

钼精矿中主要杂质的矿物形态包括石英、硅酸盐、黄铁矿、黄铜矿等，除此之外，钼精矿在浮选过程中残留的浮选油剂也是脱除重点。

5.5.2.1　常见去杂工序分析

盐酸浸出是一种常用的浸出工艺，对钼精矿中的金属杂质有较好地去除效果。

氢氟酸浸出主要除去钼精矿中的石英和硅酸盐杂质。

氯盐浸出主要去除钼精矿中的黄铜矿等杂质。

采用真空加热方法去除钼精矿中残留的浮选油剂，浮选油剂在真空条件下容易升华去除，同时钼精矿中的残余单质硫黄也容易在真空条件下气化升华。

5.5.2.2 高纯 MoS_2 制备新技术

根据钼精矿的特点，新型的高纯 MoS_2 制备新技术工艺流程如图 5-29 所示。新技术主要包括三部分：

第一部分为钼精矿的真空脱油及单质硫黄，首先进行钼精矿的干燥，然后在真空装置内脱除油及单质硫黄。

第二部分为钼精矿的浸出，依次进行盐酸浸出、氢氟酸浸出以及氯盐浸出，每道工序处理完后要进行废液再生及循环利用，避免废液直接排放。

第三部分为超纯 MoS_2 的后续处理，包括湿法处理后的超纯 MoS_2 水洗、干燥、真空处理及超细粉碎，得到粒度为 $1\sim2\mu m$、纯度为 99.9% 的二硫化钼。

图 5-29 高纯 MoS_2 制备
新技术工艺流程

5.5.3 超纯 MoS_2 制备中开发的高效浸出技术

传统的钼精矿湿法处理，由于动力学条件差，浸出速度慢，处理时间长，浸出液的利用效率低，最终的效果导致难以获得高纯的 MoS_2，同时处理成本增加。为了改善浸出动力学，作者提出了微波处理方式。将微波作用于加热的浸出反应釜内，能够显著促进浸出速度并提高浸出率。微波作用仅仅 30min，就可以有效去除杂质。以氢氟酸处理 SiO_2 为例，在微波作用下，钼精矿中的 SiO_2 浓度随时间的变化规律如图 5-30 所示，计算式为：

$$\% SiO_2 = 3.98\exp(-\tau/7.82)$$

式中　τ——时间，min。

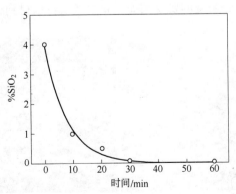

图 5-30 微波作用下氢氟酸去除钼精矿中的 SiO_2 浓度随时间的变化规律

浸出 30min 钼精矿中的 SiO_2 浓度就可以降低到 0.1%，达到目前市场上最纯二硫化钼 SiO_2 的浓度要求。在微波作用下，用盐酸去除钼精矿中的 CaO 浓度随时间的变化规律如图 5-31 所示，计算式为：

$$\% CaO = 0.8 \exp(-\tau/8)$$

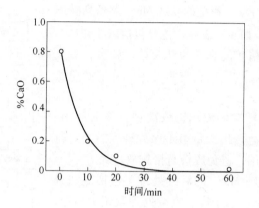

图 5-31　微波作用下盐酸去除钼精矿中的 CaO 浓度随时间的变化规律

浸出也呈指数衰减规律，与 SiO_2 的浸出规律相似。

5.5.4　超纯 MoS_2 粉体的制备技术应用

根据上述提出的超纯二硫化钼粉体的制备新工艺及相关核心技术，作者在嵩县开拓者钼业有限公司建立了一条超纯 MoS_2 生产线，年生产能力 500t。核心设备包括钼精矿微波干燥设备；连续式真空抽滤机、钼精矿真空脱油装备、微波浸出反应器、纯 MoS_2 粉碎装置等，如图 5-32~图 5-36 所示。主要技术参数包括：真空抽油温度 400~700℃；湿法浸出温度 60~90℃；盐酸浓度 20%~37%；氢氟酸浓度 30%~95%；$FeCl_3$ 浓度 5%~10%；浸出时间 30~120min，与钼精矿的成分以及二硫化钼纯度的要求相关。新生产线可以得到纯度为 99.2% 以上的

图 5-32　钼精矿微波干燥装备

图 5-33　连续式真空抽滤机

二硫化钼粉体，最高纯度可达 99.95%，根据用户要求，也可以制备纯度为 98%~99.5% 的 MoS_2 粉体。从表 5-4 可见，作者制备的超纯 MoS_2 粉体质量远优于国家标准。

图 5-34　钼精矿真空　　图 5-35　微波浸出　　图 5-36　纯 MoS_2
　　　　脱油装备　　　　　　　反应器　　　　　　　粉碎装置

表 5-4　生产中的 MoS_2 成分及粒度

项　目	特优品	特等品	优等品	一等品	合格品	国标优等品	国标一等品
MoS_2	≥99.9	≥99.5	≥99	≥98.5	≥98	≥98	≥97
总不溶物量	≤0.1	≤0.2	≤0.5	≤0.7	≤1	≤1	≤1.5
Fe	≤0.05	≤0.1	≤0.2	≤0.3	≤0.5	≤0.3	≤0.5
SiO_2	≤0.05	≤0.1	≤0.2	≤0.2	≤0.5	≤0.2	≤0.5
H_2O	≤0.05	≤0.1	≤0.3	≤0.4	≤0.7	≤0.5	≤0.7
含油量（丙酮萃取）	≤0.05	≤0.1	≤0.2	≤0.5	≤0.3	≤0.5	
平均粒度 $D_{50}/\mu m$		1.5				1.5~30	

5.6　含铼钼精矿的高效利用

5.6.1　含铼钼精矿利用现状

铼是发展国防、航空航天以及电子工业等现代高科技领域极其重要的原材料之一，在石油化工、国防和航空航天、电子、冶金、超高温发射极、镍基超硬合金、火力发电机、医学和电视等方面得到广泛应用和开发。

铼是一种极其稀少而且分散的贵金属元素，它在地壳中的丰度（质量分数）仅为 $1 \times 10^{-7}\%$，自然界中含铼的矿物稀少，迄今只查明有辉铼矿（ReS_2）和铜铼硫化物（$CuReS_4$），且它们都以微量伴生于铝、铜、铅、锌、铂、铀等矿物中，很难利用。含铼钼精矿成分见表 5 – 5。

表 5 – 5 含铼钼精矿成分 （质量分数，%）

Mo	Re	Cu	S	Fe	P	SiO$_2$	CaO	Al$_2$O$_3$	Ti$_2$O$_3$	Na$_2$O	K$_2$O
45.51	0.05	1.88	32.34	2.89	0.06	6.69	0.46	1.29	0.02	0.13	0.25

目前，常用的回收铼的方法，主要是利用 Re$_2$O$_7$ 极易溶于水的特性，使矿中的硫化铼经过氧化焙烧成 Re$_2$O$_7$ 而挥发进入烟气，再用水循环淋洗吸收获得淋洗液，或用水、稀酸进行浸出后获得浸出液，然后用离子交换、萃取等方法，获得富铼的高铼酸浓溶液，再加 NH$_4$OH 或 KCl 冷冻结晶得到高铼酸盐。这些提铼的方法是复杂的，环境负荷重，加工成本高。这是因为，目前经过氧化焙烧后的烟尘中含有大量杂质，导致焙烧后的烟尘中氧化铼的质量分数依然很低，正常不足 1%，即使氧化铼具有溶解水的特性，但是杂质中也含有不少溶于水的杂质。总之，目前的氧化铼分离提纯方法具有复杂、环境不友好与提纯成本高等缺点。

5.6.2 含铼钼精矿高效利用理论

采用真空分解方式，将矿中的硫脱除，同时将易挥发的有色元素去除。真空分解理论可参考 5.2 节的内容。如图 5 – 37 所示，ReS$_2$ 在低温下可以分解成单质硫和硫蒸气，通过真空分解得到含金属铼的金属钼球。铼是很容易氧化的，且沸点很低，而金属钼在 350℃ 以下氧化很少。因此，适宜的氧化温度为 150 ~ 350℃。氧化反应如下：

$$4Re + 7O_2 == 2Re_2O_{7(g)}$$

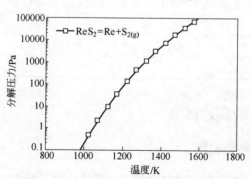

图 5 – 37 硫化铼的分解压力与温度关系

氧化升华后的氧化铼气体冷凝成固态粉体。由于采用真空分解去除了大多数有色杂质，但在氧化升华过程中，有极少量的 MoO$_3$ 也会升华。Re$_2$O$_7$ 极易溶于水形成铼酸，而 MoO$_3$ 是不溶于水的，通过这种方式，可以有效分离钼精矿中的铼。

5.6.3 含铼钼精矿高效利用方法

作者提出了含铼钼精矿提铼新流程（见图5-38），实现钼、铼与硫黄的综合回收，并且冶炼过程环保。工艺过程：首先将含铼钼精矿制粒与干燥，然后在真空脱硫炉内脱除含铼钼精矿中的硫，硫蒸气在冷凝装置内形成块状硫黄，脱硫后的含铼金属钼球经冷却破碎后在低温氧化升华装置内将铼以氧化铼的形式与钼粉分离，并在冷凝器内回收氧化铼，钼粉可以直接供给钢厂使用，也可以进一步升华成高纯氧化钼粉。

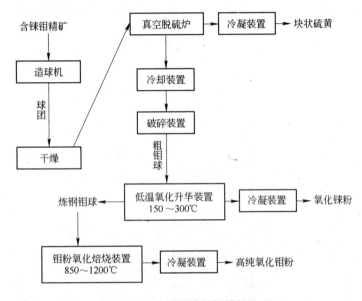

图5-38 含铼钼精矿提铼新流程

通过50kg级真空分解试验、金属钼球的低温氧化升华试验与水洗试验，得到了纯度为99%的铼酸，铼的综合回收率超过了95%。这表明新流程具有良好的经济与社会效益。

5.7 镍钼矿的高效利用

5.7.1 镍钼矿利用现状

镍钼矿是硫化矿物，典型的镍钼矿成分如表5-6所示。矿中主要有价金属是 Mo 4%左右、Ni 3%左右，Fe 15%左右；主要杂质是 S、SiO_2 与石墨，并含有2%~4%的锌与磷。此矿的主要物相有：黄铁矿（FeS_2）、硫化铁（FeS）、针镍矿（NiS）、黄镍铁矿（Ni_3S_2）、紫硫铜矿（$Cu_{1.6}S$）、钼精矿（MoS_2）、石墨（C）及白云母（$KAlSi_3AlO_{10}(OH)_2$）等。镍主要存在于针镍矿和黄镍铁矿中，钼主要存在于钼精矿中。此矿处理的最大难点是磷高、铜高、碳高。目前，主要的提取方式是加碱氧化焙烧，通过水浸出分离镍铜渣，钼酸钠溶液制备钼酸氨，再通过煅烧法制备氧化钼（见图5-39）。该流程存在环境污染严重，钼收得率低等诸多问题。

表5-6 典型的镍钼矿成分 （%）

Mo	Ni	S	Fe	Cu	Pb	Zn	V_2O_5	P_2O_5	As	Co
4.34	4.28	24.26	15.09	0.20	0.099	3.55	0.13	2.84	0.71	0.010
SiO_2	Al_2O_3	CaO	MgO	MnO	K_2O	Na_2O	RE_xO_y	TC	FC	CO_2
19.63	4.95	6.49	1.02	0.052	1.09	0.29	0.27	8.30	7.70	2.20

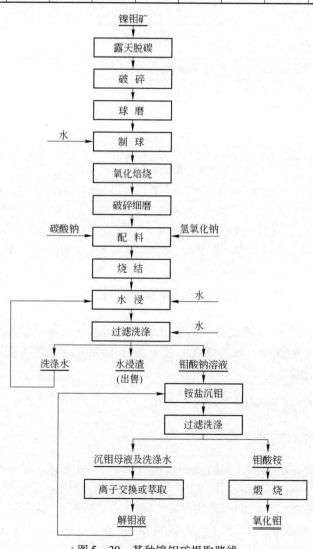

图5-39 某种镍钼矿提取路线

5.7.2 镍钼矿真空冶炼理论

5.7.2.1 硫化镍分解

$$2NiS \rightleftharpoons 2Ni + S_{2(g)} \quad \Delta G^{\ominus} = 207949 - 88T$$

1500℃时真空分解压力 3000Pa，如图 5 – 40 所示。

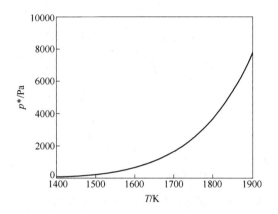

图 5 – 40　$2NiS \rightleftharpoons 2Ni + S_{2(g)}$ 真空分解图

NiS 很容易在真空条件下分解。

$$Ni_3S_2 \rightleftharpoons 3Ni + S_{2(g)} \quad \Delta G^{\ominus} = 236000 - 63T$$

1500℃时真空分解压力 20Pa，如图 5 – 41 所示。

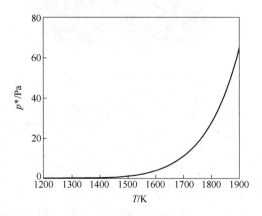

图 5 – 41　$Ni_3S_2 \rightleftharpoons 3Ni + S_{2(g)}$ 真空分解图

$$Ni_3S_2 \rightleftharpoons 3[Ni] + S_{2(g)} \quad \Delta G^{\ominus} = 207615 - 178T \quad T^* = 1166K$$

当铁液形成后，Ni_3S_2 很容易以上面的反应进行。

5.7.2.2　磷的去除

$$Ca_3(PO_4)_2 + 5C + 3SiO_2 \overline{} 3CaSiO_3 + 5CO_{(g)} + P_{2(g)}$$

$$\Delta G^{\ominus} = 1442510 - 980T \quad T^* = 1472K = 1199℃$$

可见脱除镍钼矿中的磷很容易。

镍钼矿中的 MoS_2 等真空分解理论参照5.2节。

5.7.3　镍钼矿高效利用途径

根据镍钼矿的特点，作者提出了真空冶炼镍钼矿技术路线，如图5-42所示。将镍钼矿放入真空脱硫炉内，脱除镍钼矿内的硫、磷、锌、砷、铅、钾、钠等易挥发的物相，同时得到镍钼铁合金，可用于不锈钢生产。作者进行了冶炼试验得到了合格的镍钼铁合金，如图5-43所示，其成分见表5-7。

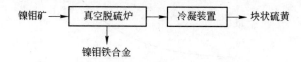

图5-42　镍钼矿真空分解冶炼镍钼铁合金流程

图5-43　镍钼铁合金产品

表5-7　镍钼铁合金成分　　　　　　　　（质量分数,%）

Mo	Ni	S	Fe	Cu	P	Si	C
18.06	16.87	0.09	62.78	0.22	0.02	1.09	0.88

通过新工艺冶炼镍钼铁合金具有如下优势：

（1）绿色清洁冶金生产，免除 SO_x 排放对环境的破坏与后处理投资与运行。

（2）多矿种的高效利用，可回收硫黄、镍、钼、铁多种元素。

（3）有价金属的收得率高，钼、镍、铁的收得率均超过95%。

6　氧化硼冶炼非晶母合金理论与技术

非晶态金属材料是目前材料科学研究中的一个新领域，也是一种迅速发展的重要新型材料，与常规晶态合金性能相比，非晶合金制品具有特殊性和优越性。以铁元素为主的非晶态合金具有高饱和磁感应强度和低损耗的特点，在电子、航空、航天、机械、微电子等众多领域中具备了广阔的应用空间。

非晶制品的冶炼流程：将购置的非晶母合金装入冶炼炉内，通电将其熔化，获得液态母合金，待母合金温度和成分调整合格后，将熔体转入缓冲包，利用急冷技术通过喷嘴进行喷带（丝），测厚卷取，制得非晶态产品。

FeSiB 非晶母合金主要成分见表 6 - 1。

表 6 - 1　FeSiB 非晶母合金主要成分　　　　　（质量分数，%）

B	Si	C	Al
2.6 ~ 2.65	5.4	0.1	0.01

传统冶炼非晶母合金，采用的原料是纯铁和铁合金（硼铁、硅铁等），将纯铁、硼铁、硅铁配好比例，装入中频感应炉，升温熔化后吹氩处理，然后将硅铁装入炉内，调整母合金的温度和成分，再进行吹氩处理，检测成分合格后，将钢水注入模子内，浇铸成锭子。

非晶母合金中硼质量分数虽然较低，但是成本约占铁硅硼母合金成本中的 1/3。硼价格高的主要原因是目前硼铁原料冶炼过程收得率只有 60% 左右。作者研究了氧化硼直接冶炼非晶母合金技术，可显著提高硼的收得率（提高到 80% 水平），降低了非晶母合金的冶炼成本。本章将重点介绍作者在氧化硼直接冶炼非晶母合金领域的理论与技术成果。

6.1　氧化硼直接冶炼的热力学研究

不同反应状态下，硅还原硼酐的反应热力学数据见表 6 - 2。

表 6 - 2　硅还原硼酐的反应热力学数据

反应状态	反应方程式	标准吉布斯自由能
固 - 固反应	$1.5Si_{(s)} + B_2O_{3(s)} = 2B_{(s)} + 1.5SiO_{2(s)}$	$\Delta G^{\ominus} = -92722 + 8.10T$
固 - 液反应	$1.5Si_{(s)} + B_2O_{3(l)} = 2B_{(s)} + 1.5SiO_{2(s)}$	$\Delta G^{\ominus} = -128340 + 50.03T$

反应状态	反应方程式	标准吉布斯自由能
铁浴反应	$1.5Si_{(l)} + B_2O_{3(l)} \Longrightarrow 2B_{(s)} + 1.5SiO_{2(s)}$	$\Delta G^\ominus = -190725 + 86.42T$
液 – 液反应	$1.5Si_{(l)} + (B_2O_3) \Longrightarrow 2B_{(l)} + 1.5(SiO_2)$	$\Delta G^\ominus = -90325 + 42.74T$

（1）固 – 固反应。由于 B_2O_3 熔点低，固 – 固反应的上限为 800K。在低温下，硅与 B_2O_3 反应的标准自由能小于 0，在 $0 \sim -100$kJ · mol^{-1} 范围内，从热力学上来说，完全可还原硼酐。对于固 – 固反应，由于各固态物质的活度都等于 1，实际状态的反应自由能变化与标准状态时相同。

（2）液 – 固反应。随着温度的升高，还原剂或 B_2O_3 有一方将会熔化，发生液 – 固反应。B_2O_3 熔点低，温度在 730K 左右就开始熔化，硅铁的熔化温度约在 1450 ~ 1600K 之间，因此，当温度高于 730K 而又低于 1600K 时，便有发生液 – 固反应的可能。硅与 B_2O_3 发生液 – 固反应的标准自由能小于 0，因此，它在此条件下有还原能力。

（3）铁浴反应。冶炼升温过程中，会有一部分纯铁先熔化，由于炉渣的密度小于母合金密度，炉渣将在母合金中上浮，在上浮过程中，母合金中的还原剂将与 B_2O_3 发生还原反应。硅与 B_2O_3 发生铁浴还原反应的标准自由能小于 -100kJ · mol^{-1}。此阶段反应温度较高，反应接触面积大，是反应的重要阶段。

（4）液 – 液反应。当熔渣与母合金接触时，渣中 B_2O_3 通过扩散到钢 – 渣界面处与母合金中的还原剂硅发生还原反应。硅在低于 1200K 时，还原硼酐较好，由于是放热反应，更高温度下还原能力变弱。

当然，在实际冶炼中，由于炉渣和熔体成分复杂，渣中氧化物和熔体的活度一般都偏离标准状态，需要由实际反应条件决定。因此，在上述基本热力学数据计算下，首先研究 CaO-SiO$_2$-B$_2$O$_3$ 三元炉渣体系的活度，其次研究 Fe-Si-B 熔体活度，在此基础上进一步分析硼元素在炉渣中与母合金中的分配关系，这部分研究工作已在第 2 章中进行报道。

在实际的母合金冶炼过程中，反应一般不在标准状态下进行，因此必须用化学反应等温方程式 $\Delta G = \Delta G^\ominus + RT\ln J$ 与活度进行计算，最终能否发生还原反应及反应平衡状态取决于炼钢温度、炉渣成分（碱度、氧化性等）和母合金中各物质的含量。母合金成分主要影响钢液中硼的活度系数，因此，随着冶炼母合金成分含硼量的提高，对炉渣成分和渣量要求也愈高。炉渣成分主要体现在渣中氧化钙和氧化硼的活度，因此，如何控制炉渣碱度等对提高硼的分配比也很重要。

炉渣和母合金中杂质是微量的，忽略其影响，根据表 6 - 3 的炉渣成分和母合金成分能够计算出用 Si 还原炉渣中 B_2O_3 的实际反应自由能。

表 6 - 3 炉渣与母合金成分   （质量分数,%）

炉渣成分			钢液成分		
CaO	SiO₂	B₂O₃	[Si]	[B]	[Fe]
46.5	41.6	11.9	5.4	2.6	92.0

实际反应自由能公式：

$$\Delta G = \Delta G^{\ominus} + RT\ln J = \Delta G^{\ominus} + RT\ln\left(\frac{a_{SiO_2}^{3/2} a_B^2}{a_{B_2O_3} a_{Si}^{3/2}}\right)$$

$$= -90325 + 42.74T + RT\ln\left(\frac{a_{SiO_2}^{3/2} a_B^2}{a_{B_2O_3} a_{Si}^{3/2}}\right) \tag{6-1}$$

从式（6-1）可见，实际反应自由能与渣中 B_2O_3、SiO_2 的活度、母合金中 Si、B 的活度以及反应温度有关。当反应达到平衡时，母合金中和炉渣中硼的分配比 L_B 由式（6-1）可得：

$$L_B = \frac{x_B^2}{x_{B_2O_3}} = \frac{a_{Si}^{3/2}}{a_{SiO_2}^{3/2}} \frac{\gamma_{B_2O_3}}{\gamma_B^2} \exp\left(\frac{-\Delta G^{\ominus}}{RT}\right)$$

由平衡常数导出的熔渣 - 金属液间的分配常数是还原反应的重要热力学公式，不仅元素在两相中存在的结构形式不相同，而且还与这些物质在两相中的活度系数有关。

6.1.1 碱度对分配比的影响

炉渣碱度对反应自由能 ΔG 和硼分配比 L_B 的影响如图 6-1 和图 6-2 所示。随着碱度的增大，反应的 ΔG 先上升后下降。当碱度 R 很小时，炉渣中的 B_2O_3 含量相对较大，它比生成的 SiO_2 更容易与微量的 CaO 结合，这就使 B_2O_3 的活度降低，因此在低碱度下，随着碱度的增大，ΔG 升高，反应活性降低。当碱度等于 0.5 时，ΔG 达到最大值，之后随着碱度的增大，还原反应产生的 SiO_2 与多量

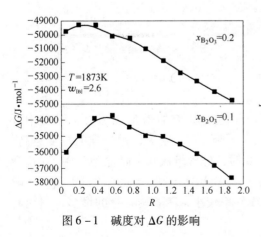

图 6 - 1 碱度对 ΔG 的影响

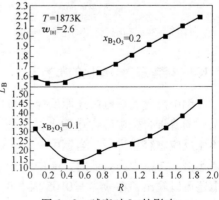

图 6 - 2 碱度对 L_B 的影响

的 CaO 结合，降低了产物 SiO_2 的活度，ΔG 逐渐变小。当碱度大于 1.0 以后，ΔG 迅速减小，反应物活性变高，从而使还原反应能快速进行。

随着碱度的增大，还原反应的 L_B 先降低后升高。碱度较高时，硼的分配比较大，如 R 为 1.6 时，L_B 为 2.1，原因是碱性 CaO 能和酸性氧化物 SiO_2 结合，从而降低渣中 SiO_2 的活度系数，从渣铁平衡的观点看，就相当于增大了渣量，即提高了炉渣蓄积 SiO_2 的能力。因此，实验中碱度应尽量控制在较高水平。当然，碱度过高时会有很多 CaO 微粒悬浮在液体炉渣中，降低炉渣流动性，使炉渣变黏，也有一定副作用。

6.1.2　氧化硼含量对分配比的影响

调节氧化钙比例保持炉渣中碱度不变，研究氧化硼含量对自由能 ΔG 和分配比 L_B 的影响。如图 6-3 所示，随着炉渣中氧化硼含量的增大，反应自由能逐渐减小，反应较容易进行。不同碱度下，反应的自由能下降趋势相同，数值也相差不多。从图 6-4 可以看出，随着炉渣中氧化硼含量的减小，分配比逐渐减小，当渣中氧化硼含量为 10% 时，L_B 降低到 1.0，不同碱度下分配比相差不多，碱度较大的，分配比较高。

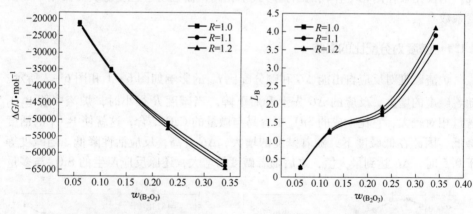

图 6-3　氧化硼含量对 ΔG 的影响　　　　图 6-4　氧化硼含量对 L_B 的影响

6.1.3　硅含量对分配比的影响

钢中硅含量对硼酐还原反应吉布斯自由能的影响如图 6-5 所示，从图中可见，随着母合金中硅含量增大，反应 ΔG 下降。$w_{[Si]}$ 越大，钢中硅的活度越高，还原反应越容易进行。当钢中 $x_{[Fe]} = 0.8$ 时，硅含量从 0.1 降低到 0.04，ΔG 升高 5 倍。当钢中硅很低时，渣中将剩余一部分 B_2O_3 与母合金中的硼平衡。从图中还可以看出，在 $w_{[Si]} = 0.05$ 时，曲线斜率较小，随着硅含量的增多，曲线斜率迅速增大。

硅含量对硼分配比的影响如图 6-6 所示，从图中可以看出，随着母合金中硅含量增大，还原反应的 L_B 增大。较低硅含量下，L_B 非常小，基本没有变化；当硅含量超过一定值时，L_B 迅速增大。当 $x_{[Fe]}$ 为 0.8 时，硅含量大于 0.09 后，L_B 呈级数增大，$w_{[Si]}$ 等于 0.08 时，L_B 等于 8，而 $w_{[Si]}$ 等于 0.09 时，L_B 可达到 26。

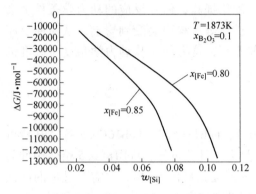

图 6-5　母合金中 $w_{[Si]}$ 对 ΔG 的影响　　　　图 6-6　母合金中 $w_{[Si]}$ 对 L_B 的影响

6.1.4　硼含量对分配比的影响

母合金中硼含量对硼分配比的影响如图 6-7 所示，从图中可以看出，随着母合金中硼含量增大，还原反应的 L_B 降低。较高硼含量下，L_B 非常小，基本没有变化；当硼含量小于一定值时，L_B 迅速增大。当 $x_{[Si]}$ 为 0.09 时，硼含量小于 0.020 后，L_B 才能迅速增大，硼含量等于 0.020 时，L_B 等于 4，而硼含量等于 0.01 时，L_B 可达到 65。

6.1.5　温度对分配比的影响

从图 6-8 可以看出，当碱度为 1.1 时，随着温度升高，硼的分配比下降。

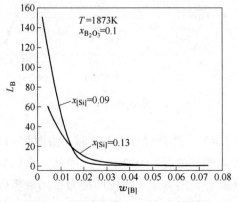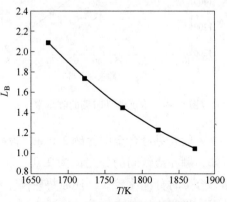

图 6-7　母合金中 $w_{[B]}$ 对 L_B 的影响　　　　图 6-8　温度对分配比的影响

温度为 1800K 时，L_B 为 1.3；而当温度降低至 1700K 时，L_B 则提高至 1.9。在冶炼非晶母合金时，温度也是重要的影响因素。硅铁还原硼酐的化学反应属于放热反应，这也说明了升高温度对还原反应不利。冶炼过程中将温度控制在适当低的水平，可提高硼酐分配比。当然，温度对分配比的影响不能单从热力学上考虑，降低温度可以使硼在渣铁间的分配比提高，但在反应的动力学条件上会使还原反应活化能减小，伴随的传质、扩散等过程也会受到影响，从而使反应速度变慢，进入铁液中的硼含量可能并不高，这有待于从动力学角度对温度进一步研究。

6.1.6　硼酐还原的收得率分析

常用硼铁有 FeB23C0.05、FeB22C0.1、FeB18C0.5、FeB16C0.5 等，其特点是含硼高，含硅低，由前面的熔体活度热力学计算可知，FeB18C0.5 熔体中硅的活度是 0.003，硼的活度是 0.0165，硼的活度是硅的 55 倍，这需要过量的硅铁作还原剂以及很高的外部条件，所以冶炼硼铁难度大，收得率低。而利用低温下硅铁直接还原硼酐冶炼的 FeSiB 非晶母合金，硅的活度是 0.00167，硼的活度是 0.00132，硼的活度是硅的 0.8 倍，反应还原势高，冶炼母合金时铁中进硼较容易。如图 6-9 和图 6-10 所示，在 1500℃ 下，冶炼硼铁时，硼的收得率只有 57%，而冶炼非晶母合金硼的收得率可达 97%，因此，冶炼非晶母合金的硼的收得率要远高于冶炼硼铁。

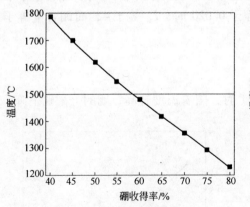

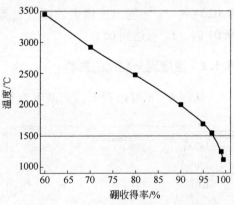

图 6-9　冶炼硼铁时硼的收得率　　　　图 6-10　冶炼母合金时硼的收得率

一般非晶母合金中含硼 2.6%，含硅 5.4%，炉渣碱度为 1.0 时，由图 6-11 可知，硼在渣铁间的分配比为 2.0，而冶炼硼铁的分配比为 1.0。因此，冶炼非晶母合金时分配比较大，还原势较高，还原得到的硼进入渣中的能力要比冶炼硼铁强，说明冶炼更容易。还原反应进入铁液中的硼愈多，则硼的收得率愈高，硼酐直接还原冶炼非晶母合金硼的收得率远高于冶炼硼铁的收得率。在工业生产中，按照常规工艺单纯靠硅铁还原冶炼硼铁只能得到硼含量很低的硼铁，而且需要很高的温度和其他条件，因此，硅热法冶炼很困难，硼的收得率低下。实际生产中是采用还原性更强的 Al 来作还原剂，必要时配加 Mg，但这样会使产物成分复杂，硼铁中夹杂物增多，对后期采用硅铁冶炼的非晶带材质量造成很大影响。而冶炼非晶母合金只需要硅作还原剂即可，因此所得母合金较纯净，还原反应简单可行且收得率高。

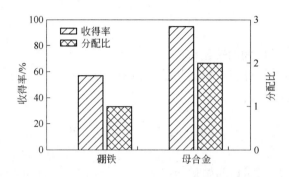

图 6 – 11　不同冶炼条件下分配比与硼收得率的关系

6.2　氧化硼还原过程动力学分析与试验研究

6.2.1　炉渣低温还原反应动力学研究

炉渣低温还原反应是氧化硼直接还原的重要组成部分。在实验室内首先进行了硅铁还原硼酐的炉渣低温还原实验。硅铁还原硼酐的反应为：$3Si + 2B_2O_3 = 4B + 3SiO_2$，将 75 硅铁和硼酐按照摩尔比 3∶2 配置，原料混合均匀放入研钵中研磨，称量后装入坩埚，在 1200℃进行了还原试验，反应转化率见表 6 – 4。

表 6 – 4　反应转化率

时间/min	20	30	40
转化率/%	63.7	69.1	71.4

对于一般化学反应：

$$aA + bB + \cdots = eE + dD$$

化学反应速度定义为：

$$J_A = -\frac{dc_A}{d\tau}$$

式中 J_A——化学反应速度；

c_A——反应物 A 的瞬时量；

τ——反应时间。

区域化学反应的反应速率不用体积浓度的变化率来表示，而采用固体反应物转化率的变化率来表示。

$$\varphi = \frac{W_0 - W}{W_0}$$

式中 φ——固体反应物的转化率；

W_0，W——分别为固体反应物的初始量和瞬时量。

因此，反应速率为：

$$v = \frac{d\varphi}{d\tau} = -\frac{d(W/W_0)}{d\tau} = -\frac{d\varepsilon}{d\tau}$$

式中 ε——未反应的量占初始量的比例。

一定温度下，反应速率和反应物的转化率的若干次方成正比，其关系为：

$$v = \frac{d\varphi}{d\tau} = -\frac{d\varepsilon}{d\tau} = k\varepsilon^n$$

式中 k——反应速率常数；

n——反应级数。

计算结果表明，在1200℃时，还原反应级数为二级时，相应反应的速率为：

$$v = \frac{d\varphi}{d\tau} = -\frac{d\varepsilon}{d\tau} = 3.731 \times 10^{-4} \varepsilon^2$$

充分混匀的炉渣内硼酐与硅铁在低温下先进行还原反应，形成还原性炉渣，炉渣的低温直接还原反应的转化率达到70%的水平，为冶炼非晶母合金提供了有利条件。

6.2.2 铁浴还原反应动力学研究

在非晶母合金冶炼过程中，纯铁熔化后形成铁液，下部的熔渣由于浮力而向上运动，与铁液充分接触，大大增加了熔渣与铁液的反应界面积，从而使反应速度显著提高。大部分熔渣都要经过上浮的过程，因此，熔渣与铁液之间的铁浴还原反应是整个非晶母合金冶炼的非常重要的过程。

熔渣与铁液之间氧化硼的还原反应为：

$$3[Si] + 2(B_2O_3) = 4[B] + 3(SiO_2)$$

熔渣中氧化硼的还原过程包括 Si 和 B 在铁液内的扩散，B_2O_3 和 SiO_2 在熔渣中的扩散以及界面反应等步骤，如图 6-12 所示。熔渣上浮过程中，周围是铁液，熔渣中的氧化硼与铁液中的硅在界面处发生还原反应，生成的二氧化硅和硼分别进入熔渣和铁液中，最后熔渣上浮至顶渣中，完成铁浴还原反应。

经推导得到：

$$J = \frac{c_{(B)} - \dfrac{c_{(Si)}^{\frac{3}{4}} c_{[B]}}{K c_{[Si]}^{\frac{3}{4}}}}{\dfrac{c_{(Si)}^{\frac{3}{4}}}{K k_m c_{[Si]}^{\frac{3}{4}}} + \dfrac{1}{k_s}}$$

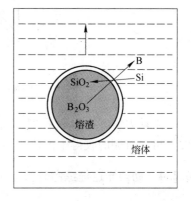

图 6-12　熔渣上浮过程铁浴
还原反应示意图

式中　$c_{[B]}$——B 在钢液中的浓度；

　　　$c_{[Si]}$——Si 在钢液中的浓度；

　　　k_m——B 在钢液中的传质系数；

　　　k_s——B_2O_3 在熔渣中的传质系数；

　　　$c_{(B)}$——B_2O_3 在熔渣中的浓度；

　　　$c_{(Si)}$——SiO_2 在熔渣中的浓度；

　　　K——反应平衡常数。

当熔渣在铁液中的停留时间一定时，熔渣直径越小，氧化硼的还原率越高；当熔渣直径一定时，停留时间越长，还原率越高。所以，熔渣上浮时间和熔渣尺寸对非晶母合金冶炼过程中氧化硼的铁浴还原有十分重要的作用。

6.2.3　硼酐直接还原冶炼动力学实验研究

在实验室内采用刚玉坩埚进行了直接还原冶炼实验，将原料硅铁和硼酐按照 3∶2 配置，控制碱度为 1.0 和渣中 CaF_2 含量为 5%，渣铁一起加入炉内，熔渣铺于坩埚底部，纯铁块位于其上，二者紧密接触。实验过程：将温度升高至 1450℃，保温 30min 后断电冷却。保持相同的冶炼条件进行了多次实验，实验结果如图 6-13 所示。由图可见，直接还原法冶炼结果硼的收得率是比较高的，其中收得率最低为 76%，最高为 82%，平均收得率约为 79%。实验结果与理论分析基本吻合，炉次 1 的收得率偏低一些。原因主要有两方面，一方面是实验操作过程中，需要提高对温度变化的控制，铁浴还原阶段通过调节升温功率控制温度和时间很重要，把握不好会使收得率降低；另一方面是渣中有一些已还原的硼，在铁浴还原阶段或高温界面反应阶段未能进入铁液中，与熔渣混在一起。

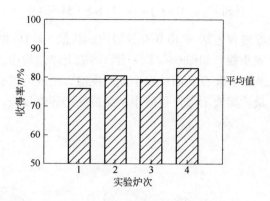

图 6 – 13　渣铁实验硼的收得率

由动力学实验可以看到，通过改变氧化硼还原反应方式、控制渣铁反应条件，可以将硼的收得率由传统的 48% 提高到 80% 的水平，效果很好。

6.2.4　动力学过程综合分析

从原料的入炉到获得合金锭与炉渣，冶炼过程可分为低温固 – 固还原、铁浴还原和高温液 – 液界面还原三个还原反应阶段，这些还原过程也并不是严格区分的，如铁浴还原阶段和高温界面还原是交错在一起的，使得动力学过程变得较复杂。用硅铁直接还原硼酐冶炼非晶母合金的动力学过程如图 6 – 14 所示。

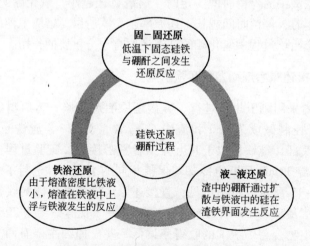

图 6 – 14　硅铁直接还原硼酐冶炼非晶母合金的动力学过程

第一阶段的低温炉渣还原是重要阶段，研磨后的粉状渣料具有很高的反应活性，配加添加剂后炉渣动力学条件得到改善，在 1300℃ 以下就可发生反应，硼的转化率达到 70%，渣中一般剩余 30% 氧化硼。

随着温度的提高，纯铁逐渐熔化，反应进入铁浴还原阶段，炉渣与铁液发生对流，上浮过程中这些渣料中剩余的氧化硼被还原，由前面的分析可知，转化率达到余量的60%，因此综合在一起，经过这两个过程，硼的最终转化率能够达到88%。

最后升温至第三阶段，渣铁之间进行高温界面反应，但由于氧化硼的特殊性，反应动力学条件较差，硼的转化率很小。

考虑到实验过程中的损失，硼酐直接还原法冶炼非晶母合金最后硼收得率应当为85%。与传统冶炼母合金相比，采用直接还原法还原反应的反应速率提高，因此其硼的收得率也比较高。

6.3　氧化硼冶炼非晶母合金实践

在50kg级的感应炉内冶炼非晶母合金FeSiB（中频感应炉系统如图6-15所示）。冶炼前，将大块硅铁进行破碎和筛分，得到适宜粒度的硅铁粉。将硼酐、硅铁、添加剂（石灰、镁砂、萤石）按照所给定的质量混合均匀，与给定质量的工业纯铁一起加入到感应炉内，其中硼酐、硅铁与添加剂混合物放在工业纯铁下方；在感应炉内通电进行冶炼时，通入氩气作为保护气氛，保温一定时间待工业纯铁熔清，达到液态铁基非晶母合金成分后，降温冷却成锭。实验结束后，取出样品，将渣样和合金锭称量，制取试样进行化学分析和XRD物相分析。

图6-15　中频感应炉系统

6.3.1　硼收得率影响因素分析

6.3.1.1　碱度对硼收得率的影响

炉渣碱度对硼收得率影响较大，碱度 R 是以 $w_{(CaO)}/w_{(SiO_2)}$ 的比值计算，实验时碱度值分别取 0.8、1.0、1.2、1.4，碱度对硼收得率的影响如图 6 - 16 所示。由图可见，炉渣碱度过小，反应终期形成高熔点的硅酸盐，渣变得很黏稠，不利于反应；随着碱度的提高，还原率在增大，但是过高的碱度会使渣中氧化硼活度降低，并且使最终得到的炉渣量过大。

6.3.1.2　添加剂对硼收得率的影响

实验过程中炉渣在后期高温下会变得黏稠，流动性差。分析认为 CaO 的加入解决了熔渣膨胀的问题，但是会使熔渣中生成 $CaSiO_3$ 等硅酸盐，从相图上可以看出其熔点很高，在反应后期因其结块，阻碍了反应的传质，导致反应速率下降。CaF_2 是有效的助熔剂，且在本冶炼工艺中加入，不会产生其他反应。

CaF_2 含量对硼收得率的影响如图 6 - 17 所示。渣中加入少量的 CaF_2，可以使渣在较低碱度下，变得稀薄，流动性好。大量炉渣生成后，会形成高熔点 Ca_2SiO_4，这时渣又变得黏稠，需要更多的 CaF_2，提高 CaF_2 比例至 5%，有利于反应的进行。由于反应熔渣的变化，反应很复杂，增大 CaF_2 比例，有利于反应的进行，当然 CaF_2 含量大于 5% 后，渣变得很稀，铁浴还原反应时，渣铁接触和传质时间较短，不利于反应，并且由于侵蚀性耐火材料寿命会变短，较多的 CaF_2 对坩埚腐蚀程度会很大。所以，炉渣中 CaF_2 含量为 5% 较好。

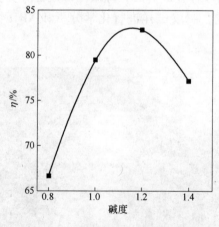

图 6 - 16　碱度对硼收得率的影响

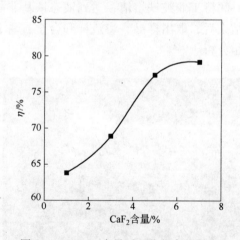

图 6 - 17　CaF_2 含量对硼收得率的影响

6.3.1.3　原料配比对硼收得率的影响

原料配比多少，直接影响着反应后硼的收得率。如果原料中硅铁过量，反应产物中硼含量应当增多，硼收得率变高。硅铁和硼酐的比例为 n，硅铁过量系数为 k_{Si}，按照反应式质量比 $n = (k_{Si} \times m_{Si})/m_{B_2O_3}$。实验时，取 k_{Si} 分别为 0.8、1.0、1.2，反应后硼的收得率如图 6 - 18 所示。随着原料中硅铁含量的增加，硼的收得率得到提高，但增加量并不是很大，硅铁过量 10% 时，硼收得率为 82.2%。

标准的非晶母合金中铁所占比例为 m，纯铁比例系数为 k_{Fe}。实验时取 k_{Fe} 分别为 0.8、1.0、1.2，反应后硼的收得率如图 6-19 所示。由图可见，纯铁含量的多少对硼的收得率影响不大，但改变纯铁含量的比例对母合金中其他元素的质量分数影响较大。因此，实验时一般按反应式采取整比配置较好。

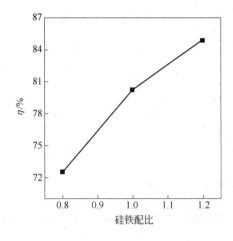

图 6-18　硅铁配比对硼收得率的影响　　图 6-19　纯铁配比对硼收得率的影响

6.3.1.4　粒度对硼收得率的影响

实验中原料粒度主要是指块状硅铁粉碎的大小，粒度对硼收得率的影响如图 6-20 所示。由图可见，粒度过大，使反应界面积较小，且反应后会形成生成物阻碍层，不利于反应，但是过小的颗粒也不利于反应。当原料研磨的粒度小于 0.121mm（120 目）后，随着粒度的增大，硼的转化率减小，这可能是因为反应物硼酐熔点低，粒度过细的原料低温下熔化成液态而游离，更容易产生分层现象。所以，原料的粒度为 0.121mm（120 目）较好。

6.3.1.5　进硼量对硼收得率的影响

实验时，控制碱度为 1.0，CaF_2 含量为 5%，原料粒度为 0.121mm（120 目），按照整比配置，不同硼含量下硼的收得率如图 6-21 所示。由图可见，随着母合金中进硼量降低，硼的收得率提高，如果母合金中硼含量约为 1.8% 时，硼的收得率接近 90%，因此，冶炼非晶母合金时，若目标硼含量降低，则硼的收得率可以提高，这也验证了第 3 章进硼量对硼收得率

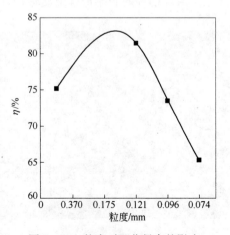

图 6-20　粒度对硼收得率的影响

影响的热力学分析的正确性。

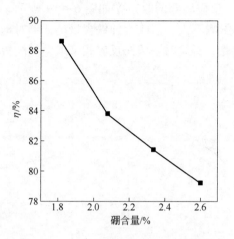

图 6 - 21　硼含量对硼收得率的影响

通过大量实验研究硼收得率影响因素的规律，为冶炼合格的非晶母合金找到了适宜的工艺参数。

6.3.2　非晶母合金的质量分析

从母合金上取样，将样品制好后，打磨、抛光，采用 JSM - 600 型扫描电镜观察。由图 6 - 22 可见，放大 200 倍的视场内有淡白区和灰条区，全部是 Fe 和 Si，无其他杂质。由图 6 - 23 和图 6 - 24 可见，放大 1000 倍的视场内淡白区基体上有不规则的浅灰条，淡白区基体 Fe 和 Si，浅灰条是 Fe。母合金成分很纯净，凝固时 Fe 在局部有点偏析，但并不影响洁净度。实验结果表明，硼酐低温直接还原法冶炼得到的非晶母合金质量较好。

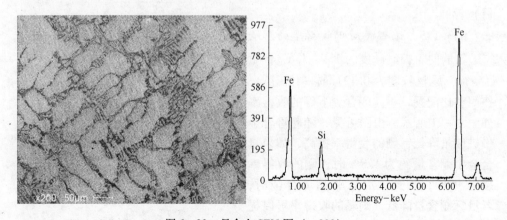

图 6 - 22　母合金 SEM 图 （×200）

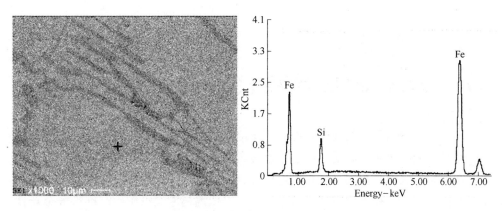

图 6 - 23　母合金 SEM 图（×1000）

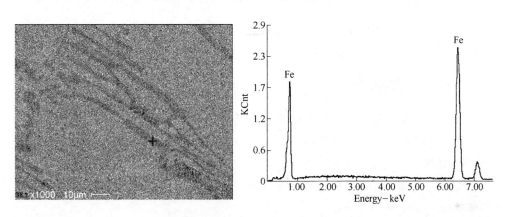

图 6 - 24　母合金 SEM 图（×1000）

对母合金试样进行了光谱分析，见表 6 - 5，除铁硅硼以外的元素含量较微小，氮含量仅有 $1 \times 10^{-4}\%$，比理论分析要小，说明原料适宜，气氛保护好。氧含量采用化学分析法，母合金中氧含量为 0.0010%，比理论计算值要高一些，但满足要求。碳含量为 0.0093%，铝含量为 0.0002%，也满足要求。这表明母合金中很难形成内生夹杂物，即使有外生夹杂物，大部分也被冶炼过程中造的炉渣吸收了，因此，硼酐直接还原法冶炼的非晶母合金洁净度较高。

表 6 - 5　母合金杂质成分　　　　　　（质量分数，%）

Mn	C	P	S	Al	Cr	Cu	N	Ti	Ca
0.0289	0.0093	0.0071	0.0083	0.0002	0.0376	0.0756	<0.0001	0.0012	<0.00003

7　红土矿冶炼镍铁合金理论与技术

镍资源是我国重要的战略资源，传统冶金依靠硫化镍矿，但是随着资源的紧张，低品质的红土矿资源受到国内外冶金者的关注、研究与开发。作者早在2000年就开始研究红土矿直接合金化冶炼低镍合金钢技术，近5年又与浙江华光等企业研究高炉法冶炼红土矿生产镍铁合金理论、低温还原红土矿生产镍铁合金新技术，取得了显著的社会与经济效益。本章将介绍作者在红土矿高效利用领域的研究成果。

7.1　红土矿资源与开发现状

7.1.1　红土矿资源现状

目前，已探明陆地上的镍矿资源中，镍金属工业储量约为8000万吨，其中硫化镍矿约占20%，镍红土矿约占75%，而硅酸镍矿占5%。此外，尚有远景储量1.68亿吨。

近年来，相继发现丰富的海底锰结核矿床，据估算仅镍金属储量就超过7亿吨。

南太平洋新喀里多尼亚镍矿区是目前世界上规模最大的镍红土矿资源区。其他镍矿带包括：印度尼西亚的摩鹿加和苏拉威西地区镍矿带，菲律宾巴拉望地区镍矿带，澳大利亚的昆士兰地区镍矿带，巴西的米纳斯吉拉斯和戈亚斯地区镍矿带，古巴的奥连特地区镍矿带，多米尼加的班南地区镍矿带，希腊的拉耶马地区镍矿带以及前苏联和阿尔巴尼亚等国的一些镍矿带。

氧化镍矿床是含镍橄榄岩在热带或亚热带地区经过大规模的长期风化淋滤变质而成的，是由铁、铝、硅等含水氧化物组成的疏松的黏土状矿石。由于铁的氧化，矿石呈红色，所以被称为红土矿。实际上，矿产的上部，由于风化淋滤作用的结果，含铁多、硅少、镁少、镍较低、钴稍高的镍矿呈红色；矿床的下部，由于风化富集，镍矿多硅、多镁、低铁，称为镁质硅酸盐镍矿。两种矿石，相对于硫化镍矿床而言，均称为氧化镍矿。氧化镍矿类型及成分见表7-1。

红土镍矿的可采部分一般由3层组成：褐铁矿层、过渡层和腐殖土层，其处理工艺见表7-2。

表7-1 氧化镍矿类型及成分 （%）

类型		Ni	Co	Fe	MgO	SiO₂	Al₂O₃	CaO	灼损
镁质硅酸盐型 Fe < 10% ~ 12% MgO = 25% ~ 40%	A	2.27	0.11	9.9	29.6	43.0	0.7	0.2	7.0
	A	2.32	0.05	10.3	23.7	46.3	0.8	0.1	10.3
	A	1.3		8.3	30.8	44.4	0.9		6
	A	0.98		8.8	33.7	44.1	1.0		5.9
褐铁矿型 MgO < 5% ~ 10% B₁: Fe > 30% ~ 40% B₂: Fe < 30% ~ 40%	B₁	1.33		34.5	2.1	17.6	13.2	4.3	9.5
	B₂	1.15		31.0	3.0	31.5	7.5	2.5	7.0
	C₁	2.7 ~ 3.2		14.1	23	37	2.2	0.3	11.3
	C₁	2.4	0.07	14.4	26.2	34.5	1.5	0.1	12.3
	C₁	1.56	0.04	16.1	26.7	33.7	2.9	0.1	9.1
	C₁	2.44	0.03	12.4	21.8	43.4	2.0	0.1	10
中间型 Fe = 12% ~ 25% C₁: MgO = 20% ~ 35% C₂: MgO = 10% ~ 25%	C₂	2.25	0.06	14.5	19.4	39.7	5.5	0.1	12.5
	C₂	2.6		21.2	11.5	35.5	3.2		10
	C₂	3.2	0.05	13.8	14.8	47.5	1.9		9.1
	C₂	2.7	0.05	13.2	17.4	45.9	1.8		9.6
	C₂	2.2	0.07	18.8	12.9	41.6	3.0		9.6
	C₂	2.5	0.15	17.0	18.5	39.0	3.8		10.7

表7-2 红土镍矿的分布、组成与提取技术

矿层	化学成分/%						提取工艺
	Ni	Co	Fe	Cr₂O₃	MgO	特点	
褐铁矿层	0.8 ~ 1.5	0.1 ~ 0.2	40 ~ 50	2 ~ 5	0.5 ~ 5	高铁低镁	湿法
过渡层	1.5 ~ 1.8	0.02 ~ 0.1	25 ~ 40	1 ~ 2	5 ~ 15		湿法或火法
腐殖土层	1.8 ~ 3	0.02 ~ 0.1	10 ~ 25	1 ~ 2	15 ~ 35	低铁高镁	火法

7.1.2 红土矿资源开发现状

7.1.2.1 含镍铁矿石的火法冶炼

硅酸盐型氧化镍矿的火法冶炼，首先要对已选别回采的矿石再次筛选或手选，以排除某些风化程度较低、品位较低的大块，以力求矿石品位保持一定水平和矿石的均一。经筛选除去的矿量往往很大。

氧化镍矿石中游离水与结合水的含量一般为20% ~ 30%，预干燥后，仍有20%的结合水，需经700℃以上煅烧或与预还原工艺结合加以除之。

电炉熔炼硅酸盐镁质矿石，因矿石中含有大量MgO，需要高达1500 ~

1600℃的熔炼温度，而且炉渣的腐蚀性很强，需要采取相应措施。

电炉熔炼氧化镍矿工艺，始于 20 世纪 50 年代初，埃尔克姆公司为新喀里多尼亚·多尼安博厂研究成功回转窑–电炉法生产镍铁，以取代鼓风机工艺，开创了火法冶炼工艺的新篇章，促进了氧化镍矿电炉熔炼的发展。据统计，采用回转窑–电炉工艺，氧化镍矿的火法冶炼实收率有很大提高。

火法工艺能耗高，金属回收率低。为了保证矿石处理的经济性，通常要求矿石达到一定品位，这是在开始熔炼前需对矿石进行筛选的重要原因。

A　镍铁工艺

在镍铁生产工艺中，首先将矿石破碎到 50～150mm，然后送干燥窑干燥到矿石既不黏结又不太粉化，再送煅烧回转窑，在 700℃ 温度下，干燥、预热和煅烧，产出焙砂；在焙砂加入电炉后，再加入 10～30mm 的挥发性煤，经过 1600℃ 的还原熔炼，产出粗镍铁合金；粗镍铁合金再经过吹炼产出成品镍铁合金。其生产工艺流程如图 7－1 所示。

采用该法生产镍铁合金的工厂主要有法国镍公司的新喀里多尼亚·多尼安博冶炼厂、哥伦比亚塞罗马托莎厂、日本住友公司的八户冶炼厂。产出的产品中镍的质量分数为 20%～30%，镍的回收率为 90%～95%。

B　镍硫工艺

镍硫生产工艺是在生产镍铁工艺中的 1500～1600℃ 熔炼过程中，加入硫黄，产出低镍硫，再通过转炉吹炼生产高镍硫，其工艺流程如图 7－2 所示。生产高

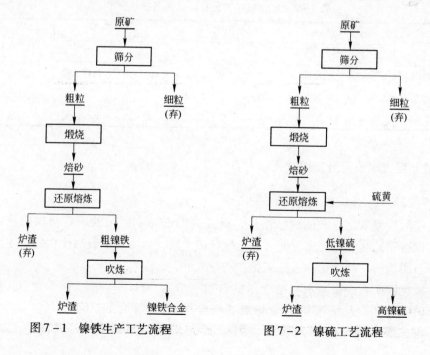

图 7－1　镍铁生产工艺流程　　　　图 7－2　镍硫工艺流程

镍硫的主要工厂有法国镍公司的新喀里多尼亚·多尼安博冶炼厂、印度尼西亚的苏拉威西·梭罗阿科冶炼厂。高镍硫产品一般镍的质量分数为79%、硫的质量分数为19.5%。全流程镍回收率约70%。

7.1.2.2　含镍铁矿石的湿法冶金

氧化镍矿的湿法冶炼有两种工艺。

A　还原焙烧氨浸法

传统的方法用于处理铁含量大于25%、镍含量较低的红土矿，流程一般为干燥—磨矿—选择性还原—碳氨浸出—分离钴—蒸氨得到碱式碳酸镍，煅烧成氧化镍。

B　加压酸浸法

用于处理低镁红土矿，以减少硫酸的消耗。原则流程是：湿矿浆化后，泵入浸出塔，在200~250℃条件下，与硫酸接触，使镍钴镁溶解，而铁则水解，固液分离后，在溶液中通过沉淀获得镍、钴的硫化物，精炼后分别得到金属镍与金属钴。

7.2　红土矿高炉法冶炼关键理论

红土矿属于复合铁矿，能否通过高炉冶炼一直是个问题。我国民营企业由于自身发展的需要，在开发高炉冶炼红土矿技术方面敢于尝试与付出，为镍冶金事业作出了巨大的贡献。20世纪90年代，浙江民营企业家就开始研究从阿尔巴尼亚进口到我国存放多年而未利用的红土矿，经过数年的艰苦奋斗，解决了用小高炉冶炼红土矿生产镍铁合金的技术难题。在此鼓舞下，诸多民营企业开始用小高炉生产镍铁合金，通过持续的技术进步，已将小高炉冶炼的容量从 $100m^3$ 提高到 $600m^3$，取得了可喜的进步。

作者与浙江华光冶炼集团有限公司就红土矿高炉法冶炼关键技术展开了合作，形成了红土矿高炉法冶炼镍铁合金基本理论与冶炼制度，促进了高炉法生产镍铁新技术发展。

7.2.1　合理造渣制度的选择

现代高炉炼铁的造渣制度由其富铁矿成分决定，大致以 $CaO\text{-}SiO_2$ 为主相，并通过调节 MgO 与 Al_2O_3 质量分数来得到熔化性温度与黏度适宜的渣系。高炉渣成分大致为 $CaO/SiO_2 = 1.0 \sim 1.2$、MgO 5%~10%、$Al_2O_3 < 15\%$。这4个主要成分的质量总和占到炉渣总质量的95%以上。以 $CaO\text{-}MgO\text{-}SiO_2$ 相图为例，其范围约在图7-3中 $CaSiO_3$ 的 A 区周围。

而红土矿由于成分的特殊性，特别是 MgO 含量较高，造渣制度难以遵循现代炼铁工艺的造渣制度，否则渣量将过大，能耗非常高。文献通过研究提出了新的造渣制度：将炉渣碱度 CaO/SiO$_2$ 控制在 0.6 ~ 0.8 左右、MgO 控制在 15% ~ 35%，相当于图 7 - 3 中的 B 区周围。这就最大程度地降低了造渣原料的使用，如石灰石、生石灰或白云石的使用，节约了原料成本，同时还尽可能地降低了渣量，从而有利于降低焦炭使用量，进一步降低镍铁合金冶炼成本。因此，造渣制度不能沿袭现代高炉炼铁的造渣制度，而应根据红土矿的成分特点重新研究造渣制度。

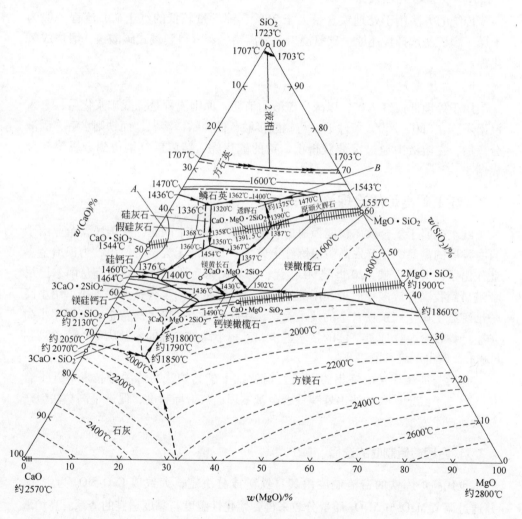

图 7 - 3 CaO-MgO-SiO$_2$ 三元炉渣相图

7.2.2 高炉下部的渣量剧增导致铁水温度变低

现代炼铁高炉，吨铁渣量约为 350kg，炉渣密度以 2.5g/cm^3 计算，吨铁炉渣体积约为 0.14m³, 1t 铁水的体积约为 0.14m³, 以等截面炉缸来说, 炉渣的高度与铁水的高度大约相等。而红土矿的冶炼渣量远远大于现代炼铁高炉的渣量, 以 1t 镍铁合金产生 2t 炉渣计算, 吨铁炉渣体积约为 0.8m³, 是液态镍铁合金的体积的 5~6 倍, 即炉缸内炉渣的高度远大于液态镍铁合金的高度。

高炉冶炼红土矿时的热量来自风口区焦炭（或与煤粉）的燃烧, 由于渣层太厚, 导致热量难以有效地传到炉缸下部, 引发铁水温度变低, 容易产生含镍铁水不易流出的难题。

小高炉由于炉缸小, 铁水温度的下降趋势较小, 从而利于流出液态镍铁合金。只要适当提高风口前的理论燃烧温度, 可以解决铁水流动性差的难题; 大高炉的炉缸大, 炉缸下部的铁水温度降低, 对冶炼镍铁合金不利, 也可以通过改造炉型来提高炉缸铁水温度, 措施之一是扩大炉缸炉渣区的截面积, 降低炉渣高度; 措施之二是提供风口区的鼓风动能与理论燃烧温度, 让从高炉上部的炉料经过风口区获得更多的物理热。

7.2.3 炉渣中含 Cr_2O_3 对炉渣流动性以及铁水温度的影响

红土矿的另一难点是含有一定质量的 Cr_2O_3, Cr_2O_3 熔点高, 并且黏度大, 本来红土矿高炉冶炼就存在渣量大、炉缸铁水温度低与铁水流动性差的问题, 由于 Cr_2O_3 的存在, 加剧了炉渣变稠, 不利于对流传热与传导传热, 从而导致炉缸铁水的温度更低, 进一步影响了铁水流动性。这也是高炉长期以来不敢冶炼红土矿的重要原因。

其解决办法大致有三种, 第一种是进一步改变高炉炉型, 这种方案试验成本非常高; 第二种方案是进一步提高理论燃烧温度, 来整体性提高炉渣与液态镍铁合金的温度; 第三种方案是消除 Cr_2O_3 的副作用。通过添加萤石来减缓 Cr_2O_3 的副作用, 并成功改善了铁水流动性。萤石是一种助熔剂, 同时也是还原反应的催化剂, 因此可以显著改善反应动力学条件, 让更多的 Cr_2O_3 及时被还原成金属铬溶于液态镍铁合金中, 消除了渣中 Cr_2O_3 的副作用, 从而避免了铁水温度下降导致铁水流动性变差问题, 其难点是如何掌握萤石添加量的尺度。加少了, 不易改善炉渣与液态镍铁合金的流动性; 加多了, 容易产生其他副作用, 如耐火材料严重侵蚀等问题。经研究表明, 可以根据红土矿中的铬含量大致确定萤石添加量, 红土矿中每含有 1% 的铬, 就大约添加 1% 的萤石。

7.2.4 高炉的软熔带位置发生变化

由于红土矿的特殊成分与造渣制度, 高炉冶炼的软熔带位置不同于现代炼铁工艺, 软熔带位置更可能偏上, 恶化上部炉料透气性。解决的办法是通过更多的焦炭来保证冶炼过程的透气性。现代高炉炼铁矿焦比在 4.6:1 左右, 而红土矿冶炼过程矿焦比降为 4 : 1，对于铁品位更低的红土矿，矿焦比甚至降低到 2.5 : 1。

7.2.5　高炉镍铁合金的产品标准与资源化问题

红土矿是一种复合铁矿，除了铁外，还含有镍、铬、钴等金属元素，在正常的高炉还原中，98% 的镍、钴将进入液态镍铁合金中，50% ~90% 左右的铬被还原进入镍铁合金中，同时，由于风口区温度较高，液态镍铁合金中还含有约 3% 的硅和约 3.5% 的碳。

实际上，镍铁合金中镍、铬、钴、铁均是冶炼不锈钢的重要原料，它的应用客观上减少了铬铁与铁的使用量，实际上也是一种资源高效化利用的方式。硅是高炉法冶炼红土矿生产镍铁合金的附属元素，这是焦比用量高与风口理论燃烧炉温高的具体表现。虽然在高炉冶炼过程消耗了一定热量，但在后续的冶炼过程，硅又是一个强发热剂，有助于后续工艺的正常进行。

7.2.6　含镍铁水能耗的高低问题

从现代炼铁工艺角度出发，红土矿冶炼镍铁合金的吨铁能耗是较高的，但是根据我国单位 GDP 的能耗来计算，高炉法冶炼红土矿的能耗是低于现代高炉炼铁的。

现代高炉的净能耗约为 420kg 标准煤，1t 铁水价格约为 2500 元，相当于 1680kg 标准煤/万元。

以冶炼 1t 8% 的镍铁合金计算，在不考虑尾气回收情况下能耗约为 1500kg 标准煤，而它的价格约为 12800 元，相当于 1170kg 标准煤/万元，若考虑尾气利用，单位能耗会更低。可见，认为高炉冶炼红土矿生产镍铁合金的单位能耗高于现代炼铁工艺的单位能耗是错误的，应该鼓励与大力发展高炉法冶炼红土矿等高附加值资源。

7.3　红土矿冶炼含镍钢

7.3.1　氧化镍还原热力学

以液态纯 NiO 为标准态。

$$(NiO) + [C] = [Ni] + CO \qquad \Delta G^{\ominus} = 87660 - 142.4T$$

$$(NiO) + 1/2[Si] = 1/2(SiO_2) + [Ni] \qquad \Delta G^{\ominus} = -179351 + 7.6T$$

$$(NiO) + [Fe] = (FeO) + [Ni] \qquad \Delta G^{\ominus} = -29380 - 41.5T$$

$$(NiO) + [Mn] = (MnO) + [Ni] \qquad \Delta G^{\ominus} = -152688 + 15.0T$$

$$(NiO) + 2/3[Al] = [Ni] + 1/3Al_2O_{3(s)} \qquad \Delta G^{\ominus} = -314648 + 37.5T$$

$$(NiO) + 1/3SiC = [Ni] + 1/3(SiO_2) + 1/3CO \qquad \Delta G^{\ominus} = -64377 - 86.94T$$

$$(NiO) + 1/3CaC_2 \Longrightarrow [Ni] + 1/3(CaO) + 2/3CO \quad \Delta G^{\ominus} = -34271 - 113.63T$$

从热力学状态图（图 7 - 4）可见，（NiO）很容易被还原，甚至用铁液就能将它还原成 [Ni]。

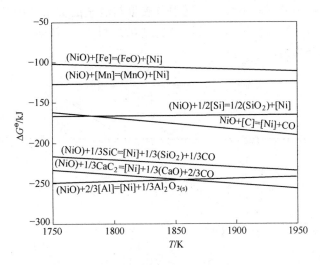

图 7 - 4　氧化镍与还原剂反应热力学状态图

7.3.2　氧化镍矿冶炼含镍钢的可行性分析

7.3.2.1　渣量计算

冶炼合金钢条件下，氧化镍矿中的氧化铁显然能够氧化合金元素。因此，计算过程中利用碳将氧化镍矿的镍和铁都还原出来，而 Cr_2O_3、MgO 和 SiO_2 保存在炉渣中。CoO 由于量比较少，计算时将它忽略。假定氧化镍的收得率为 100%，钢中目标镍含量为 $[\%Ni]_0$，则冶炼 1t 含镍钢，需要氧化镍矿（kg）：

$$10 \times [\%Ni]_0 / 3.2\%$$

炉渣中 Cr_2O_3 量（kg）为：

$$10 \times [\%Ni]_0 \times \frac{2.3\%}{3.2\%}$$

炉渣中 MgO 量（kg）为：

$$10 \times [\%Ni]_0 \times \frac{27.3\%}{3.2\%}$$

炉渣中 SiO_2 量（kg）为：

$$10 \times [\%Ni]_0 \times \frac{44.3\%}{3.2\%}$$

因此，氧化镍自带的渣量（kg）为：

$$10 \times [\%Ni]_0 \times \frac{2.3\% + 27.3\% + 44.3\%}{3.2\%}$$

7.3.2.2　渣量分析

在不调节炉渣碱度的条件下，钢中进镍量与渣量的关系如图 7 – 5 所示。用氧化镍矿只能冶炼微镍合金钢。进镍量超过 0.2% 以上，渣量就已经非常大，不适宜直接冶炼合金钢。

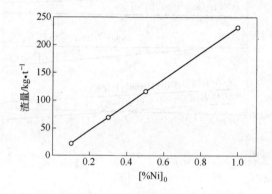

图 7 – 5　碳还原氧化镍矿时进镍量与渣量的关系

（还原剂为碳）

7.3.2.3　冶炼微镍合金钢路线

可采用与钒渣相近的路线：先将氧化镍矿和还原剂混好后放入钢包底部，等待转炉、普通功率电弧炉或超高功率电弧炉出钢时，利用钢液冲入钢包的巨大动能和热量，迅速使钢液和炉渣充分接触，然后转入炉外精炼炉中继续冶炼。还原剂应选择炭粉为主，若以硅铁、碳化硅为主还原剂，则渣量还将增加。由于镍铁或金属镍与氧化镍矿的价格差很大，用氧化镍矿冶炼微镍合金钢能够降低生产成本。

为了使氧化镍矿用于冶炼合金钢，必须先提高氧化镍矿中的镍品位，再将镍精矿加入冶炼炉内。

7.4　氧化镍矿低温还原与晶粒长大冶炼镍铁合金新技术

目前，能够促进渣铁分离的工艺属于高温工艺，如高炉冶炼红土矿或矿热炉法冶炼红土矿，均通过高温（1500 ~ 1700℃左右）来分离渣铁，这两种工艺或者使用焦炭冶炼，或者属于电冶金，能耗过高，项目经济性不高。

国外在使用转底炉还原铁矿时，使用高温 1450 ~ 1500℃来分离渣铁，并通过后续的破碎与磁选得到粒状生铁，在红土矿还原方面，日本人发明用回转窑高温熔炼将渣铁分离，这些工艺都属于高温冶炼，能耗较高、污染严重、对耐火材料要求严格、生产持续顺行困难。

作者提出了红土矿低温还原与晶粒长大生产镍铁合金技术，通过低温还原与晶粒长大技术，确保得到优质的镍铁合金。

7.4.1 红土矿低温还原理论基础

7.4.1.1 红土矿低温还原过程

红土矿还原过程的基本反应为：

$$NiO + C \Longrightarrow Ni + CO_{(g)} \qquad \Delta G^{\ominus} = 121470 - 173T \qquad t = 429℃$$

$$FeO + C \Longrightarrow Fe + CO_{(g)} \qquad \Delta G^{\ominus} = 151880 - 153T \qquad t = 720℃$$

$$Ni_2SiO_4 + 2C \Longrightarrow 2Ni + Si + 2CO_{2(g)} \qquad \Delta G^{\ominus} = 254680 - 352T \qquad t = 450℃$$

$$Fe_2SiO_4 + 2C \Longrightarrow 2Fe + SiO_2 + 2CO_{(g)} \qquad \Delta G^{\ominus} = 331480 - 330T \qquad t = 730℃$$

$$Cr_2O_3 + 3C \Longrightarrow 2Cr + 3CO_{(g)} \qquad \Delta G^{\ominus} = 781690 - 511T \qquad t = 1260℃$$

$$Cr_2O_3 + 3C + 2Fe \Longrightarrow 2CrFe + 3CO_{(g)} \qquad \Delta G^{\ominus} = 786914 - 585.76T \qquad t = 1070℃$$

$$SiO_2 + 2C \Longrightarrow [Si] + 2CO_{(g)} \qquad \Delta G^{\ominus} = 579513 - 365.87T \qquad t = 1240℃$$

从上述热力学分析可见，红土矿中主要物质铁、镍与铬在较低温度下就可以被还原出来。因此，红土矿中有价元素的提取实际上是个动力学问题，即工艺方法与参数的选择，以决定冶炼能耗与金属收得率。传统还原反应采用高温还原，新技术采用低温快速还原方式降低还原反应温度。研究表明，还原反应温度可以降低到1100℃。

7.4.1.2 镍铁合金熔化温度

用红土矿冶炼的镍铁合金，镍含量与矿成分相关，正常在4% ~ 10%之间，从图7 - 6可见，单纯镍铁合金的熔点较高，超过1500℃，在此温度下实现晶粒

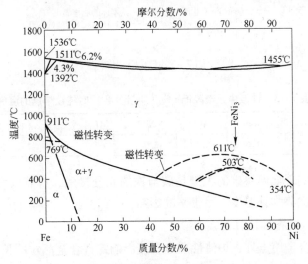

图7 - 6 Ni - Fe相图

长大是比较困难的。因此，应该利用降低熔点的元素来实现镍铁合金温度下降，碳是比较显著降熔点的元素，从图7-7可见，当碳质量分数为4.3%，生铁熔点仅为1150℃。另外，硅也能显著降低熔点。各种元素降低铁熔点的温度见表7-3。根据镍铁合金成分，镍铁合金的熔点仅在1100℃左右，其中主要降低熔点元素为碳。在实际冶炼过程中，铁是先还原出来的，然后出现渗碳，然而渗碳是比较难进行的，需要高温作为保证才能生产生铁。这也是目前各种生铁冶炼工艺均需要高温的重要原因。

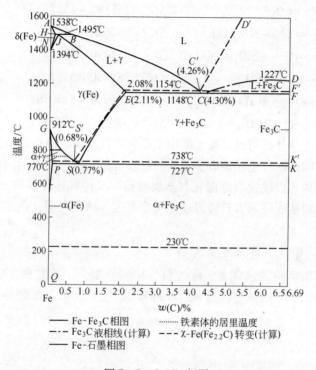

图7-7　C-Fe相图

表7-3　铁液中元素降低1%（质量分数）时纯铁熔点的温度　　　　（℃）

Al	C	Cr	Mn	Ni	O	P	Si	S
5.1	90	1.6	1.7	2.9	65	28	6.2	40

通过研究实现低温渗碳的关键是碳与铁的充分接触，有着较大的接触面积，利用表面积的优势弥补温度不足带来的影响。

7.4.1.3　炉渣熔化性温度

除了镍铁合金熔点外，炉渣性质也直接影响镍铁合金晶粒的长大。红土矿中炉渣成分以 SiO_2 为主，MgO 为辅，但是二元炉渣熔化性温度太高，对镍铁合金晶粒长大不利。通过添加 CaO，能够有效降低红土矿炉渣熔化性温度，从图 7-3 可见，存在熔化性温度在 1320~1400℃的炉渣成分区域，在辅助矿种的其他杂质氧化物，如 FeO、MnO、Al₂O₃ 等，完全能够得到熔化性温度在 1250℃左右的炉渣成分区域。炉渣与镍铁合金成分处于靠近熔化性温度区域，有利于镍铁晶粒长大以及炉渣分离。

7.4.2　试验过程与主要结果

浙江华光冶炼集团有限公司提供的红土镍矿原料属于典型的高硅、高镁、中铁的红土镍矿，可以得到 5%~10% 的镍铁合金。

从物相分析可见（见图 7-8），以一水赤铁矿 $Fe_2O_3 \cdot H_2O$、正硅酸镁 $(Mg, Fe)_2SiO_4$、硅酸镁 $MgSiO_3$、蛇纹石 $Mg_3Si_2O_5(OH)_4$ 等组成。红土镍矿原料含水量很高，总水量达原矿质量的 30%~40%。水分为物理水和结晶水，物理水大约为 15%~25%，结晶水大约为 10%~20%，来自一水赤铁矿和含水蛇纹石。红土矿原料由浙江华光冶炼集团有限公司提供，主要成分见表 7-4。试验成功得到粒状镍铁合金（见图 7-9）。这比常规得到镍铁合金所需的温度低 200~300℃。在此基础上，又研制了低温还原反应与晶粒长大器，在实验室进行了多次公斤级红土矿试验，取得了满意的结果。

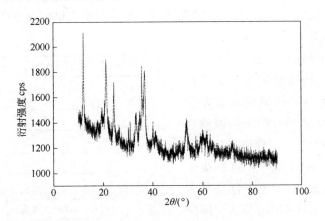

图 7-8　红土矿 X 射线衍射图

表 7-4　红土矿成分　　　　　　　（%）

TFe	Ni	SiO₂	Al₂O₃	CaO	MgO	MnO	S	P	Cr	烧损
20~25	1.5~2.0	20~30	约1.0	约0.2	15~20	约0.5	约0.02	约0.01	约0.2	30~40

7.4.3　工艺流程及预期特点

红土镍矿低温还原与晶粒长大生产镍铁工艺流程表述为：将红土镍矿、还原

图 7 - 9　镍铁产品

剂、黏结剂按照一定比例混合后，进行干燥，在低温还原反应器内将镍、铁、铬还原，然后在镍铁晶粒长大反应器中促使镍铁合金的晶粒长大到 5mm 以上，冷凝破碎后，经过简单磁选即可得到镍铁合金。经过理论与技术攻关，得到了红土镍矿低温还原与晶粒长大的工艺参数，为进行大规模的中试放大试验与生产奠定了基础。新工艺流程如图 7 - 10 所示。

新工艺的预期特点如下：

（1）省去烧结过程和购买昂贵焦炭。高炉法与矿热炉法均需要焦炭。冶炼 1t 含镍 10% 以上的镍铁合金，用小高炉冶炼，需要焦炭至少 2t 以上，有时达到 5t 水平，这取决于红土矿的具体成分。矿热炉法虽然主要用电，但也消耗 420kg 焦炭，同时还消耗价格更加昂贵的碳化硅作为还原剂，1t 消耗量在 90kg 左右。

低温还原方法不需要焦炭，还原剂根据具体情况选择，可选择便宜的碳质还原剂，如焦粉、木炭、煤粉等。

（2）无需高温熔炼、便于磁选。低温还原技术还原温度低，并利用铁

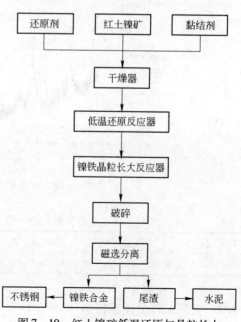

图 7 - 10　红土镍矿低温还原与晶粒长大
生产镍铁流程

作为形核载体，在晶粒长大反应器内促使形成一定粒度的镍铁合金，便于分离。省去高温熔分所造成的电能与耐火材料消耗。

（3）低温还原技术，得到含镍高的镍铁。低温还原技术，可以实现选择性还原，让镍尽可能还原，而铁仅部分还原，这样镍铁合金中镍含量高。对于高炉与矿热炉冶炼方式，由于温度高，几乎所有的镍与铁均被还原，因此镍铁合金中镍品位低。对于同种红土矿，新技术生产的镍铁合金比高炉法至少高出 1% ~ 2%，提高了镍铁价值，又降低了原燃料消耗。

（4）生产成本低。1t 矿加工成本仅 600 元（包括还原剂、电、添加剂、耐火材料与维修费消耗、人员管理费，不包括红土矿价、固定投资折旧），远低于目前的高炉法（1t 矿加工成本大于 1000 元）、矿热炉冶炼法（1t 矿加工成本大于 1000 元），具有显著的经济效益。

（5）环保、国家优先发展技术。新工艺的能源消耗远低于高炉法、矿热炉生产镍铁的能耗，CO_2 排放大幅度降低，属于典型的节能减排与资源高效利用新工艺，符合国家多项产业政策，属于优先鼓励开发项目。

7.4.4 中间放大试验

中间试验在低温还原与资源高效利用中试基地（以下简称中试基地）中进行。中试基地拥有 200kg 级放大试验配套设备，包括矿粉处理、混匀与压球处理、干燥、低温还原反应器、晶粒长大反应器、破碎与磁选分离等规模试验装置，并配套了化学分析设备，主要设备如图 7 – 11 ~ 图 7 – 15 所示。试验得到的镍铁合金成分与炉渣成分分别见表 7 – 5 和表 7 – 6。研究表明，在中试反应器规模下，可以稳定地还原红土矿得到镍铁合金。

图 7 – 11　矿石破碎设备　　图 7 – 12　级矿粉细磨设备　　图 7 – 13　干燥箱

图 7 - 14　压球设备　　　　　　　图 7 - 15　低温快速还原反应器

表 7 - 5　典型的镍铁合金成分　　　　　　　　　　　　（%）

C	Si	Mn	P	S	Ni	Cr	Mn
3.02	3.32	0.12	0.026	0.21	7.67	2.7	0.12

表 7 - 6　典型炉渣成分　　　　　　　　　　　　（%）

Cr	Ni	Fe	CaO	MgO	SiO$_2$
0.05	0.009	0.44	11.09	19.09	53.9

8　氧化钒高效利用理论与技术

钒是我国重要的战略资源，广泛应用于钢铁材料中。传统冶金路线通过工业 V_2O_5 生产钒铁合金，再将钒铁合金加入炼钢炉内实现钒的合金化。钒铁冶炼过程能耗高、污染严重，且钒的收得率偏低。作者研究氧化钒的直接合金化技术十余年，实现了用氧化钒直接冶炼高速钢。近几年，作者又开发了钒渣低温还原技术，直接得到钒铁合金，这种新技术又能进一步降低冶炼成本与能耗。本章将介绍作者在氧化钒直接合金化与低温还原生产钒铁合金新技术方面的理论与技术。

8.1　氧化钒的还原热力学

氧化钒矿目前以工业 V_2O_5 为主，其纯度达到98%左右。钒渣中的钒以三价为主（V_2O_3）。在炼钢温度下，V_2O_5 极易分解成 V_2O_3 或 VO。在热力学计算时，分别以液态纯 V_2O_3、液态纯 VO 为标准态。

8.1.1　V_2O_3 与 VO 还原热力学数据

V_2O_3 还原热力学数据如下：

$(V_2O_3) + 3[C] = 2[V] + 3CO$　　　　$\Delta G^{\ominus} = 751860 - 444.66T$

$(V_2O_3) + 3/2[Si] = 2[V] + 3/2(SiO_2)$　　　　$\Delta G^{\ominus} = -49173 + 5.15T$

$(V_2O_3) + 3[Fe] = 2[V] + 3(FeO)$　　　　$\Delta G^{\ominus} = 393300 - 167.69T$

$(V_2O_3) + 3[Mn] = 2[V] + 3(MnO)$　　　　$\Delta G^{\ominus} = 30816 + 27.51T$

$(V_2O_3) + 2[Al] = 2[V] + Al_2O_{3(s)}$　　　　$\Delta G^{\ominus} = -455064 + 95.06T$

$(V_2O_3) + SiC = 2[V] + (SiO_2) + CO$　　　　$\Delta G^{\ominus} = 295751 - 278.37T$

$(V_2O_3) + CaC_2 = 2[V] + (CaO) + 2CO$　　　　$\Delta G^{\ominus} = 386066 - 358.44T$

从图 8-1 可见，SiC、CaC_2、Al 的还原能力很强，C 和 Si 也能将渣中的 V_2O_3 还原出来，但效果明显差于 SiC、CaC_2 和 Al。而[Mn]在炼钢温度条件下不能还原 V_2O_3。

VO 的还原热力学数据如下：

$(VO) + [C] = [V] + CO$　　　　$\Delta G^{\ominus} = 267000 - 169.15T$

$(VO) + 1/2[Si] = 1/2(SiO_2) + [V]$　　　　$\Delta G^{\ominus} = -11 - 19.21T$

$(VO) + [Fe] = (FeO) + [V]$　　　　$\Delta G^{\ominus} = 149960 - 68.24T$

$(VO) + [Mn] = (MnO) + [V]$　　　　$\Delta G^{\ominus} = 26652 - 11.76T$

$$(VO) + 2/3[Al] \Longrightarrow [V] + 1/3Al_2O_{3(s)} \qquad \Delta G^{\ominus} = -135308 + 10.76T$$

$$(VO) + 1/3SiC \Longrightarrow [V] + 1/3(SiO_2) + 1/3CO \qquad \Delta G^{\ominus} = 114963 - 113.72T$$

$$(VO) + 1/3CaC_2 \Longrightarrow [V] + 1/3(CaO) + 2/3CO \qquad \Delta G^{\ominus} = 145069 - 140.41T$$

各种还原剂还原 VO 的规律与还原 V_2O_3 相似，在标准条件下，SiC、CaC_2、Al 的还原能力很强，C 和 Si 也能将渣中的 V_2O_3 还原出来；而[Mn]、[Fe]在炼钢温度条件下不能还原 VO。

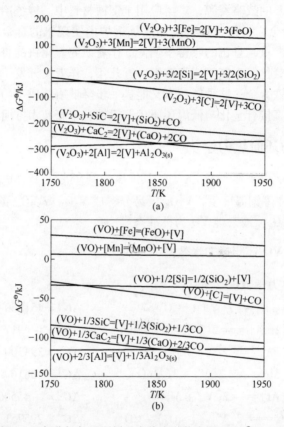

图 8-1　氧化钒与还原剂反应热力学状态图（$\Delta G^{\ominus} - T$ 图）

8.1.2　高温下氧化钒还原的实际自由能计算分析

含钒炉渣的活度计算见第二章相关内容。本节重点介绍高温下氧化钒的还原实际自由能的计算规律。

8.1.2.1　ΔG 和钒分配比 L_V

碳与 V_2O_3 发生的高温反应：

$$(V_2O_3) + 3[C] \Longrightarrow 2[V] + 3CO_{(g)} \qquad \Delta G^{\ominus} = 751860 - 444.66T$$

实际反应自由能为：

$$\Delta G = \Delta G^{\ominus} + RT \ln \frac{a_V^2 p_{CO}^3}{a_{V_2O_3} a_C^3 (p^{\ominus})^3} \qquad (8-1)$$

取 $p_{CO} = 1\text{atm}$（101.325kPa），则式（8-1）可以表示为：

$$\Delta G = \Delta G^{\ominus} + RT \ln \frac{a_V^2}{a_{V_2O_3} a_C^3} \qquad (8-2)$$

当反应达到平衡时，渣中和钢液中钒的分配比 L_V 由式（8-2）可得：

$$L_V = \frac{x_{V_2O_3}}{[\%V]^2} = \frac{f_V^2}{r_{V_2O_3} a_C^3} \exp\left(\frac{\Delta G^{\ominus}}{RT}\right)$$

同理可得硅和碳化硅在高温下与 V_2O_3 所发生还原反应的 ΔG 和钒分配比 L_V。

$$(V_2O_3) + 3/2[Si] = 3/2(SiO_2) + 2[V] \quad \Delta G^{\ominus} = -49173 + 5.15T$$

实际反应自由能为：

$$\Delta G = \Delta G^{\ominus} + RT \ln \frac{a_V^2 a_{SiO_2}^{3/2}}{a_{V_2O_3} a_{Si}^{3/2}} \qquad (8-3)$$

当反应达到平衡时，渣中和钢液中钒的分配比 L_V 由式（8-3）可得：

$$L_V = \frac{x_{V_2O_3}}{[\%V]^2} = \frac{f_V^2 a_{SiO_2}^{3/2}}{r_{V_2O_3} a_{Si}^{3/2}} \exp\left(\frac{\Delta G^{\ominus}}{RT}\right)$$

$$(V_2O_3) + SiC_{(s)} = 2[V] + (SiO_2) + CO_{(g)} \quad \Delta G^{\ominus} = 295751 - 278.37T$$

实际反应自由能为：

$$\Delta G = \Delta G^{\ominus} + RT \ln \frac{a_V^2 a_{SiO_2} p_{CO}}{a_{V_2O_3} a_{SiC} p^{\ominus}} \qquad (8-4)$$

取 $p_{CO} = 1\text{atm}$（101.325kPa），碳化硅的活度为 1，则式（8-4）可以表示为：

$$\Delta G = \Delta G^{\ominus} + RT \ln \frac{a_V^2 a_{SiO_2}}{a_{V_2O_3}} \qquad (8-5)$$

当反应达到平衡时，渣中和钢液中钒的分配比 L_V 由式（8-5）可得：

$$L_V = \frac{x_{V_2O_3}}{[\%V]^2} = \frac{f_V^2 a_{SiO_2}}{r_{V_2O_3}} \exp\left(\frac{\Delta G^{\ominus}}{RT}\right)$$

8.1.2.2 炉渣碱度对 V_2O_3 还原的影响

在不同还原剂的情况下改变碱度计算得到的自由能和渣钢间 V 分配比，如图 8-2 和图 8-3 所示。随着碱度的提高，SiC 和[Si]与 V_2O_3 反应的自由能下降，而[C]与 V_2O_3 反应的自由能没有明显变化趋势。SiC 和[Si]与 V_2O_3 反应时，渣钢间 V 的分配比随碱度的提高而下降，而[C]与 V_2O_3 反应的分配比变化不大。SiC 与 V_2O_3 反应的分配比 L_V 比[Si]相应的 L_V 小 3～5 个数量级，比[C]相应的 L_V 小 5～8 个数量级。由此可见，在高温下，SiC 比[Si]、[C]的反应性能强，

[C]的反应性能最弱。假设电弧炉还原期渣量为30kg/t钢，碳作还原剂时以分配比 L_V 为0.003计算，反应达平衡时渣中 V_2O_3 含量为3.1%，此时钒的最大收得率为96.9%，而用硅作还原剂时，只要碱度大于1.2就可以得到更高的收得率，因此，用硅作还原剂时钒的回收率高，用碳化硅作还原剂能获得更高的收得率。

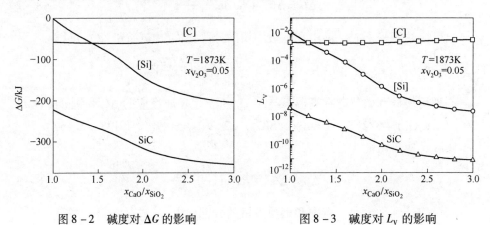

图8-2　碱度对 ΔG 的影响　　　　图8-3　碱度对 L_V 的影响

8.1.2.3　钢液成分对 V_2O_3 还原的影响

还原期钢液中[Si]、[C]含量对渣钢间 V 平衡分配比的影响如图8-4和图8-5所示。由图可见，[Si]和[C]与 V_2O_3 反应时渣钢间 V 的分配比随[Si]、[C]含量的提高而下降。实际反应过程中，[Si]、[C]随着反应的进行而逐渐下降，因此外加还原剂以保证钢中足够的[Si]、[C]含量是实现 V_2O_3 还原的必要条件。假设电弧炉还原期渣量为30kg/t钢，钢液中碳作还原剂时以分配比 L_V 为0.003计算，反应达平衡时渣中 V_2O_3 含量为3.1%，此时钒的最大收得率为96.9%，钢液中平衡碳含量为0.45%；而钢液中硅作还原剂时，L_V 为0.003很容易达到，不要求钢液中有足够高的平衡硅含量。

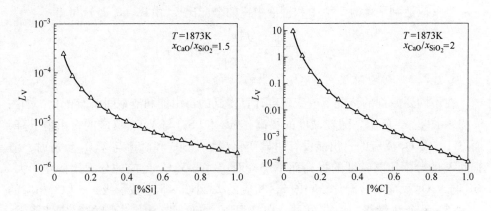

图8-4　[Si]含量对 L_V 的影响　　　　图8-5　[C]含量对 L_V 的影响

8.1.2.4　钒的氧化损失

在钒铁冶炼过程、钒铁加入炼钢炉中实现钒的合金化过程、用钒渣或 V_2O_5 直接冶炼含钒合金钢过程中，钒将存在于金属溶液和熔渣中，而挥发量很少，钒的收得率主要与渣中或钢液的氧势有关，主要反应为：

$$2[V] + 3(FeO) = (V_2O_3) + 3[Fe] \quad \Delta G^\ominus = -393300 + 167.69T$$

$$L_V = \frac{x_{V_2O_3}}{[\%V]^2} = \frac{f_V^2 a_{FeO}^3}{r_{V_2O_3}} \exp\left(\frac{-\Delta G^\ominus}{RT}\right)$$

钒的收得率（η）计算公式为：

$$\eta = \frac{10 \times [\%V]}{10 \times [\%V] + SL \times \dfrac{(\%V_2O_3)}{100}}$$

式中　$[\%V]$, $(\%V_2O_3)$——分别为金属熔体和熔渣中 V 与 V_2O_3 的质量分数；

SL——渣量，$kg \cdot t^{-1}$。

$x_{V_2O_3}$ 与（$\%V_2O_3$）可通过式（8-6）进行转换：

$$(\%V_2O_3) = \frac{x_{V_2O_3} M_{V_2O_3}}{\sum x_i M_i} \times 100\% \tag{8-6}$$

式中　x_i, M_i——分别为熔渣中 i 组分的摩尔分数及摩尔质量。

由上述分析可见，钒的收得率主要与冶炼钢种成分、炉渣成分和渣量有关。

冶炼钢种主要影响钢液中钒的活度系数，$[C]$、$[N]$、$[O]$ 等元素会降低钢液中钒的活度，而钒含量的提高则有助于钒的活度提高，因此，随着冶炼钢种含钒量的提高，对炉渣成分和渣量的要求也相应提高。

炉渣成分主要体现在渣中氧化铁的活度和 V_2O_3 的活度，其中，由于氧化铁的活度对 L_V（钒的分配比）的影响很大（成 3 次方关系），因此，如何控制炉渣氧势对提高钒的收得率至关重要。

渣量也是一个重要因素，特别是对用钒渣或氧化钒直接合金化工艺影响更大。

由于含钒钢种很多，在此仅以冶炼高速钢工艺来说明炉渣成分和渣量对钒收得率的影响。根据 W6Mo5Cr4V 高速钢的化学成分，可得出钢中钒的活度系数为 0.57。由此可计算出渣中 a_{FeO} 与 $x_{V_2O_3}$ 的平衡关系，如图 8-6 所示。

对于用钒铁冶炼高速钢工艺，不宜在装料时加入钒，可在电弧炉还原期或

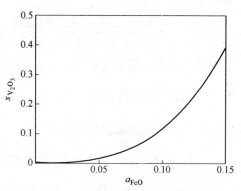

图 8-6　渣中氧化铁活度对渣中
V_2O_3 浓度的影响

炉外精炼炉加入钒铁，渣量一般为 30kg/t 钢左右。当 $a_{FeO} = 0.1$ 时，$x_{V_2O_5} = 0.11$，此时钒的收得率仅为 74% 左右，为了提高钒的收得率，必须降低渣的氧势。当 $a_{FeO} = 0.07$ 时，$x_{V_2O_5} = 0.04$，此时钒的收得率为 87% 左右；当将 a_{FeO} 降低到 0.05 时，$x_{V_2O_5} = 0.015$，此时钒的收得率为 94% 左右。进一步降低炉渣氧势或减少渣量，钒铁的收得率可达到 95% 以上。

用 V_2O_5 冶炼高速钢时，渣量一般为 40kg/t 钢左右。当 $a_{FeO} = 0.1$ 时，钒的收得率仅为 68% 左右；当 $a_{FeO} = 0.07$ 时，钒的收得率为 83% 左右；当将 a_{FeO} 降低到 0.05 时，钒的收得率为 92% 左右。由此可见，用工业纯 V_2O_5 直接实现钒的合金化，钒收得率低于加入钒铁进行合金化时的收得率；若想提高钒的收得率，就需要更加苛刻的冶炼条件。

由于钒渣中氧化钒的含量过低（见表 8 - 1），若用钒渣冶炼高速钢，是不现

表 8 - 1 钒渣化学成分 (%)

生产厂	V_2O_5	SiO_2	CaO	FeO	P_2O_5	TiO_2	MnO	Al_2O_3
攀钢	14.4	10.5	2.6	51.84	0.187	6.60	6.10	6.54
马钢	14.4	41.12	0.8	26.13	0.110	9.10	4.75	6.34

实的，因此只能用于冶炼微钒钢种。钒渣中含有大量杂质，会对钢的质量产生影响，因此，即使冶炼微钒钢种，人们也更愿意选择使用钒铁。

从钢厂的生产数据来看（图 8 - 7），配料时加入部分返回料，如果使用钨铁，则返回料中钒的收得率约为 80% 左右；而使用部分白钨矿时，收得率则降低到 30% 左右。

此外，当用白钨矿、氧化钼直接合金化时，钒也不宜在装料时加入，甚至铬也不宜在装料时加入。

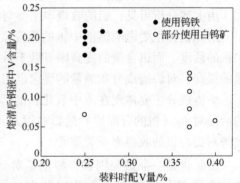

图 8 - 7 装料时配 V 量与熔清后 V 含量的关系

8.2 高温还原动力学

8.2.1 V_2O_3 还原动力学理论

在炼钢温度下，对于 V_2O_3 的还原应使用更强的还原剂，如硅铁或碳化硅等。

$$(V_2O_3) \xrightarrow[\text{扩散}]{\beta_s} (V_2O_3)^* \xrightarrow[\text{界面反应}]{k_\text{化}} [V]^* \xrightarrow[\text{扩散}]{\beta_m} [V]$$

高温下液 - 液反应迅速，界面化学反应不会成为限制性环节，利用准稳态原

理，可得的速率公式如下：

$$\bar{r} = -\frac{dc_{(V_2O_3)}}{d\tau} = \frac{c^*_{(V_2O_3)} - c_{[V]}/L}{\dfrac{1}{k_s} + \dfrac{1}{k'_m L}}$$

$$k_s = \beta_s \frac{A}{V_s}, \quad k'_m = \beta_m \frac{A}{V_m}$$

式中 $c_{(V_2O_3)}$，$c^*_{(V_2O_3)}$——分别为 V_2O_3 在渣中、反应界面上的浓度；

$\quad\quad\quad V_m$，V_s——分别为钢液和熔渣的体积；

$\quad\quad\quad A$——反应面积；

$\quad\quad\quad L$——在相界面上金属与金属氧化物浓度的分配比；

$\quad\quad\quad \beta_m$，β_s——分别为钢液及熔渣内的传质系数。

与氧化钨、氧化钼的还原过程相比，V_2O_3 的分配比较小，因此，式中保留了分配比 L 这一项。很显然，反应动力学过程速度与炉渣中 V_2O_3 的扩散系数、钢液中 V 的扩散系数等因素有关。改善反应的动力学条件将会有助于反应的进行，具体的动力学分析可参考氧化钨的还原过程。

8.2.2 还原试验

实验在功率为 15kW 的碳管炉中进行，使用工业 V_2O_5 作为氧化钒的原料，其纯度达到 98% 以上。还原剂为 75% 硅铁、分析纯炭粉和碳化硅。先将一定量工业纯铁放入 MgO 坩埚中，然后放入通氩气保护的碳管炉恒温区，再通电将碳管炉加热到 1600℃，待工业纯铁完全熔化后，将一定量工业 V_2O_5 和还原剂加入钢液上方，还原 30min 后，断电冷却后，分析炉渣成分与钢锭钒含量。V_2O_5 还原方案与结果见表 8-2。

表 8-2 V_2O_5 还原方案与结果

炉次	工业纯铁/g	V_2O_5/g	炭粉/g	硅铁/g	碳化硅/g	目标钒含量/%	实际钒含量/%	钒的收得率/%
1	232.4	8.3	2.9			1.68		84
2	255.7	9.1		4.7		2	1.74	87
3	240.6	8.6			4.8	2	1.82	91
4	225.1	4.0			2.3	1	0.94	94
5	250.4	2.3		1.3	0.5	0.5	0.48	98
6[①]	243.5	8.7	3.0			2	1.83	91.5

① 将氧化钒和还原剂加入钢液后，每隔 10min 用石英棒搅拌 2 次。

8.2.2.1 还原剂种类对氧化钒收得率的影响

实验结果表明（见图 8-8），炭粉的还原能力较差，而碳化硅的还原能力较强，这与热力学分析是统一的，由于氧化钒和还原剂是后加入钢液中的，只能通过钢渣界面进行反应和物质的扩散，因此，反应速度较慢。

8.2.2.2　V_2O_5加入量对氧化钒收得率的影响

从图8-9可见，将钢中的进钒量从0.5%逐步提高到2%，氧化钒的收得率逐步下降，这是因为钢中含钒量越高，还原量也加大；同时，碳化硅与氧化钒的产物钒扩散到钢液内的量也加大。

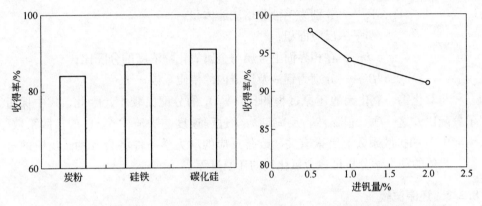

图8-8　不同还原剂对收得率的影响　　　图8-9　不同进钒量对收得率的影响

（还原剂为碳化硅）

8.2.2.3　搅拌条件对氧化钒收得率的影响

从上述实验和分析可知，仅靠扩散反应进行的速度是比较缓慢的，因此适当添加搅拌，让钢渣充分接触，有助于反应的进行。从图8-10可见，搅拌后，氧化钒的收得率明显提高。因此，只要添加搅拌，即使还原能力较弱的炭粉，也能取得较高的收得率。

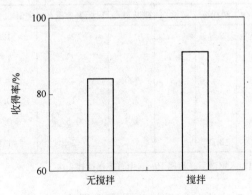

图8-10　搅拌对氧化钒收得率的影响

（还原剂为炭粉）

8.3　氧化钒冶炼合金钢过程的渣量计算

8.3.1　以工业 V_2O_5 为原料

若以炭粉作还原剂，它将与 V_2O_5 生成 V 和 CO，因此并不产生新渣量。但是若以硅铁或碳化硅为还原剂，反应过程中将产生 SiO_2，在考虑到炉渣碱度，应会产生一定量的炉渣。

8.3.1.1　以硅铁为还原剂

硅铁与氧化钒的反应式简化成：

$$5/2Si + V_2O_5 \Longrightarrow 2V + 5/2SiO_2$$

假定 1t 钢液的目标钒含量为 $[\%V]_0$，钒的收得率为 η，V_2O_5 的纯度为 99%，炉渣碱度为 R。则冶炼 1t 钢需要 V_2O_5 的质量（kg）为：

$$10 \times \frac{[\%V]_0}{\eta} \times \frac{181.88}{101.88} \times \frac{1}{99\%}$$

产生的 SiO_2 质量（kg）为：

$$10 \times [\%V]_0 \times \frac{150}{101.88}$$

需补加 CaO 质量（kg）为：

$$10 \times [\%V]_0 \times \frac{150}{101.88} \times R$$

总渣质量（kg）为：

$$10 \times [\%V]_0 \times \frac{150}{101.88} \times (1 + R)$$

从图 8 - 11（a）可见，当钢中的进钒量低于 1% 时，渣量可低于 30kg/t 钢，

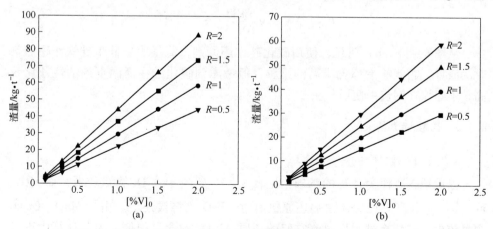

图 8 - 11　渣量随进钒量的变化
（a）还原剂为硅铁；（b）还原剂为碳化硅

属于正常冶炼范围。当钢中的进钒量高于1%时，渣量高于30kg/t钢，特别是在较高的碱度条件下，渣量可达到70～80kg/t钢，使电炉还原期操作困难。因此，若使用硅铁作还原剂，钢中的进钒量最好不要超过1%。当冶炼微合金钢时，可直接将硅铁和工业V_2O_5放在钢包底部，当转炉或电炉出钢时，利于钢液的冲击力，使渣金充分混匀，实现快速还原。然后在炉外精炼炉稍作调整，即可实现钒的合金化，这样既快捷又不耽误炼钢操作。注意，这种方法不适宜使用碳作还原剂，因为碳热法需要吸收热量，会降低钢液的温度。另外，这种方法也不适用于含钒量较高的钢种，因为，大量冷态的炉料将会显著降低钢液温度，破坏炼钢生产的连续性。

8.3.1.2　以碳化硅为还原剂

碳化硅与氧化钒的反应式简化成：

$$5/3SiC + V_2O_5 \rightleftharpoons 2V + 5/3SiO_2 + 5/3CO$$

假定1t钢液的目标钒含量为$[\%V]_0$，钒的收得率为η，V_2O_5的纯度为99%，炉渣碱度为R。则冶炼1t钢需要V_2O_5的质量（kg）为：

$$10 \times \frac{[\%V]_0}{\eta} \times \frac{181.88}{101.88} \times \frac{1}{99\%}$$

产生的SiO_2质量（kg）为：

$$10 \times [\%V]_0 \times \frac{100}{101.88}$$

需补加CaO质量（kg）为：

$$10 \times [\%V]_0 \times \frac{100}{101.88} \times R$$

总渣质量（kg）为：

$$10 \times [\%V]_0 \times \frac{100}{101.88} \times (1 + R)$$

从图8-11（b）可见，使用碳化硅作还原剂，渣量明显低于硅铁作还原剂时的渣量，它能够冶炼含钒高的钢种，但考虑到碳化硅在高温下的活性才比较高，不建议在钢包中使用。

8.3.2　以钒渣为原料

8.3.2.1　钒渣中渣量计算

以承德钒渣作为计算的基础，见表8-3。钒渣中V_2O_5含量较低，而SiO_2、FeO等含量较高。在用还原剂还原钒渣时，FeO也将被还原。由于MnO、Cr_2O_3含量较少，在计算过程将忽略它们的还原。P_2O_5的含量很低，因此计算中不考虑P_2O_5。

表 8 - 3 承德钒渣成分 （%）

V_2O_5	SiO_2	CaO	FeO	P_2O_5	TiO_2	MnO	Cr_2O_3
17.8	23.7	0.4	37.9	0.037	9.7	3.2	1.8

假定 1t 钢液的目标钒含量为 $[\%V]_0$，钒的收得率为 η，炉渣碱度为 R。则冶炼 1t 钢需要钒渣的量（kg）为：

$$10 \times \frac{[\%V]_0}{\eta} \times \frac{181.88}{101.88} \times \frac{1}{17.8\%}$$

钒渣中 SiO_2 的量（kg）为：

$$10 \times \frac{[\%V]_0}{\eta} \times \frac{181.88}{101.88} \times \frac{1}{17.8\%} \times 23.7\%$$

钒渣中 CaO 的量（kg）为：

$$10 \times \frac{[\%V]_0}{\eta} \times \frac{181.88}{101.88} \times \frac{1}{17.8\%} \times 0.4\%$$

钒渣中 FeO 的量（kg）为：

$$10 \times \frac{[\%V]_0}{\eta} \times \frac{181.88}{101.88} \times \frac{1}{17.8\%} \times 37.9\%$$

钒渣中 TiO_2 的量（kg）为：

$$10 \times \frac{[\%V]_0}{\eta} \times \frac{181.88}{101.88} \times \frac{1}{17.8\%} \times 9.7\%$$

钒渣中 MnO 的量（kg）为：

$$10 \times \frac{[\%V]_0}{\eta} \times \frac{181.88}{101.88} \times \frac{1}{17.8\%} \times 3.2\%$$

钒渣中 Cr_2O_3 的量（kg）为：

$$10 \times \frac{[\%V]_0}{\eta} \times \frac{181.88}{101.88} \times \frac{1}{17.8\%} \times 1.8\%$$

8.3.2.2 以碳作为还原剂

以碳作为还原剂时，V_2O_5、FeO 的还原并不新增加渣量。此时，钒渣中自带的渣量为 SiO_2、CaO、TiO_2、MnO 和 Cr_2O_3 之和。如果考虑炉渣碱度，还应补加渣量。由于钒渣中 CaO 很低，因此，总渣量的表达式为：

$$10 \times \frac{[\%V]_0}{\eta} \times \frac{181.88}{101.88} \times \frac{1}{17.8\%} \times [23.7\% \times (1+R) + 9.7\% + 3.2\% + 1.8\%]$$

令钒渣的收得率为 90%，钢液的进钒量与渣量的关系如图 8 - 12 所示。随着进钒量的增加，渣量提高，炉渣碱度越高，渣量也越大。以碳作还原剂时，进钒量以低于 0.5% 为宜，因为太高的进钒量，钒渣加入量大，已不适合在钢包中加入（降低钢液温度幅度大），只能在电炉还原期加入，但由于动力学条件不好，钒渣的收得率较低。

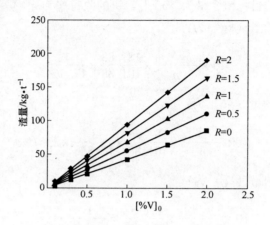

图 8-12　碳还原钒渣时渣量随 $[\%V]_0$ 的变化

8.3.2.3　以硅铁作为还原剂

以硅铁作为还原剂时，V_2O_5、FeO 的还原将产生 SiO_2 而增加渣量。

与 V_2O_5 反应产生的 $SiO_2(kg)$ 量为：

$$10 \times [\%V]_0 \times \frac{150}{101.88}$$

与 FeO 反应产生的 SiO_2 量（kg）为：

$$10 \times \frac{[\%V]_0}{\eta} \times \frac{181.88}{101.88} \times \frac{1}{17.8\%} \times 37.9\% \times \frac{30}{72}$$

因此，炉渣中的总 SiO_2 为钒渣、还原 V_2O_5 和还原 FeO 所产生的 SiO_2 之和。考虑到炉渣的碱度，则 $CaO + SiO_2$ 总量为：

$$\left[10 \times \frac{[\%V]_0}{\eta} \times \frac{181.88}{101.88} \times \frac{1}{17.8\%} \times \left(23.7\% + 37.9\% \times \frac{30}{72} \right) + \right.$$

$$\left. 10 \times [\%V]_0 \times \frac{150}{101.88} \right] \times (1 + R)$$

另外，钒渣中自带的渣量还有 CaO、TiO_2、MnO 和 Cr_2O_3 之和。令钒的收得率为 90%，则总渣量与进钒量、炉渣碱度的关系如图 8-13 所示。可见，使用硅铁作还原剂，渣量明显高于用碳作还原剂时的渣量。对于在钢包中实现合金化，进钒量的上限为0.3%较为适宜，并且不调碱度，等钢液的钒含量基本满足要求时，再扒除部分炉渣，以供炉外精炼操作。当在电弧炉还原期加入钒渣和硅铁时，进钒量的上限应控制在0.5%为宜。过高的炉渣，将使操作变得相当困难，同时也会降低钒渣的收得率。

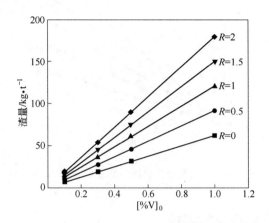

图8－13　硅铁还原钒渣时渣量随[％V]₀的变化

8.3.2.4　以碳化硅作为还原剂

以碳化硅作为还原剂时，V_2O_5、FeO 的还原将产生 SiO_2 而增加渣量。

与 V_2O_5 反应产生的 SiO_2 量（kg）为：

$$10 \times [\%V]_0 \times \frac{100}{101.88}$$

与 FeO 反应产生的 SiO_2 量（kg）为：

$$10 \times \frac{[\%V]_0}{\eta} \times \frac{181.88}{101.88} \times \frac{1}{17.8\%} \times 37.9\% \times \frac{20}{72}$$

因此，炉渣中的总 SiO_2 为钒渣、还原 V_2O_5 和还原 FeO 所产生的 SiO_2 之和。考虑到炉渣的碱度，则 $CaO + SiO_2$ 总量为：

$$\left[10 \times \frac{[\%V]_0}{\eta} \times \frac{181.88}{101.88} \times \frac{1}{17.8\%} \times \left(23.7\% + 37.9\% \times \frac{20}{72} \right) + \right.$$

$$\left. 10 \times [\%V]_0 \times \frac{100}{101.88} \right] \times (1 + R)$$

另外，钒渣中自带的渣量还有 CaO、TiO_2、MnO 和 Cr_2O_3 之和。令钒的收得率为90%，则总渣量与进钒量、炉渣碱度的关系如图8－14所示。使用碳化硅作还原剂，渣量低于硅铁作还原剂时的渣量。对于在电弧炉还原期加入钒渣，钢液的进钒量以低于 0.7% 为宜。

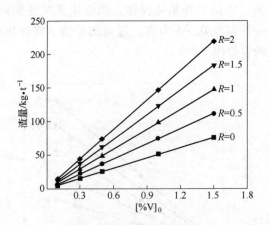

图 8 - 14　碳化硅还原钒渣时渣量随 $[\%V]_0$ 的变化

8.4　钒氧化物冶炼合金钢路线

前面进行了使用钒氧化物的还原实验和渣量计算，下面再继续分析使用钒氧化物冶炼合金钢的冶炼路线。

8.4.1　用工业 V_2O_5 冶炼微钒合金钢

当用工业 V_2O_5 冶炼微钒合金钢，最好的冶炼工艺流程为：先将工业 V_2O_5 和还原剂混好后放入钢包底部，等待转炉、普通功率电弧炉或超高功率电弧炉出钢时，利用钢液冲入钢包的巨大动能和热量，迅速使钢液和炉渣充分接触（极大改善了合金化的动力学条件），然后转入炉外精炼炉中继续冶炼。还原剂可使用硅铁，由于冶炼微钒合金钢，仅生成少量 SiO_2，而其他杂质几乎没有，此种路线并不影响正常的炼钢操作和钢种的质量。当然，冶炼微钒合金钢，也可在电弧炉还原期进行，由于钒量低，不会明显影响电弧炉还原期的操作。

8.4.2　用工业 V_2O_5 冶炼高钒钢

冶炼高钒钢时，如高速工具钢，钢中钒含量约为 2%，最好选择在电弧炉还原期加入。由于渣量较大，可考虑分若干批将工业 V_2O_5 和还原剂加入电弧炉内。还原剂应以碳化硅为主，并配加少量硅铁。还原末期，还可使用少量金属铝进行强制脱氧，以降低钢中的氧含量和提高氧化钒的收得率。由于合金化量大，还原期动力学条件也不理想，因此，还原期时间将会比正常的冶炼操作时间约长 20 ~ 40min，取决于钒的合金化量和操作熟练程度。因此，对于追求高产量时，这种方法显然不太适宜；当然，若市场波动，并不追求高产量时，使用这种路线会明显降低钢种的生成成本。

V_2O_5 是不适宜在装料时或在电炉熔化期加入的。这是因为,电弧炉操作前期氧势高,不利于氧化钒的还原。

8.4.3 用钒渣冶炼微钒合金钢

从上述渣量计算的结果可知,使用钒渣冶炼合金钢,适宜冶炼微钒合金钢。其方法与用工业 V_2O_5 冶炼微钒合金钢相似。先将钒渣和还原剂混好然后放入钢包底部,等待转炉、普通功率电弧炉或超高功率电弧炉出钢时,利用钢液冲入钢包的巨大动能和热量,迅速使钢液和炉渣充分接触(极大改善了合金化的动力学条件),然后转入炉外精炼炉中继续冶炼。由于钒渣中存在大量氧化物,对冶炼洁净钢不利。因此,不建议使用钒渣冶炼微钒合金钢,当然对于钢种质量要求不高的,也可以使用钒渣,这样可以降低钢种生成成本。

8.5 氧化钒还原新技术

8.5.1 V_2O_5 高效利用新技术

从动力学一章可以知道用碳还原氧化钒的速度是相当缓慢的,甚至在1400℃条件下,反应的速度依然很慢。将 0.104mm(150 目)左右的粉体,磨细到小于 $40\mu m$ 以下,反应发生突变。如图 8-15 所示,当温度高于200℃时,反应已开始缓慢进行,发生 V^{5+} 到 V^{4+} 的转变;当温度升高至660℃时,反应激烈,760℃左右,V^{5+} 到 V^{4+} 的转变结束;780℃左右时,发生 V^{4+} 向 V^{3+} 的转变,880℃完成 V^{4+} 向 V^{3+} 的转变,仅用时 10min;高于900℃时,开始发生 V^{3+} 向 V^{2+} 至金属态转变,图中 V^{3+} 向 V^{2+} 至金属态转变的分界并不明显,因此统称 V^{3+} 向金属态转变,至1400℃时,钒的总还原率已达到85%。因此,利用细化粉体技术,就可实现在1200～1400℃快速还原氧化钒。此法可解决在此温度区间碳化钒生成速度过慢的问题。

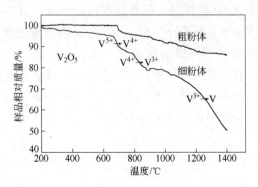

图 8-15 不同粉体粒度氧化钒还原的热重曲线

(升温速度为 $10℃ \cdot min^{-1}$)

在碳过量的条件下，金属钒能与碳发生碳化反应：$V + C = VC$；若反应是在氮气氛下进行的，还能发生氮化反应：$2V + N_2 = 2VN$。随着粉体粒度降低，阻碍碳化反应进行的扩散层厚度明显变小，因而碳化速度显著加快；对于氮化反应，也有相似的规律。

因此，氧化钒的应用路线分为三种：第一种以实现钒的合金化为目的，以金属钒为主和少量碳、氮化钒组成的混合物；第二种以生成 VC 为主；第三种以生成氮化钒为主。三种工艺的流程图如图 8-16 所示。应根据产物不同确定适宜的反应器装置和具体的工艺参数。

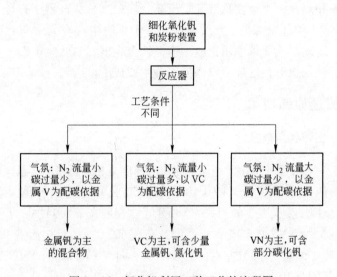

图 8-16　氧化钒利用三种工艺的流程图

8.5.2　钒渣高效利用新技术

钒渣是制备工业 V_2O_5 的原料，制备过程污染严重，成本高。虽然也有研究使用钒渣在矿热炉内冶炼钒铁合金，但是钒渣中脉石含量太高，导致冶炼过程能耗高。钒渣直接冶炼含钒钢可以冶炼微钒、低钒合金钢，但是合金化过程渣量大，钒渣中的磷含量有可能对钢质量产生不利影响。作者在开发的低温还原技术上提出了钒渣低温还原制备钒铁技术，其流程如图 8-17 所示，首先将钒渣与还原剂混合造块，然后在低温还原反应器中还原形成钒铁合金。

图 8-17　钒渣低温还原新技术

在低温还原条件下，钒渣中的 V_2O_5 很容易与碳或硅反应生成 V_2O_3，V_2O_3 在固态条件下与硅、碳的反应如下：

$$V_2O_3 + 1.5Si = 2V + 1.5SiO_2 \qquad \Delta G^{\ominus} = -155500 + 11.7T$$

$$V_2O_3 + 5C = 2VC + 3CO_{(g)} \qquad \Delta G^{\ominus} = 641787 - 476.5T$$

从图 8-18 可见，硅在低温下极易与 V_2O_3 反应，形成金属钒或硅钒合金，碳还原 V_2O_3 的温度要超过1350K，氧化铁是容易还原的，当温度超过1300℃，VC、Fe、Si 等元素要形成低熔点的钒铁合金。保证冶炼温度低于1400℃，使炉渣与钒铁合金顺利分离。

不少钒渣中磷含量较高，在熔态条件下，磷极易进入钒铁合金内。为了便于磷的脱除，作者提出固态酸性渣气化脱磷方式，可在低温还原过程中将钒渣中的磷以气体形式脱除。酸性渣气化脱磷反应如下：

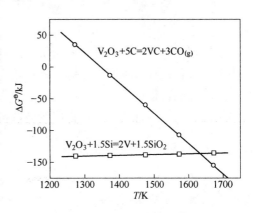

图 8-18 钒的低温还原

$$Ca_3(PO_4)_2 + 5C + 3SiO_2 = 3CaSiO_3 + 5CO_{(g)} + P_{2(g)} \qquad \Delta G^{\ominus} = 1442510 - 980T$$

$$2Ca_3(PO_4)_2 + 5Si + SiO_2 = 6CaSiO_3 + 2P_{2(g)} \qquad \Delta G^{\ominus} = -437410 - 270.7T$$

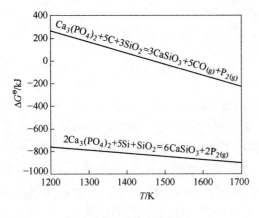

图 8-19 气化脱磷反应

从图 8-19 可见，硅很容易实现钒渣中磷的气化，碳在大于1200℃条件下，也能实现钒渣中磷的气化。

采用低温还原钒渣生产钒铁合金的优势为：

（1）显著降低了钒渣的冶炼温度，有利于节能减排；

（2）有利于钒渣中磷的去除，可得到合格的钒铁合金产品；

（3）冶炼成本降低，显著提高了钒渣的附加值。

9　含钛铁矿高效利用理论与技术

钒钛磁铁矿和钛铁矿是重要的钒、钛资源，属于复合难选铁矿。目前的冶炼方法造成钒、钛资源利用率偏低，能耗较高。作者经过多年研究，开发了低温冶金方式冶炼钒钛磁铁矿和钛铁矿，能够提高钒、钛资源的利用率，并能降低冶炼成本和能耗。本章将介绍作者在此领域取得的研究成果。

9.1　含钛铁矿利用现状分析

含钛铁矿主要为两种，一种矿铁高、钛低，一种矿钛高、铁低，前者往往含有少量的钒，又称钒钛磁铁矿（见表9-1），后者称为钛铁矿（见表9-2）。

表9-1　钒钛磁铁矿的典型化学成分　　　　　　　　（质量分数，%）

TFe	FeO	SiO_2	CaO	MgO	Al_2O_3	V_2O_5	TiO_2	S	P
52.8	30	3.9	1.5	3.0	4.6	0.56	12.9	0.64	0.012

表9-2　钛铁矿粉的典型化学成分　　　　　　　　（质量分数，%）

TiO_2	TFe	FeO	Fe_2O_3	MgO
44.76	30.92	34.68	5.38	5.20

9.1.1　钒钛磁铁矿

对于钒钛磁铁矿的冶炼，成熟的工艺为高炉法，我国冶金工作者经过几十年的奋斗，将国外专家俗称的"死矿"成功利用，目前已能较好地利用矿中的铁与钒资源，但是由于冶炼的难度大，牺牲了钒钛磁铁矿中的钛资源。目前，高炉渣中的 TiO_2 含量一般只有20%左右，远低于钛铁矿中的 TiO_2 含量，在可预见的数十年，高炉渣中的 TiO_2 都将比较难以利用。国内外自20世纪开始研究钒钛磁铁矿的预还原+电炉熔分方式，其中预还原的方式包括回转窑还原法、竖炉还原法、转底炉还原法等。回转窑还原法的优点是预还原率较高，但产能较低，同时回转窑易结圈，影响生产的作业率。竖炉还原法适用于天然气资源比较丰富且价格相对低廉的地方，我国的天然气资源匮乏，价格高，不宜直接转换用于铁矿的还原，虽然不少研究者提出了煤制气以替代天然气重整的富氢还原气体，但是成分相差甚远，反应速度与其他规律差距很大，并不是简单的还原气体替代。煤制气的工艺决定了很难得到低 CO_2、低 H_2O 的高温富氢还原气体，必须经过降温、分离水、特别是 CO_2 等工序再重新加热。钒钛磁铁矿冶炼过程的利润是较低的，额外的多道工序只能增加能耗与成本，从而使得竖炉还原法＋电炉熔分难以具有竞争力。转底炉是最近几年用于钒钛磁铁矿的预还原，但是转底炉的特殊气氛，难以得到金属化率高的金属化球团，使电炉的冶炼能耗与成本增加，特别是对电炉耐火材料的侵蚀，难以使得工艺连续顺行。因此可见，在我国，目前的各种预还原＋电炉熔分方式冶炼钒钛磁铁矿是比较困难的，还难以与高炉法竞争。

9.1.2　钛铁矿

目前，世界上90%以上的钛铁矿用于生产钛白，约4%～5%的钛矿用于生产金属钛，其余钛矿用于制造电焊条、合金、碳化物、陶瓷、玻璃和化学品等。我国的钛资源储量非常丰富，但主要是钛铁矿，金红石矿甚少。我国钛矿主要由广东、广西、海南、云南和四川攀枝花开采生产，主要产品是钛铁矿精矿，也有少量的金红石精矿。由于钛铁矿精矿的品位较低，通常经过富集处理获得高品位的富钛料——高钛渣或人造金红石，才能进行下一步的处理。

电炉熔炼法是一种成熟的方法，工艺比较简单，副产品金属铁可以直接利用，电炉煤气可以回收利用，三废较少，工厂占地面积小，是一种比较高效的冶炼方法。电炉熔炼法可得到 TiO_2 含量为80%左右的高钛渣，作为下一步处理（如酸浸法或氯化法）的原料。

由于电炉熔炼法属于高温冶金，能耗高是其固有的特点，生产1t高钛渣，大约需要3000kW·h的电能，而实际上将铁从钛铁矿中还原出来所需的化学能量仅为500kW·h左右，即能量的有效利用率仅为17%左右，非常低；其次，电炉熔炼法使用冶金焦或石油焦作还原剂，也存在一定的环境污染。

9.2　低温还原钛铁矿生产钛渣的新工艺理论与技术

9.2.1　钛铁矿还原热力学研究

钛铁矿中主物相是 $FeTiO_3$，伴有少量 Fe_3O_4、SiO_2、MgO、CaO 等物相。还原的目标是将矿中的氧化铁还原成金属铁再分离。

碳与 $FeTiO_3$ 的主要反应为：

$$FeTiO_3 + C =\!=\!= Fe + TiO_2 + CO \qquad \Delta G^\ominus = 181454 - 167.35T$$

实际上 $FeTiO_3$ 的直接还原是通过间接还原实现的（见图9-1）：

$$CO + FeTiO_3 =\!=\!= Fe + TiO_2 + CO_2 \qquad \Delta G^\ominus = 9324 + 10.1T$$

$$C + CO_2 =\!=\!= 2CO \qquad \Delta G^\ominus = 172130 - 177.46T$$

从图9-2可见，碳的气化反应（$C + CO_2 =\!=\!= 2CO$）与 $FeTiO_3$ 间接还原曲线

的交点为 A，温度大约为 800℃，表明在 800℃ 以上碳在热力学上是能够还原 $FeTiO_3$ 的。

钛铁矿中的磁铁矿 Fe_3O_4 相对比较容易还原，一般遵循逐步还原原理，即先从 Fe_3O_4 还原到 FeO，然后从 FeO 还原到金属铁，比较难还原的阶段是从 FeO 到金属铁，其与碳的反应式如下：

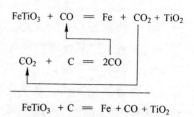

图 9 − 1 $FeTiO_3$ 直接还原分解

$$FeO + C \rightleftharpoons Fe + CO \quad \Delta G^\ominus = 147904 - 150.2T$$

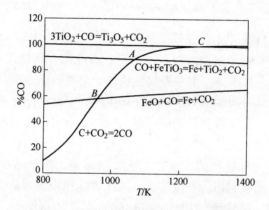

图 9 − 2 FeO、$FeTiO_3$ 间接还原平衡曲线

此反应也可表述成间接还原组成（见图 9 − 3）：

$$FeO + CO \rightleftharpoons Fe + CO_2 \qquad \Delta G^\ominus = -13160 + 17.2T$$
$$C + CO_2 \rightleftharpoons 2CO \qquad \Delta G^\ominus = 172130 - 177.46T$$

从图 9 − 2 可见，碳的气化反应（$C + CO_2 \rightleftharpoons 2CO$）与 FeO 间接还原的曲线的交点为 B，温度大约为 700℃，表明在 700℃ 以上碳在热力学上是能够还原 FeO 的。对比 A、B 两点位置可以发现，$FeTiO_3$ 比 FeO 难还原，还原的温度大致要高 100℃。从 $FeTiO_3$、FeO 与 CO 反应曲线可见，平衡成分中，$FeTiO_3$ 与 CO 还原需要更高的还原势（更高的 CO 浓度）。

随着反应的温度提高，从 $FeTiO_3$ 还原出来的 TiO_2 有可能进一步被还原成 Ti_3O_5，其反应式如下：

$$3TiO_2 + C \rightleftharpoons Ti_3O_5 + CO \quad \Delta G^\ominus = 278088 - 201T$$

将上式转成气基间接反应：

$$3TiO_2 + CO \rightleftharpoons Ti_3O_5 + CO_2 \quad \Delta G^\ominus = 112531 - 29.8T$$
$$C + CO_2 \rightleftharpoons 2CO \qquad \Delta G^\ominus = 172130 - 177.46T$$

图 9 − 3 FeO 直接还原分解

从图 9-2 可见，碳的气化反应（$C + CO_2 \Longrightarrow 2CO$）与 TiO_2 间接还原的曲线的交点为 C 点，温度大约为 1000℃，表明在 1000℃ 以上碳在热力学上是能够还原 TiO_2 的。对比 A、B、C 三点位置可以发现，TiO_2 还原是最为困难的。从 TiO_2、$FeTiO_3$、FeO 与 CO 反应曲线可见，平衡成分中，TiO_2 与 CO 还原需要更高的还原势（更高的 CO 浓度，几乎 99% CO），但随着反应温度的进一步提高，还原势浓度有所下降。

随着反应温度的提高 Ti_3O_5 还能进一步被碳还原成 Ti_2O_3、TiO 等含钛氧化物相。

$$2Ti_3O_5 + C \Longrightarrow 3Ti_2O_3 + CO_{(g)} \quad \Delta G^\ominus = 251516 - 153T \quad T^* = 1644K = 1371℃$$

$$Ti_2O_3 + C \Longrightarrow 2TiO + CO_{(g)} \quad \Delta G^\ominus = 315567 - 166T \quad T^* = 1901K = 1628℃$$

在正常的电炉冶炼过程中，TiO_2 很容易被还原到 Ti_3O_5 与 Ti_2O_3，在温度低于 1300℃ 还原，TiO_2 有可能被还原到 Ti_3O_5，若使用低温冶炼，TiO_2 很可能不被还原到低价状态。

9.2.2　还原动力学研究

9.2.2.1　钛铁矿还原温度与条件分析

传统富铁矿粉的煤基间接还原温度，根据反应器形式的不同稍有差距：如果用回转窑还原富铁矿粉，窑头温度控制在 1100～1150℃ 之间，用隧道窑还原，窑内温度控制在 1150～1180℃ 左右，使用转底炉还原，温度控制在 1250～1350℃ 之间。隧道窑采用罐装，能够保证还原气氛，因此能够得到高的金属化率（>90%），但是受到罐材的限制，窑内温度难以进一步提高；回转窑窑头也能保证还原气氛，也能生产高金属化率的海绵铁，但是窑头容易结圈，使生产顺行困难，因此，进一步提高温度的潜能较小；转底炉的还原温度可以大于 1250℃，但是炉内的气氛是弱氧化气氛，以 CO_2 与 N_2 为主，产品金属化率较低。

从钛铁矿的还原热力学可知，钛铁矿的还原温度高于普通铁矿，对还原气氛的要求更高。上述三种直接还原铁流程都不是非常恰当，因此，目前钛铁矿的生产很少使用预还原的，而采用电炉直接高温还原冶炼。电炉冶炼的优缺点已在 9.1.2 节中介绍。

作者提出了煤基低温冶金学和冶金流程，可将铁矿石的冶炼温度降低到 700℃ 以下，甚至更低的温度。2005 年，作者发现钛精矿粉体的平均粒度在 10μm 左右时也能将它的还原温度从 1200℃ 降低到 1000℃ 以下，并且研究出一种高效球磨机，这样为钛精矿的低温还原工艺的产业化奠定了理论和实践基础，经过几年的进一步研究，提高低温冶金方式可以直接得到酸渣，可以说是高效节电的冶炼新工艺。

9.2.2.2　钛铁矿生产高钛渣的低温还原特性

实验中，钛精矿的化学成分见表 9-2，碳的纯度为分析纯，它们的平均粒度约为100μm，将一部分原料用高效球磨机磨细到10μm左右。然后将原料按一定比例混匀，进行热重试验（测量仪器为杜邦951差热热重扫描量热仪，升温速度5℃·min⁻¹，氮气保护），结果如图9-4所示。

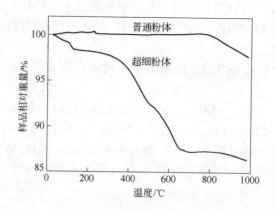

图9-4　钛铁矿粉被炭粉还原的热重曲线

在标准状态下，开始反应的温度为800℃左右。实际上反应由于受动力学限制，即使温度在1200℃，反应速度也较慢。这也是使用电炉熔炼法生产高钛渣的原因之一。

从图9-4可见，当使用普通粉体还原时，起始反应温度约为800℃，当温度升至980℃时，还原率不足20%。因此，普通粉体（100μm左右）难以实现低温快速还原反应。只有将粉体变成超细粉（10μm左右）后，才能出现明显的低温反应现象，反应起始温度可以降低到200℃左右。当反应温度升到700℃左右时，铁的还原基本结束，而当升温至900℃以上时，出现TiO_2被还原成Ti_3O_5的还原反应。

超细粉体出现低温还原反应现象的原因为：首先，在反应热力学上，由于钛精矿粉的粒度降低到10μm左右或更细时，粉体的表面能和晶格能增加，这样可以降低了吸热反应的自由焓，因此，理论起始反应温度下降。

此外，超细粉体的反应动力学条件非常优越。首先，超细粉体在变细过程中，粉体表面出现许多活化中心，降低了反应的活化能；其次，反应表面积增加了数十倍，也加快了反应速度。

上述实验是在氩气氛条件下进行的，实际的反应器气体主要为CO气体，并且压力大于101.325kPa，因此，用碳还原钛铁矿的最佳温度应选择在900～1100℃左右。

9.2.3　还原产物中铁低温聚集与晶粒长大

钛铁矿冶炼的难点在于两个产品（金属铁和钛渣）都是重点。过分强调快速反应，如通过添加剂的方式，会降低钛渣品位；如果过分强调铁的分离，可以通过降低炉渣熔点的方法，但是添加了熔剂，降低了钛渣品位；如果只关心钛渣分离，如锈蚀法，要以牺牲金属铁为代价。

因此，钛铁矿低能耗冶炼的关键在于：如何在较低的温度下，在不降低钛渣和金属铁品质条件下，将金属铁充分与钛渣分离。电炉熔炼法可以实现金属铁与炉渣充分分离，但它是高温冶炼，能耗过高。而目前研究的其他还原方法，不能实现金属铁与钛渣的充分分离。

在 9.2.1 节和 9.2.2 节中，重点介绍了钛铁矿的低温还原热力学和动力学，确定了比较适宜的冶炼温度。还原后的产物其实是以 TiO_2、金属铁为主要物相，并含有部分脉石相。此时有两种处理方式，一种是直接将热态还原产物继续加热到高温态（大于 1600℃ 以上），确保渣铁充分分离，这种方法与电炉熔炼法冶炼相比，可以节省一部分能量，但是研究不彻底；另一种是冷却后通过磁选方式分离铁和 TiO_2 相，但是还原后的金属铁很细小，难以与钛渣有效分离。

为了解决铁与钛渣分离的能耗及效率问题，作者提出了铁晶粒长大理论，将金属铁粒长大到 1mm 左右水平，解决钛渣和铁分离的难题。

研究表明，金属铁的渗碳有利于铁的晶粒长大，铁中的渗碳量越高，越有利于金属铁的聚集。低温渗碳的关键是碳与铁充分接触，有着较大的接触面积，利用表面积的优势弥补温度不足带来的影响；另外，利用外场的加入强化铁的渗碳。在渗碳充分条件下，促进铁晶粒在钛渣中的低温聚集和长大规律，特别是外场对铁晶粒长大有明显作用，为金属铁与钛渣的充分分离提供最佳条件。

通过研究，在小于 1300℃ 条件下，实现铁在钛渣中的聚集，见试验照片（见图 9-5）。

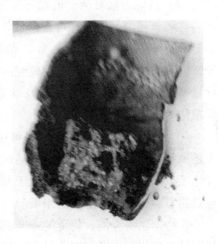

图 9-5　铁在钛渣中聚集照片

9.2.4　钛铁矿低温还原与晶粒长大流程

在上述研究基础上，作者提出了钛铁矿低温还原与晶粒长大新流程（见图 9-6）：首先将一定比例的钛铁矿粉与还原剂粉混合，再在高效球磨机中充分混匀，然后将样品放入低温还原反应器内加热与还原，还原后的物料再在晶粒长大反应器内完成铁粒长大，冷却后破碎，通过磁选方式完成钛渣与铁粒分离。

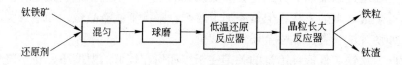

图 9 - 6 钛铁矿低温还原与晶粒长大新流程

新技术的特点如下：

（1）能耗低。低温还原工艺的最主要特点是降低冶炼能耗：由于冶炼温度低（1100℃还原至1300℃长大），物料的物理热量仅为 0.9GJ/t 高钛渣（240kW·h/t 高钛渣），仅相当于电炉熔炼法的 1/4 ~ 1/3 左右；其次，在 100℃ 左右，化学反应较单一（铁的还原），而 TiO_2 的还原等副反应（如 $TiO_2 \rightarrow Ti_3O_5 \rightarrow Ti_2O_3$）难以发生，因此化学反应耗热少（500kW·h/t 高钛渣），约为电炉熔炼法的 60% 左右；再次，低温条件下，尾气、冷却水带走的热量也仅相当于电炉熔炼法的 1/3 左右。因此，低温法冶炼高钛渣的能量约为 1100kW·h/t 高钛渣，相当于电炉熔炼法的 1/3 左右。

（2）冶炼方法灵活。低温还原工艺除了可以用电加热外，还可采用煤或气作为热源。还原剂的选择可根据钛铁矿的成分而定，如果钛铁矿中全铁含量高、而脉石（MgO、SiO_2、Al_2O_3 等）杂质含量低，通过还原可以得到 TiO_2 含量为 90% 以上的高钛渣，则可选用较纯的碳质还原剂（如炭粉等）。若钛铁矿中脉石含量高，通过还原可以得到 TiO_2 含量为 80% 左右的高钛渣，则可选用低灰分的煤粉作为还原剂。

（3）环保友好。低温冶炼法可用煤作为还原剂，而不需要焦炭或石油焦作为还原剂，避免了冶炼焦炭或石油焦过程的环境污染。低温下 NO_x、SO_x 等有害气体难以形成，因此排放量远低于电炉熔炼法的排放量。低温下，冷却水的用量也要明显少于电炉熔炼法的用量。

在粉体制备方面，传统的球磨机很难将钛铁矿粉体磨细到 10μm 以下，为了超细钛铁矿粉，作者研究开发出一种高效连续式球磨机，可将粉体磨细到 10μm 以下。实验用高效球磨机的内径为 30cm，高为 90cm，有效体积为 0.06m³，电机额定功率为 90kW·h，电压为 380V。钛铁矿的产量为 1.2t/h，使用功率为 75kW。粒度分析用 GSL - 101B 型激光颗粒分布测量仪，结果如图 9 - 7 所示。颗粒主要分布在 4 ~ 12μm 之间，累积频率 $d_{50} = 6.6\mu m$，$d_{90} = 12\mu m$。此球磨机也可将粉体的平均粒度磨细到 2 ~ 3μm，而能耗可控制在 100kW·h/t 矿以内。高效球磨机经过扩容后，可实现 5 ~ 10t/h 的钛铁矿产量，能够满足目前高钛渣的工业生产要求。

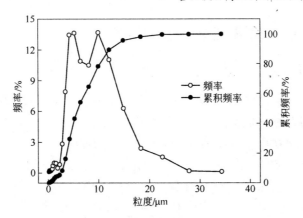

图 9 - 7　超细钛铁矿粉的粒度分布

9.2.5　放大试验

在研制的低温还原与晶粒长大中间放大反应器内进行了放大试验。一次试验用量为 200kg。使用的钛铁矿化学成分见表 9 - 3，还原剂使用普通焦粉。通过低温还原与晶粒长大方法，得到了铁粒与酸渣。铁粒的照片如图 9 - 8 所示，铁粒与酸性钛渣的化学成分见表 9 - 4 与表 9 - 5。可见，通过作者提出的新方法，可以成功得到酸性钛渣与铁粒。

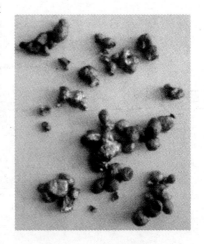

图 9 - 8　铁粒产品

表 9 - 3　试验用钛铁矿化学成分

（质量分数，%）

TiO$_2$	FeO	Fe$_2$O$_3$	MgO	CaO	SiO$_2$	Al$_2$O$_3$
47.8	35.8	6.3	4.6	1.8	1.5	1.2

表 9 - 4　钛铁矿还原铁粒主要成分　（%）

C	Si	Mn	P	S
3.7	0.5	0.2	0.023	0.2

表 9 - 5　酸性钛渣化学成分　（质量分数，%）

TiO$_2$	FeO	MgO	CaO	SiO$_2$	Al$_2$O$_3$
75.4	2.8	7.3	7.1	2.4	1.9

9.3 钒钛磁铁矿的低温还原冶炼新技术

9.3.1 还原理论

钒钛磁铁矿中的物相以磁铁矿为主相，以 $FeTiO_3$ 为辅相。其还原难度介于磁铁矿还原与钛铁矿还原之间。

碳与钒钛磁铁矿中主物相 Fe_3O_4 发生直接还原反应：

当温度高于 570℃时，

$$Fe_3O_4 + C = 3FeO + CO$$
$$FeO + C = Fe + CO$$

当温度低于 570℃时，

$$1/4Fe_3O_4 + C = 3/4Fe + CO$$

诸多研究表明，碳与氧化铁的直接还原是由气基间接还原组成，以 FeO 与 C 还原为例，可以分解成 FeO 与 CO 的气基还原以及碳的气化反应（$C + CO_2 = 2CO$），如图 9-9 所示。

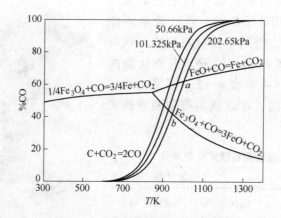

图 9-9 氧化铁直接还原的平衡

利用各级氧化铁的间接还原反应的平衡曲线与碳气化反应平衡曲线的组合可以得到图 9-9。图中 a 点、b 点分别是在 FeO 与 Fe_3O_4 的间接还原的平衡线与一定压力下碳气化反应平衡曲线的交点。当压力为 101.325kPa 时，交点温度分别约为 967K 和 923K，即温度高于 967K 时，直接还原的稳定相为 Fe，温度处于 923~967K，直接还原的稳定相为 FeO，低于 923K，直接还原的稳定相为 Fe_3O_4。因此，在 101.325kPa 条件下，当温度低于 923K 时，Fe_2O_3 与碳还原，只能还原到 Fe_3O_4；温度处于 923~967K，Fe_2O_3 与碳还原，可以还原到 FeO；当温度高于 967K 时，Fe_2O_3 与碳还原，可以得到金属铁。

从图 9-9 可见，压力会改变碳的气化反应平衡曲线，压力低时，a 点、b 点温度下移，压力高时，a 点、b 点温度上移。由于动力学限制，目前的直接还原铁温度要高达 1000℃ 以上，因此，压力对 a 点、b 点的影响不会影响高温还原动力学规律。

从图 9-9 同时可看出，高温区间内，碳的气化反应曲线远在 FeO 间接还原曲线之上，这表明，当处于氧化气氛还原时，碳对金属铁起到保护作用，例如，转底炉操作时，火焰的氧化气氛会二次氧化已还原的金属铁，增加碳氧比，就会起到保护金属铁的作用，对于追求高金属化率的转底炉工艺，应增加含碳球团的碳氧比。当还原温度降低到 900℃ 以下时，由于气化反应曲线的 CO 平衡浓度小于 90%，若氧化铁直接处于还原气氛，则可适度降低碳氧比。

碳与钒钛磁铁矿中次要物相 $FeTiO_3$ 的反应可以参考 9.2.1 节的内容。

通过上述热力学研究表明，采用目前的直接还原铁工艺，如转底炉、回转窑、隧道窑等，是可以还原钒钛磁铁矿的，但是其还原效果要低于富矿粉。隧道窑工艺从目前来看，实现不了热送热装，不适宜作为矿热电炉的预还原与预加热工序。比较理想的是回转窑 + 电炉工艺，这种工艺已在国外实现了工业化生产，其难点是如何控制与快速处理炉窑结圈问题。转底炉 + 矿热电炉最近开始在国内进行半工业化研究，其难点在于转底炉产品金属化率的控制，金属化率过低，将会对矿热电炉产生许多不利影响，首先过高的 FeO 严重影响炉衬，破坏电炉正常生产；其次过高的 FeO 还额外消耗还原剂与电能。

9.3.2　钒钛磁铁矿的低温还原冶炼

在钛铁矿低温还原与晶粒长大基础上，作者又开发了钒钛磁铁矿低温还原冶炼与晶粒长大新技术。首先，将一定比例的钒钛磁铁矿粉与还原剂粉混合，再在高效球磨机中充分混匀，然后将样品放入低温还原反应器内加热与还原，还原后的物料再在晶粒长大反应器内完成铁粒长大，冷却后破碎，通过磁选方式完成钛渣与铁粒分离，如图 9-10 所示。

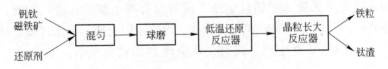

图 9-10　钒钛磁铁矿低温还原与晶粒长大新流程

新方法最大的优势是降低了反应温度，同时还取消了后续的电炉熔炼工艺，是一种资源与能源高效利用的新方法，固定投资少、生产成本低，从而可获得更大的经济效益。

在研制的低温还原与晶粒长大中间放大反应器内进行了放大试验。一次试验用量为 200kg。使用的钒钛磁铁矿化学成分见表 9 - 1，还原剂使用普通焦粉。通过低温还原与晶粒长大方法，得到了铁粒与含钛炉渣。铁粒与含钛炉渣的化学成分见表 9 - 6 与表 9 - 7。可见，通过作者提出的新方法，可以成功得到铁粒与含钛浓度高的炉渣。

表 9 - 6　钒钛磁铁矿还原铁粒主要成分　　　　　　　　（%）

C	Si	V	Mn	P	S
3.5	0.4	0.6	0.15	0.025	0.22

表 9 - 7　钒钛磁铁矿还原后含钛炉渣成分　　　　　　（%）

FeO	SiO_2	CaO	MgO	Al_2O_3	V_2O_5	TiO_2
5.0	12.9	11.6	9.9	15.2	0.9	42.7

9.4　含钛高炉渣选择性分离富集技术

攀枝花钒钛磁铁矿中钛资源约占全国钛资源储量的 95%。经选矿分离后约有 53% 的钛进入铁精矿中，再经高炉冶炼后，几乎全部进入渣相，形成钛含量约 25% 的高炉渣。这种炉渣用来生产矿渣水泥，其 TiO_2 含量过高；用来冶炼钛铁合金或生产钛白等原料，其 TiO_2 含量又过低。由于一直没有找到切实可行的综合利用方法，因而造成炉渣大量堆积，至今已累积达 70Mt，并仍然以每年 3Mt 的速度增加，既污染环境，又浪费钛资源。生产条件下的炉渣中，TiO_2 弥散于多种物相中，且粒度细小，采用传统的选矿方法很难将 TiO_2 分离出来。

攀钢高炉渣的综合利用一直是我国冶金科研院所（校）密切关注的科研课题。但是，经过 20 多年的研究，虽取得一些研究成果，但真正实现产业化的技术几乎没有。同时，过去的研究表明，攀钢高钛炉渣不可能像普通高炉渣一样大量用于水泥工业，由于地理条件的限制，攀钢高炉渣（干渣）也无法大量外运用于建筑行业；所取得的科研成果如高炉渣提钪，用高炉渣生产钛铁合金、碳化钛及四氯化钛等又无法大量消耗炉渣，同时也会产生新的弃渣。因此，时至今日，攀钢高炉渣仍以干渣的形式大量排放，不仅占用土地，污染环境，增加攀钢生产成本甚至制约攀钢生产。同时，从资源利用的角度看，它又是一种二次资源。

由于攀钢高炉渣是我国特有的炉渣，国外的研究工作很少。在攀钢研究院、东北大学、昆明理工大学、重庆大学等单位的研究下，提出了"攀钢高炉渣选择性析出分离技术"。主要的研究成果有以下两方面：

（1）攀钢高炉渣的物相分析。攀钢高炉渣作为含钛资源有其固有的特点。首先，它是二次资源，量大价低。其次，它含钛不高。第三，钛在渣中的分布比其他含钛矿物要复杂得多，其主要特征是"分散"与"细小"：渣中钛至少分布在 5 种矿相（钙钛矿、富钛透辉石、攀钛透辉石、尖晶石及碳氮化钛）中，且各物相中钛含量高低相差较大；各物相晶粒直径细小，平均粒径不到 $10\mu m$，给直接选矿造成困难。

（2）选择性析出分离技术的试验与提出。通过调节炉渣成分和冷却制度，将高炉渣中的钛主要以钙钛矿形式结晶到一定粒度（$50\sim80\mu m$），而少量钛则留在透辉石中，再利用钙钛矿与其他炉渣的密度不同将钛富集，或通过钙钛矿与其他炉渣的性质不同，通过浮选方式将钛富集。

作者通过相图及相关理论研究评估选择性析出分离富集技术的可行性。

9.4.1　CaO 系分离富集路线

攀钢高炉钛渣的主要成分为 CaO、SiO_2、TiO_2、Al_2O_3 和 MgO，见表 9－8。从表中可见，CaO、SiO_2、TiO_2 为主成分，占总成分的 76.1%。因此，首先分析 $CaO\text{-}SiO_2\text{-}TiO_2$ 三元体系。

表 9－8　含高炉钛渣的成分

组　分	CaO	SiO_2	TiO_2	Al_2O_3	MgO	MnO	Fe_2O_3
质量分数/%	26.54	24.37	23.83	13.76	8.48	0.53	2.49
摩尔分数/%	30.6	26.2	19.3	8.7	13.7	0.4	1

从 $CaO\text{-}SiO_2\text{-}TiO_2$ 三元相图（见图 9－11）可见，高炉钛渣的原始成分点 A 位于 $CaTiO_3\text{-}CaSiO_3\text{-}CaTiSiO_5$ 区域中，靠近 $CaSiO_3\text{-}CaTiSiO_5$ 边界。根据三元相图的重心法则，此时 $CaTiO_3$ 相所占比例很小，而主要的物相为 $CaSiO_3$ 和 $CaTiSiO_5$，它们又和 MgO、Al_2O_3 形成了透辉石。这和高炉钛渣的物相分析的结果是一致的。为了提高 $CaTiO_3$ 相的比例，必须改变炉渣成分。从图 9－11 可见，当 SiO_2/TiO_2 保持不变时，则可移动 CaO 组分，即在 CaO-A 点连线上移动。若降低 CaO 的含量，则可到 $SiO_2\text{-}CaSiO_3\text{-}CaTiSiO_5$ 区域，此时则无 $CaTiO_3$ 相生成。因此，降低 CaO 含量不利于 $CaTiO_3$ 相的生成。当 A 点向 CaO 方向移动时，即提高 CaO 含量，根据重心法则，$CaTiO_3$ 相含量将会提高，若成分点仍在 $CaTiO_3\text{-}CaSiO_3\text{-}CaTiSiO_5$ 区域中，则 $CaTiO_3$ 的析出量较少，因此，可将炉渣成分点调整到 $CaSiO_3\text{-}Ca_3Si_2O_7\text{-}CaTiO_3$ 区域，正是东北大学等单位的选择性析出所选择的炉渣调整成分的区域，可将 80% 左右的 TiO_2 富集在 $CaTiO_3$ 中。但仍有 20% 左右的 TiO_2 留在钛辉石中。由于 TiO_2 的密度大，会使重选变得困难。此外，由于钛辉石中含有一定比例的 TiO_2，使得浮选也变得困难。

由于 MgO 的含量较少，它与 CaO、SiO_2 等形成复合化合物，如图 9－12 所示。而 Al_2O_3 主要与 MgO 形成尖晶石相，剩余的则与 CaO、SiO_2 等成分形成辉石相。

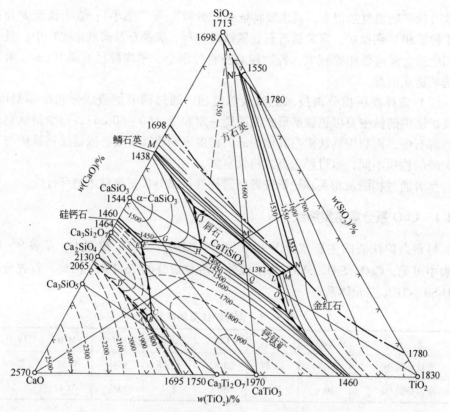

图 9 - 11　CaO-SiO₂-TiO₂ 三元相图

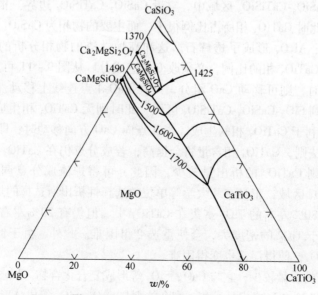

图 9 - 12　CaO-MgO-SiO₂-TiO₂ 相图

9.4.2　CaO 系选择性分离富集路线评估

9.4.2.1　重选分离可行性分析

室温下，固态炉渣的密度计算公式为：

$$\rho_{渣} = \sum a_i\% M_i$$

式中　$\% M_i$——渣中组分 M_i 的质量分数；

　　　　a_i——组分的系数，见表 9 – 9。

表 9 – 9　炉渣组分对炉渣密度的贡献值

成分	Al_2O_3	CaO	MgO	MnO	Na_2O	Fe_2O_3	FeO	SiO_2	P_2O_5	TiO_2	V_2O_3	CaF_2
a_i	0.0397	0.0332	0.035	0.054	0.0227	0.052	0.059	0.0232	0.0239	0.0424	0.0487	0.028

攀钢含钛高炉渣的平均密度为 $3.457g \cdot cm^{-3}$。虽然 MnO、Fe_2O_3 等含量低，但它们对炉渣密度的贡献大。例如，东北大学为了促进 $CaTiO_3$ 的结晶，在炉渣中加入少量 $MnO(1.67\%)$ 和 $Fe_2O_3(3.36\%)$，但能使炉渣密度增加 $0.1 \sim 0.2g \cdot cm^{-3}$，由于 $CaTiO_3$ 的理论密度只有 $4.01g \cdot cm^{-3}$，与炉渣平均密度 $3.5g \cdot cm^{-3}$ 相差很小，重选难度较大。

尖晶石的密度为 $4.01g \cdot cm^{-3}$，与 $CaTiO_3$ 相当，无法通过重选分离。

富钛透辉石的密度为 $3.541g \cdot cm^{-3}$，$E = 1.18 < 1.25$，属于极其困难。

攀钛透辉石的密度为 $3.306g \cdot cm^{-3}$，$E = 1.31$，分选比较困难。

实际上，由于钙钛矿的密度与炉渣中其他物相的密度相差不大，通过重选法分离钙钛矿是困难的，从东北大学的重选数据来看，富集不理想，富集料中 TiO_2 仅为 40% 左右，离理论值 58.8% 相差较远。

9.4.2.2　浮选的可行性

经过调整后，炉渣中的主要物相为钙钛矿相、透辉石相。为了得到好的浮选效果，就必须要求钙钛矿相、透辉石相的浮选性能相差较大。由于透辉石相中含有一定比例的 TiO_2，会造成浮选有一定难度。不过从浮选数据来看（$TiO_2$45%），效果要好于重选。因此，在调整炉渣成分时，务必使 TiO_2 集中在钙钛矿中，如果 TiO_2 较多地分布在透辉石中，则通过浮选分离也难以有效分离富集 TiO_2。

通过重选或浮选方法处理后，富集炉渣中 TiO_2 仅为 40% 左右，而含有大量的 CaO、SiO_2 等杂质，此富集渣的质量明显劣于钛精矿，其加工费用要高于钛精矿的加工费，从目前来看，选择性分离富集路线在经济上是不合算的。

9.4.3　Na_2O 系分离富集 TiO_2 方法

9.4.3.1　一步调渣法

重庆大学等单位研究了在含钛高炉渣中添加 Na_2O 系（NaOH 或 Na_2CO_3）来实现氧化钛的初步富集：在 1200 ~ 1300℃ 温度下，用 NaOH 改变含钛高炉渣的物相组成，然后用水富集氧化钛，可将残渣中的 TiO_2 降低到 10% 左右，富集渣可进一步用湿法冶金进行处理。但是，由于 Na_2O 在高温下的挥发相当严重，而且由于进一步富集处理过程与现有的钛精矿富集工艺相比，没有优势，因此难以用于工业化生产。

东北大学等单位考虑到高温下氧化钠的挥发问题，提出了熔渣分离路线。此路线的思想为：Na_2O 与 TiO_2、SiO_2 的结合能远大于 CaO、MgO 与它们的结合能。另外，Na_2O-TiO_2-SiO_2 三元体系能够形成熔化温度低的区域（800～1000℃），而 Na_2O-CaO-MgO-Al_2O_3 体系的熔化温度为 1200℃ 左右，因此利用熔化温度上的差别，将含钛高炉渣形成 Na_2O-TiO_2-SiO_2 熔体和以 CaO-MgO-Al_2O_3 为主组成的固态炉渣。由于它们的密度不同，将会自然分层，实现"熔渣分离"。这样可将 CaO、MgO、Al_2O_3 分离出去。由于硅酸钠溶于水中，可形成水玻璃溶液，而钛酸钠则水解生成偏钛酸沉淀，从而实现"水固分离"。

9.4.3.2　一步分离法存在的问题

从相图分析来看（见图 9 – 13），通过一步法来分离富集是困难的。Na_2O-

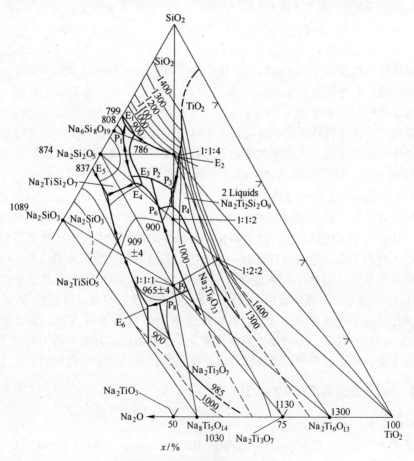

图 9 – 13　Na_2O-TiO_2-SiO_2 相图

TiO_2-SiO_2 三元体系形成熔化温度低（低于 800℃）为 E_3-E_4 区域，但是存在 Na_2O-TiO_2-SiO_2 三元复合氧化物，为水分分离带来困难。而为了减少或避开三元化合物的形成，只能调节炉渣成分，此时三元渣的熔化温度在 1000℃ 左右或更高的温度；但是由于 Na_2O、CaO、MgO、Al_2O_3、SiO_2 等能形成熔化温度为 1170℃ 左右的渣系，因此"熔渣分离"很难有效去除 CaO、MgO、Al_2O_3 杂质。因此，无论如何，通过此法得到的富集钛渣仍需进行处理才能得到较高纯度的高钛渣。

9.4.3.3 二步调渣法分离富集路线

由于一步法存在的固有缺点，作者提出了二步调渣法分离富集路线（见图 9-14）：通过调节含钛高炉渣的成分，在 850℃ 左右通过固液熔分方式将 CaO、MgO、Al_2O_3 等杂质首先去除；然后再次调节炉渣成分，将 Na_2O-TiO_2-SiO_2 三元复合化合物分解成 Na_2O-TiO_2 与 Na_2O-SiO_2 二元化合物，冷却后通过水溶液的作用进一步去除杂质，并实现硅、钛的分离，得到 TiO_2 品位为 90% 左右的高钛渣

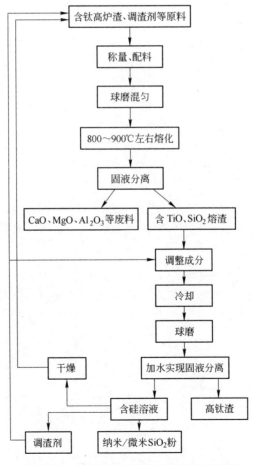

图 9-14 二步调渣法分离富集路线示意图

和超细 SiO_2 粉。此流程具有如下特点：

（1）有效去除 CaO、MgO、Al_2O_3 等杂质。由于选择 E_3-E_4 区域作为首次炉渣成分调节范围，熔化温度与 Na_2O、CaO、MgO、Al_2O_3 形成炉渣的熔化温度相差约 400℃，因此能够保证 CaO、MgO、Al_2O_3 等杂质的顺利去除。

（2）有效分离 SiO_2，并能够生产超细 SiO_2 粉。通过二次调节炉渣成分，能够将 Na_2O-TiO_2-SiO_2 体系中的三元化合物转变成简单的二元化合物，为后序水法 SiO_2、TiO_2 分离做好准备，从而能够有效分离 SiO_2。硅酸钠溶液在经过特殊处理后，可生成超细 SiO_2 粉，实现了一个流程同时综合利用两种有价元素。

（3）富集效果好。通过上述处理后，富集渣中 TiO_2 品位高，可达到 90% 左右，后序处理负担少。

（4）氧化钠的挥发损失少，并能循环利用。由于选择的熔分温度较低，氧化钠的挥发损失低，因此对生态环境的影响也小。同时，Na_2O（Na_2CO_3、$NaOH$）在流程中可充分循环利用。

10 金属镁冶炼新技术

我国是金属镁冶炼大国，但是镁冶炼过程能耗高、环境污染大。作者几年来研究了金属镁冶炼理论与新技术，发明了高温微波真空法冶炼金属镁方法，并尝试处理硅酸镁等一些含镁高的矿种，本章将介绍作者在金属镁冶炼领域的理论与技术成果。

10.1 皮江法冶炼金属镁存在的问题

我国镁工业在近几年得到迅速的发展，2007 年，全球原镁产量为 77.3 万吨。2008 年，中国原镁产量占到全球原镁总产量的 85%，我国白云石的储量超过 70 亿吨，经过几十年的发展，中国镁的资源优势已经转变为产业优势。从 1992 年以来，我国已经由镁进口国变为世界上重要的镁出口国。为应对全球气候变化和节能减排，镁冶炼工艺技术备受全球关注。

皮江法炼镁是我国采用的炼镁方法。皮江法炼镁是外部加热还原罐间断生产的硅热法炼镁：将白云石（$MgCO_3 \cdot CaCO_3$）在回转窑中煅烧（煅烧温度为 1150~1250℃），然后经研磨成粉后与硅铁粉（含硅 75%）和萤石粉（含氟化钙 95%）混合、制球（制球压力为 9.8~29.4MPa），送入耐热钢还原罐内，在还原炉中以 1190~1210℃ 的温度及 1.33~10Pa 真空条件下还原制取粗镁，经过熔剂精炼、铸锭、表面处理，即得到金属镁锭。

由于皮江法炼镁具有可以直接采用分布广泛、储量丰富的白云石资源作原料，能利用天然气、煤气、重油和交流电等为热源，工艺流程和设备较简单、建厂投资少、生产规模灵活、成品镁的纯度高等特点；其炉体小，建造容易，技术难度小，再加上我国以前对环境与资源的限制小，因此，皮江法"遍地开花"。应该说，这是我国镁冶金工业在特定的环境和条件下发展起来的方法，具有一定的特色。但我国皮江法技术在某些方面存在着很多问题和技术落后，这表现在：

（1）皮江法能源消耗高。我国皮江法外加热的热源基本上都是用液体燃料、气体燃料或固体燃料产生的热量。而其中绝大多数热法镁厂都是用固体燃料煤为燃料，每生产 1t 金属镁大约需要 10t 的优质煤。如果按 2.5kW·h/kg 煤发电煤耗计算，这 10t 优质煤相当于 25000kW·h。由此可见，使用煤为燃料，其热效率是非常低的。使用固体煤（包括液体和气体燃料）为燃料之所以热效率如此之低，是因为燃料燃烧产生的大部分热量被烟气带走了。

（2）环境污染严重。采用固体、液体和气体燃料的皮江法炼镁实在是对能源的一种极大的浪费，同时排放过多的燃烧气体，造成更大的环境污染。

（3）耐热罐寿命短，成本高。皮江法炼镁，采用外部加热，同时管内真空度高，对高温钢合金的损坏非常严重，还原罐的消耗所占成本很大，冶炼1t金属镁，耐热合金罐材消耗1500～2000元。

（4）产量小。由于皮江法还原炉外加热，受传热和炉体内部真空在高温条件下变形的限制，反应炉体的直径大小受到限制，因此单炉产量受到限制。为了达到一定的生产规模，不得不制造更多的反应炉，大大增加了炉体和附属设备制造费用和投资。

（5）成本高。由于煤耗高、还原剂消耗高、罐材消耗大等原因，吨镁的加工成本达到17000元左右（与电价、煤价等相关），我国镁冶炼厂几乎没有利润可言。

除此之外，不少研究者开发真空碳热还原技术，将镁砂与炭粉混匀制成球团，然后在真空感应炉内碳热还原制备金属镁。与皮江法相比，其难点是难以形成硅酸钙，因此要求的真空度更高，或者提高到1500℃以上，同时CO气体与气态金属镁在降温过程容易发生强放热反应 $Mg_{(g)} + CO_{(g)} = MgO + C$，容易发生爆炸，同时还会影响金属镁的品位。

另外，申请专利（ZL200810232855.1）在皮江法基础上提出了微波加热皮江法炼镁工艺，通过微波加热取代煤气加热方式，但其本质与皮江法没有多大区别，如镁冶炼温度、真空度等重要参数与皮江法一致，只是将皮江法的耐热合金罐换成耐火材料罐。虽然这种方法也可以得到金属镁，但皮江法的产量低、反应速度慢，能耗高的缺点没有得到根本性解决。

10.2　镁真空冶炼理论

10.2.1　碳热还原

10.2.1.1　氧化镁与碳的真空反应

氧化镁与碳的反应如下：

$$MgO + C = Mg_{(g)} + CO_{(g)} \quad \Delta G^{\ominus} = 618531 - 292.6T$$

反应标准自由能与组分分压的关系如下：

$$\Delta G^{\ominus} = -RT \ln \frac{p_{Mg} p_{CO}}{p^{\ominus 2}}$$

式中　$\Delta G^{\ominus}$——反应标准自由能，$J \cdot mol^{-1}$；

T——反应温度，K；

R——气体常数；

p_{Mg}——镁蒸气分压，Pa；

p_{CO}——CO 气体分压，Pa；

$p^{\ominus}$——标准压力，101.325kPa。

令 $p_{Mg} = p_{CO}$，

则
$$p_{Mg} = \frac{p}{2}, \quad \Delta G^{\ominus} = -2RT\ln\frac{p_{Mg}}{p^{\ominus}} = -2RT\ln\frac{p}{2p^{\ominus}}$$

$$\frac{p}{p^{\ominus}} = 2\exp\left(\frac{-\Delta G^{\ominus}}{2RT}\right)$$

MgO 碳热还原压力与温度的关系如图 10 - 1 所示。当温度高于 1400K 以上时，真空度高于 10Pa，则在目前的真空设备装置下可以实现 MgO 的碳热还原。

10.2.1.2 镁蒸气冷凝

镁蒸气冷凝公式如下：
$$Mg_{(g)} = Mg \quad \Delta G^{\ominus} = -143023 + 107.3T$$

$$\frac{p_{Mg}}{p^{\ominus}} = \exp\left(\frac{\Delta G^{\ominus}}{RT}\right)$$

镁蒸气冷凝压力与温度的关系如图 10 - 2 所示。

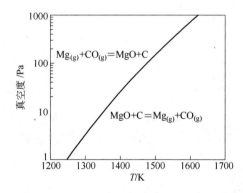
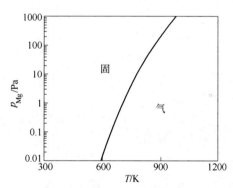

图 10 - 1　碳热 MgO 还原真空度与温度关系　　图 10 - 2　镁蒸气冷凝真空度与温度关系

10.2.1.3 CO 析炭反应

CO 在低温下容易析炭，反应式如下：
$$2CO_{(g)} = C + CO_{2(g)} \quad \Delta G^{\ominus} = -172130 + 177.46T$$

反应的气相平衡成分和温度、压力有关。根据上述得到：
$$\Delta G^{\ominus} = RT\ln\frac{p_{CO}^{2}}{p_{CO_2}} = RT\ln\frac{(\%CO)^2 p}{(\%CO_2) \times 100}$$

$$= RT\ln\frac{(\%CO)^2 p}{(100 - \%CO) \times 100}$$

改变体系温度与压力，即可得到 CO 析炭反应的平衡图。从图 10-3 可见，无论在正常压力还是在真空条件下，CO 在低温下均会析炭。析炭不仅会影响金属镁的质量，还会使真空管路堵塞。

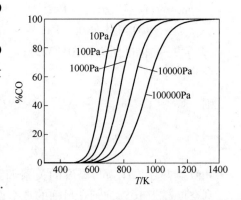

图 10-3 CO 的系统气体成分图

10.2.1.4 镁蒸气与 CO 反应

高温下，氧化镁与碳的反应如下：

$$MgO + C \Longrightarrow Mg_{(g)} + CO_{(g)}$$

但是在降温过程，会发生可逆反应：

$$Mg_{(g)} + CO_{(g)} \Longrightarrow MgO + C$$

$$\Delta G^{\ominus} = -618531 + 292.6T$$

此反应是强放热反应，激烈时会发生保障。以真空度 10Pa 为例，当温度大于 1350K，$MgO + C \Longrightarrow Mg_{(g)} + CO_{(g)}$，但当温度小于 1350K，则会发生 $Mg_{(g)} + CO_{(g)} \Longrightarrow MgO + C$。

从 CO 的析炭与镁蒸气与 CO 的反应，不建议采用碳热 MgO 还原法。

10.2.2 硅热还原

硅热还原是目前皮江法的基础。单纯的 MgO 与 Si 反应如下：

$$2MgO + Si \Longrightarrow 2Mg_{(g)} + SiO_2 \quad \Delta G^{\ominus} = 565440 - 242T$$

$$\frac{p_{Mg}}{p^{\ominus}} = \exp\left(\frac{-\Delta G^{\ominus}}{2RT}\right)$$

根据此式，计算出分解压力与反应温度的关系，在 1150℃，分解压力仅 10Pa 左右，如图 10-4 所示。幸好白云石煅烧后得到的煅白中存在 CaO，它与 SiO₂ 反应生成的 CaSiO₃ 能够降低反应温度。

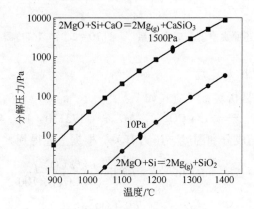

图 10-4 MgO 真空分解理论真空度与温度的关系

$$2MgO + Si + CaO = 2Mg_{(g)} + CaSiO_3 \quad \Delta G^{\ominus} = 475566 - 243T$$

此反应的镁蒸气比不添加 CaO 的镁蒸气压高得多，也就降低了反应温度，如图 10-4 所示。

除了白云石、菱镁矿等含碳酸镁原料，还有一类含镁矿物，如硅酸镁，其成本更低，一种来自蛇尾石，一种来自富镁渣。$MgSiO_3$ 与还原剂硅的反应如下：

$$2MgSiO_3 + Si = 2Mg_{(g)} + 3SiO_2 \quad \Delta G^{\ominus} = 637440 - 236T$$

此反应比单纯的 MgO 反应困难，从图 10-5 可见，其在相同反应温度下，分解压力比单纯的 MgO 反应的分解压力大约低 1 个数量级，相当于 200℃ 左右。随着 CaO 的添加，反应的难度逐渐下降，因此添加 CaO 有利于反应温度的下降。

$$2MgSiO_3 + Si + CaO = 2Mg_{(g)} + CaSiO_3 + 2SiO_2 \quad \Delta G^{\ominus} = 547565 - 237T$$

$$2MgSiO_3 + Si + 2CaO = 2Mg_{(g)} + 2CaSiO_3 + SiO_2 \quad \Delta G^{\ominus} = 457691 - 238T$$

$$2MgSiO_3 + Si + 3CaO = 2Mg_{(g)} + 3CaSiO_3 \quad \Delta G^{\ominus} = 367816 - 238T$$

此外，随着 CaO 的增加，不仅增加了原料成本，同时还增加了冶炼过程的物理热，因此根据具体的冶炼原料添加适宜的 CaO。

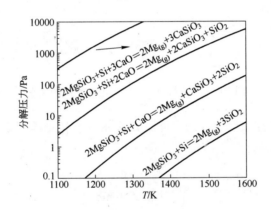

图 10-5　$MgSiO_3$ 真空分解理论真空度与温度的关系

10.3　微波冶炼特点

10.3.1　微波加热基本原理

微波是一种高频电磁波，其频率为 $0.3 \sim 300GHz$，波长为 $1 \sim 0.01m$。微波加热是利用直流电源使磁控管产生微波功率，通过波导输送到加热器中，以电磁波的形式将电能输送给被加热物质，并被其转变为热能。微波与物质的作用表现为热效应、化学效应、极化效应和磁效应，其特殊的作用已在近代科学技术的飞速发展中得到广泛的研究和应用。

微波与物质相互作用，会产生反射、吸收和穿透现象。这取决于材料本身的几个主要特性：介电常数、介电损耗因子、比热容、形状和含水量的大小等。因此，不是所有的物质都能与微波能产生热效应，一般物质按其微波作用效果大致可以分为 3 类，如图 10－6 所示。这就是微波对物质加热的选择性效应，理论上说，只有极性分子（偶极子）才能被微波极化而产生热效应。对于吸波物质来说，介质吸收的微波功率 P 与该处的电场强度 E 和频率 f 有关：

$$P = 2\pi\varepsilon_0\varepsilon'\omega\tan\delta E^2 f$$

式中　　ε_0——介电常数，$\varepsilon_0 = 8.85 \times 10^{-12} \mathrm{A \cdot S/(V \cdot m)}$；

　　　　ε'——介质的介电常数；

　　tanδ——介质的损耗正切。

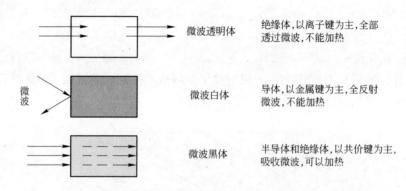

图 10－6　物料模型与物料电学性质的关系

微波对介质的穿透性（穿透深度用 D 表示）直接影响到微波加热的均匀性，穿透深度 D 可表示为：

$$D = \frac{\lambda}{\pi\sqrt{\varepsilon'\tan\delta}}$$

式中　λ——微波波长。

上式表明，一般吸收性介质的穿透深度大致和波长是同一数量级的。以 915MHz（$\lambda = 33\mathrm{cm}$）和 2.45GHz（$\lambda = 12.2\mathrm{cm}$）的常用微波加热频率而言，通常吸收性介质的 D 值为几十厘米到几厘米。故除特大物体外，一般可以做到表里一致地均匀加热。

10.3.2　微波加热特点

（1）加热的即时性。用微波加热介质物料时，加热非常迅速。只要有微波辐射，物料即可得到加热。反之，物料就得不到微波能量而立即停止加热，它能使物料在瞬间得到或失去热量来源，表现出对物料加热的即时性。

（2）加热的整体性。微波是一种穿透力强的电磁波，其加热过程在整个物体内同时进行，升温迅速、温度均匀、温度梯度小，是一种"体热源"。由于其具备这样的加热特性，大大缩短了常规加热中热传导的时间。除了特别大的物体外，一般可以做到表里一起均匀加热。这符合工业连续化生产和自动化控制的要求。

（3）加热的选择性。并非所有材料都能用微波加热。不同材料由于其自身的介电特性不同，对微波的反应也不相同。因此，可以利用微波加热的选择性对混合物料中的各组分或零件的不同部位进行选择性加热。

（4）能量利用的高效性。微波进行加热时，介质材料能吸收微波并转化为热能，而设备壳体金属材料是微波反射型材料，它只能反射而不能吸收微波（或极少吸收微波）。所以，组成微波加热设备的热损失仅占总能耗的极少部分。再加上微波加热是内部"体热源"，它不需要高温介质来传热，因此，绝大部分微波能量被介质物料吸收并转化为升温所需要的热量，形成了微波能量利用高效率的特性。

（5）环境污染小。微波加热是将电能转化为微波能再转化为物质的热能，因此，在加热过程中仅仅有可能产生化学气体，并不会像传统加热那样产生燃烧尾气，对环境污染小。

（6）具有可控性。对于微波加热物料的程度可以通过调节微波辐射时间来进行控制，容易操作，易于控制。

10.4　金属镁冶炼新技术与实践

10.4.1　金属镁冶炼新技术

针对目前金属镁冶炼存在的环保与能耗高、成本高等问题，作者提出了一种微波真空分解冶炼金属镁的方法，有望实现炼镁工艺的高效、低能耗和低排放。

碳热还原产生 CO 气体，与气态金属镁在冷凝过程容易发生反应，影响镁的纯度，并存在爆炸危险，因此，依然选择硅铁作为还原剂。

虽然从图 10 - 4 能看出 $2MgO + CaO + Si = 2Mg_{(g)} + CaSiO_3$ 的真空度较低，但是金属镁的气化速度与真空度相关，真空度越大，抽速越大，因此，根据试验，选择 20~1000Pa，压力大于 1000Pa，反应速度较慢，压力小于 20Pa，真空成本电耗较高。

根据试验研究，反应温度确定为 1250~1450℃，温度低于 1250℃，反应速度很慢，温度高于 1450℃，容易生成液相，也阻碍反应进行。

研究表明，优先通过镁砂（主要成分为 MgO）与石灰（主要成分为 CaO）作为原料，这样容易控制原料比例，CaO 与 MgO 的质量比在 0.5∶1~1.5∶1 左右为佳。比例太低，MgO 的收得率；比例太高，冶炼过程能耗增加。当然，也可以使用白云石煅烧后的煅白冶炼金属镁。

　　还原剂硅铁的加入量，以保证 MgO 充分还原量为准，并适当过量，试验研究表明，硅铁与 MgO 的质量比例为 0.44 ~ 0.65 为宜，高于上限，还原剂消耗成本高；低于下限，MgO 还原不充分。

　　关于加热源的选择问题，常规的有气体外加热、感应外加热与微波内加热三种方式，气体外加热、感应外加热的限制性环节在于传导传热，效率极其低下；而微波加热，可从物料内部开始加热，摆脱了外加热的传导限制，可以使反应效率显著增加。因此，采用微波加热方式。

　　其生产流程为：首先，将镁砂、石灰与硅铁破碎后按照一定比例混匀压球，然后在微波真空反应器内采用微波加热，使镁砂分解成气态金属镁，冷凝后得到粗金属镁，如图 10 - 7 所示。其特征是反应温度为 1250 ~ 1450℃，真空度为 20 ~ 1000Pa；石灰与镁砂比例为 0.5 : 1 ~ 1.5 : 1，硅铁与镁砂的比例为 0.44 ~ 0.65；加热时间 1 ~ 5h。

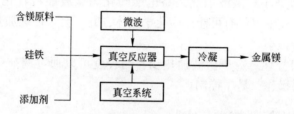

图 10 - 7　金属镁冶炼新技术流程图

本技术的特点包括：

　　(1) 突破皮江法低温冶炼的束缚。通过微波还原，反应温度可至 1450℃，这样反应速度明显增加，生产率大幅度提高，生产周期缩短为 1 ~ 5h，比皮江法的 10 ~ 11h 缩短 5 ~ 10h，效率提高 80%。

　　(2) 突破皮江法高真空冶炼束缚。皮江法由于受罐材温度所限，必须通过高真空方式 (<10Pa) 还原，真空系统负担沉重。本技术，由于反应温度大幅度提高，可在 20 ~ 1000Pa 内还原 MgO 得到金属镁。

　　(3) 还原能耗大幅度下降。微波内热式分解反应，热效率非常高，1t 金属镁仅需电 7000kW·h，远低于皮江法的 10t 优质煤 (相当于 25000kW·h)，节能幅度达到 72%。

　　(4) 硅铁用量大幅度下降。由于反应效率的提高，硅铁过剩系数明显下降，1t 金属镁仅需硅铁 (75% 硅) 850kg 左右，远低于目前皮江法的 1.2t 水平，节约硅铁幅度可达 29% 左右。

　　(5) 镁的收得率大幅度提高。由于反应效率大幅度提高，使得原料 MgO 更多地参与反应生成金属镁蒸气。本技术镁的收得率可达 92%，远高于目前皮江法 80% 的水平。

（6）无需耐热合金罐。皮江法耐热合金罐消耗是生产成本的重要组成之一，冶炼 1t 镁，耐热罐约消耗 2000 元。本技术属于新型的内热方法，无需耐热罐，使生产成本大幅度下降。

（7）环境友好、低碳冶炼。皮江法生产 1t 金属镁，消耗 10t 优质煤，产生 27t CO_2、50kg SO_2。新技术无需使用煤冶炼，CO_2 排放量为 0，实现零排放镁冶炼新技术，无需治理废气投资与成本。

（8）生产成本大幅度下降。新技术省去昂贵的耐热合金罐消耗，并在硅铁使用量、能耗等方面明显优于皮江法（见表 10 - 1）。采用新工艺冶炼 1t 金属镁，加工成本约为 12000 元，比皮江法的 18000 元低 6000 元，降低幅度约为 33%。

表 10 - 1　微波真空还原法与皮江法工艺冶炼 1t 金属镁参数比较

参　数	皮　江　法	微波真空还原法
加热方式	煤气外加热法	微波内加热法
加热温度/℃	约 1200	1250 ~ 1450
真空度/Pa	< 10	20 ~ 1000
还原周期/h	11 ~ 12	1 ~ 5
镁收得率/%	80	92
耐热罐	需要	不需要
硅铁/t·t^{-1}（金属镁）	1.2	0.85
电耗/kW·h·t^{-1}（金属镁）	800	7000
煤耗/t·t^{-1}（金属镁）	10（折合 25kW·h）	0
CO_2 排放/t·t^{-1}（金属镁）	27	0
SO_2/kg·t^{-1}（金属镁）	50	0

10.4.2　金属镁冶炼新技术实践

实验中所用的原料包括镁砂、石灰、白云石、硅铁。镁砂中 MgO 质量分数为 92%，石灰中 CaO 质量分数为 85%，硅铁选用 75% 硅铁，白云石中 CaO 质量分数为 28.2%、MgO 质量分数为 19.4%。主要反应器为 10kg 级的微波真空炉，配有镁蒸气冷凝系统。首先，将镁砂、石灰、硅铁分别破碎，然后按照表 10 - 2 的比例混匀，压球，将一定量的球放入微波真空炉内，抽真空至所需真空度（见表 10 - 2），然后加热到所需温度，保温一定时间，断电后分析镁金属的品位与球团样品中残余 MgO 的量，计算 MgO 的分解率，结果见表 10 - 2。试验中还将白云石在 1200℃ 的马弗炉内煅烧成煅白，然后破碎与硅铁粉混匀，压球后在微波真空反应器内反应，试验条件与结果见表 10 - 2。

表 10 - 2 实施例试验条件与结果

序号	镁砂 /kg	石灰 /kg	煅白 /kg	CaO : MgO （质量比）	硅铁 /kg	硅铁 : MgO （质量比）	反应 温度 /℃	真空 度 /Pa	反应 时间 /min	镁收 得率 /%	镁品位 /%
1	5.0	6.0		1.11	3.0	0.65	1350	230	120	93.5	99.82
2	5.2	5.1		0.91	2.8	0.58	1400	510	100	93.5	99.81
3	4.9	3.8		0.72	2.2	0.49	1430	820	70	92.1	99.84
4	7.5	9.8		1.21	4.4	0.64	1350	220	210	92.8	99.81
5	5.0	6.0		1.11	3.0	0.65	1280	50	150	93.4	99.85

实验结果表明，通过作者提供的方法完全可以生产出合格的金属镁，镁纯度可达99.8%以上，符合国家三级镁标准，且镁的收得率超过92%。

通过试验可见，在相似的条件下，温度越高，反应可以选择较低的真空度。当温度低于1250℃，反应速度很慢；温度高于1450℃，容易生成液相，也阻碍反应进行，同时对耐火材料要求提高。综合分析，反应温度确定为1250～1450℃，真空度以20～1000Pa为宜。

通过试验可见，原料中CaO与MgO的质量比在0.5：1～1.5：1左右为佳。比例太低，MgO的收得率低；比例太高，冶炼过程能耗增加。白云石煅烧后的煅白中CaO与MgO的质量比在1.45：1左右，也能满足冶炼要求。因此，从试验结果可见，也可得到合格的金属镁和取得较高的镁的收得率。

通过试验可见，配料中还原剂硅铁的加入量，以硅铁与MgO的质量比为0.44～0.65为宜。

从试验还可以看见，随着物料加入量的加大，反应时间加长，这是因为反应器的功率是一定的，物料越多，所需的物理热与还原热越多，因此反应时间加长。从试验可见，反应时间控制在1～5h是比较适宜的，当物料较少时，反应时间取下限；当物料较多时，反应时间取上限。时间太长，体系散热过多，能耗增加；时间太短，反应不充分，镁的收得率下降。

11　铜渣与铜精矿高效利用理论与技术

铜渣是冶炼铜时的废弃物，其中存在大量铁与少量铜等资源。随着富矿的日益减少，铁矿价格的攀高，利用废弃的铜渣资源受到国内研究者与企业的关注。作者经过多年的低温炼铁技术研究，成功地将低温冶金技术用于铜渣的还原。铜精矿是炼铜的原料，目前我国的冶炼方式采用氧化法，将硫转换成 SO_2，最后变成硫酸，这种炼铜流程也是铜渣产生的根本所在。随着钢铁行业的发展，含铜钢得到长足发展。因此，作者提出了铜精矿直接冶炼铜铁技术，这种产品可直接用于冶炼含铜钢，并可直接使铜精矿中的铁资源得到利用。本章将介绍作者在这些研究领域的成果。

11.1　铜渣现状分析

近年来，我国铜业企业取得了迅猛发展，铜产量位居世界第二。2003 年至 2009 年中国铜产量见表 11-1。伴随着铜产量的增长，国内积累了大量的铜渣。1949～1992 年铜渣累计达 6250 万吨以上，目前铜渣累计量约 1.2 亿吨，现在每年新增铜渣超过 1000 万吨。目前，只有 5% 的铜渣用于公路建设，绝大部分堆存。现有铜渣由堆存所占的耕地面积约 $10km^2$（约 15000 亩），每年新增铜渣还要新占耕地约 $0.9km^2$（1300 多亩）。

表 11-1　中国近年铜产量

年　份	铜产量/万吨	备　注
2003	184	铜
2004	217	铜
2005	260	精炼铜
2006	299.8	精炼铜
2007	344.1	精炼铜
2008	378.9	精炼铜
2009	413.5	精炼铜

注：表中数据来源于国家统计局。

我国的铜渣主要是火法冶炼时产生的，其性质由入炉铜精矿性质、冶炼操作条件和炉渣冷却速度而定。表 11-2 为某铜业公司铜渣化学成分，可以看出，铜渣中含有大量的铁、锌、铜等金属元素，其中，铁含量达到 40%，比一般的铁矿石含铁量还高，按此铜渣的成分计算 1.2 亿吨铜渣中含有铁 4800 万吨（相当于约 7400 万吨品位 65% 的铁精粉，铁矿石约 1.8 亿万吨）、锌 204 万吨（相当于锌精矿约 400 万吨，原锌矿约 3800 万吨）、铜 90 万吨（相当于铜精矿 360 万吨，原铜矿约 3000 万吨）。因此，将铜渣进行资源化利用，提取出其中的铁和其他贵金属是冶金工业可持续发展的一条重要途径。

表 11-2　典型铜渣化学成分　　　　（质量分数，%）

Cu	Fe	SiO$_2$	As	Pb	Zn	CaO	MgO	Al$_2$O$_3$	Ni	Bi
0.75	40.57	32.76	0.17	0.34	1.74	3.84	1.04	3.87	0.03	0.01

目前，从铜渣中提取铁的方法主要有选矿法（湿法）和冶炼法（火法）两种。铜渣中铁的赋存形态为铁橄榄石（Fe$_2$SiO$_4$ 或 2FeO·SiO$_2$），通过破碎磁选或是浮选很难将铁与脉石分离；锌的赋存形态为锌尖晶石（ZnO·Al$_2$O$_3$），铜的赋存形态为铜橄榄石（2CuO·SiO$_2$ 或 Cu$_2$S）。如采用现有高炉冶炼方式，铜渣 SiO$_2$ 含量高达 30% 以上，为了调节碱度，1t 铜渣要配 300kg 以上的 CaO，铁含量降至 30% 以下，生产 1t 就要消耗 2t 以上焦炭，成本非常高，不具有经济价值，CO$_2$ 排放量也非常大。

湿法最大难点在于渣的结构和组成不利于选矿和浸出等处理过程。例如，大冶诺兰达炉渣中铜锍颗粒的尺寸差异很大，需要分段磨矿，分段选出；含量高达 46% 的铁，分布在橄榄石和磁性氧化铁两相中，可选的磁性氧化铁矿物少，且二者互相嵌布，粒度都较小，使磁选过程很难进行，所得铁精矿产率低、含硅量严重偏高、成本高、质量差，无法使用。

在铜渣资源化方面，一些企业经过大量研究开发出采用高温铜渣缓慢冷却促使熔渣中 CuS 晶粒长大，再通过破碎、球磨、浮选方式可将铜渣中的铜含量从 1.1% 下降到 0.3% 水平，提铜效果显著。但是铜渣中的铁资源得不到有效利用。

综上所述，国内外迫切需要一种回收利用铜渣的好方法。

随着耐候钢等含铜钢的广泛应用，铜渣可以生产铜铁，作为含铜钢的原料，从而避开了铜与铁分离的难题。因此，关键的一步是如何低成本从铜渣中提取铜与铁资源。

11.2　铜渣还原理论与技术

11.2.1　铜渣还原理论

铜渣中含铁的主物相是 Fe$_2$SiO$_4$，它与碳的反应如下：

$$Fe_2SiO_4 + 2C == 2Fe + SiO_2 + 2CO \quad \Delta G^\ominus = 332041 - 321.5T$$

而浮氏体与碳的反应为：

$$FeO + C == Fe + CO \quad \Delta G^\ominus = 147904 - 150.2T$$

FeO 及 Fe_2SiO_4 的还原开始温度分别为 985K 与 1032K。Fe_2SiO_4 比 FeO 难还原，还原开始温度要高 50℃左右。

Fe_2SiO_4 与碳的直接还原可表示成气基间接还原组成：

$$Fe_2SiO_4 + 2CO == 2Fe + SiO_2 + 2CO_2 \quad \Delta G^\ominus = -12219 + 33.4T$$

$$C + CO_2 == 2CO \quad \Delta G^\ominus = 172130 - 177.46T$$

间接还原组成如图 11-1 所示。

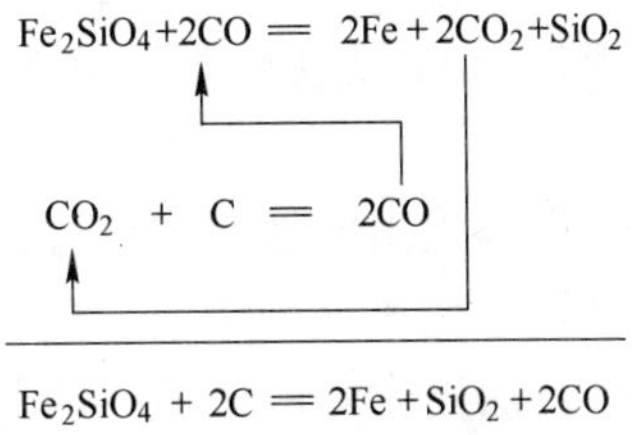

从图 11-2 可见，碳的气化反应（C + CO_2 = 2CO）与 FeO 间接还原的曲线的交点为 A，温度大约为 700℃，这表明在 700℃以上，碳在热力学上是能够还原 FeO 的。对比 A、B 两点位置可以发现，Fe_2SiO_4 比 FeO 难还原，还原的温度大致要高 50℃。从 Fe_2SiO_4、FeO 与 CO 反应曲线可见，平衡成分中，Fe_2SiO_4 与 CO 还原需要更高的还原势（更高的 CO 浓度）。

$$Fe_2SiO_4 + 2CO == 2Fe + 2CO_2 + SiO_2$$
$$CO_2 + C == 2CO$$
$$Fe_2SiO_4 + 2C == 2Fe + SiO_2 + 2CO$$

图 11-1 Fe_2SiO_4 直接还原分解图

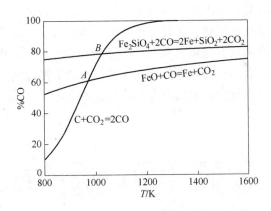

图 11-2 FeO、Fe_2SiO_4 间接还原平衡曲线

传统富铁矿粉的煤基间接还原温度，根据反应器形式的不同稍有差距：如果用回转窑还原富铁矿粉，窑头温度控制在 1100~1150℃，用隧道窑还原，窑内温度控制在 1150~1180℃左右，使用转底炉还原，温度控制在 1250~1350℃。隧道窑采用罐装，能够保证还原气氛，因此能够得到高的金属化率（>90%），但是受到罐材的限制，窑内温度难以进一步提高；回转窑窑头也能保证还原气氛，也能生产高金属化率的海绵铁，但是窑头容易结圈，使生产顺行困难。因此，进

一步提高温度的潜能较小；转底炉的还原温度可以大于1250℃，但是炉内的气氛是弱氧化气氛，以 CO_2 与 N_2 为主，产品金属化率较低。

从 Fe_2SiO_4 的还原热力学可知，钛铁矿的还原温度比普通铁矿高 50℃，对还原气氛的要求更高。除了还原温度高以外，铜渣的熔化性温度较低，正常在 1150℃左右，这对还原反应产生不利影响，较高的反应温度将会导致铜渣熔化，从而与还原剂煤粉分离，恶化了反应动力学条件。

11. 2. 2　铜渣低温还原技术

从上述分析可知，铜渣比普通铁矿还原温度要高，同时对气氛要求更高；另外，铜渣熔化性温度较低，在较高温度还原，还原剂将于炉渣分层，不利于还原。

通过作者提出的低温冶金理论，将还原温度降低到1100℃以下，保证铜渣还原，可以较好地解决铜渣还原的难题。若通过冷却后再熔分方式，由于炉渣多，能耗很高，而丧失经济价值。因此，除了低温还原外，还得利用作者提出的晶粒长大技术，将铜铁长大到一定粒度，保证冷却后磁选将炉渣与铜铁分离，这种方法能够最大程度地降低冶炼过程能耗，也无需考虑电炉熔分对耐火材料的严重侵蚀问题，因此是一种经济性冶炼方法，特别是在富矿价格高时，具有可观的经济性。

铜渣低温还原与晶粒长大生产铜铁工艺流程为：将铜渣、还原剂、黏结剂按照一定比例混合后造块或成球，在低温还原反应器内将铜、铁等还原，然后在晶粒长大反应器中促使铜铁合金的晶粒长大到 5mm 以上，冷凝破碎后，经过简单磁选即可得到铜铁合金。经过理论与技术攻关，得到了铜渣低温还原与晶粒长大的工艺参数，为进行大规模的中试放大试验与生产奠定了基础。新工艺流程如图 11 - 3 所示。

图 11 - 3　铜渣低温还原与晶粒长大生产铜铁合金流程

中间试验在低温还原与资源高效利用中试基地（以下简称中试基地）进行。中试基地拥有 200kg 级放大试验配套设备，包括矿粉处理、混匀与压球处理、干燥、低温还原反应器、晶粒长大反应器、破碎与磁选分离等规模试验装置，并配套了化学分析设备。

试验所用的铜渣原料成分见表 11 - 3，试验所得到的铜铁照片如图 11 - 4 所

示，铜铁主要成分见表11 −4。从中试效果来看，通过低温还原方式，能够得到
理想的铜铁合金。

表 11 −3 江铜集团铜渣成分 （质量分数，%）

Cu	S	Fe	SiO$_2$	Zn	Pb	As	Sb	Bi
1.150	1.0071	36.630	28.250	3.530	0.442	0.320	0.160	0.011

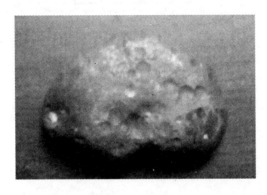

图 11 −4 铜铁照片

表 11 −4 铜铁合金成分 （质量分数，%）

C	Cu	S	Fe
3.3	3.1	0.22	91.8

11.3 铜精矿真空分解理论与技术

铜精矿的主要成分见表11 −5，主要元素为3项：Cu、Fe 与 S，剩余的主要
是 Si 与 O。它是典型的硫化物矿，它的 XRD 衍射图如图11 −5 所示。铜精矿中
主要物相为 CuFeS$_2$、FeS$_2$、Cu$_5$FeS$_4$ 以及 SiO$_2$。

表 11 −5 铜精矿主要成分 （%）

Cu	Fe	S	SiO$_2$	CaO	Al$_2$O$_3$	Zn	Pb
24.9	24.76	28.43	12.81	0.94	2.65	<0.1	<0.1

采用真空分解工艺的优势直接回收铜、铁、硫资源，避免了传统工艺铁难以
回收以及 SO$_2$ 处理复杂与成本高等不利难题。本节介绍作者在铜精矿真空分解与
技术上的成果。

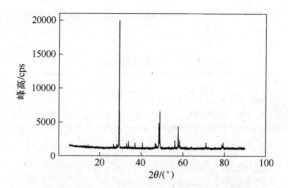

图 11 - 5 铜精矿的物相 XRD 衍射图

11.3.1 主物相真空分解

11.3.1.1 CuFeS$_2$

CuFeS$_2$ 的分解有 4 种可能性：

$$CuFeS_2 =\!=\!= Cu + Fe + S_{2(g)} \qquad \Delta G^\ominus = 264585 - 100T$$

$$4/3CuFeS_2 =\!=\!= 2/3Cu_2S + 4/3Fe + S_{2(g)} \qquad \Delta G^\ominus = 259714 - 111T$$

$$2CuFeS_2 =\!=\!= 2Cu + 2FeS + S_{2(g)} \qquad \Delta G^\ominus = 258162 - 113T$$

$$4CuFeS_2 =\!=\!= 2Cu_2S + 4FeS + S_{2(g)} \qquad \Delta G^\ominus = 268075 - 176T$$

利用真空分解压力与热力学的关系，得到图 11 - 6 ~ 图 11 - 9。从分解压力的大小关系来看，CuFeS$_2$ 将会在较低的温度下先分解成较为稳定的 Cu$_2$S 与 FeS，然后在较高温度下继续分解成 Cu 与 Fe。

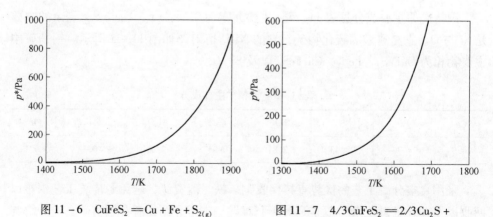

图 11 - 6 CuFeS$_2$ =Cu + Fe + S$_{2(g)}$
真空分解图

图 11 - 7 4/3CuFeS$_2$ = 2/3Cu$_2$S +
4/3Fe + S$_{2(g)}$ 真空分解图

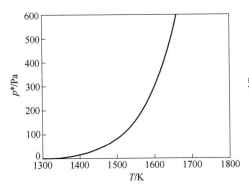

图 11 - 8　$2CuFeS_2 = 2Cu + 2FeS + S_{2(g)}$ 真空分解图

图 11 - 9　$4CuFeS_2 = 2Cu_2S + 4FeS + S_{2(g)}$ 真空分解图

11.3.1.2　Cu_5FeS_4

Cu_5FeS_4 可能按照分解成金属或简单硫化物这两种路径分解，反应式如下：

$$1/2Cu_5FeS_4 = 5/2Cu + 1/2Fe + S_{2(g)} \qquad \Delta G^\ominus = 295672 - 98T$$

$$4Cu_5FeS_4 = 10Cu_2S + 4FeS + S_{2(g)} \qquad \Delta G^\ominus = 427354 - 269T$$

利用真空分解压力与热力学的关系，得到图 11 - 10 和图 11 - 11。从分解压力的大小关系来看，Cu_5FeS_4 将会在较低的温度下先分解成较为稳定的 Cu_2S 与 FeS，然后在较高温度下继续分解成 Cu 与 Fe。

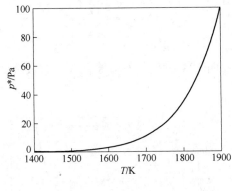

图 11 - 10　$1/2Cu_5FeS_4 = 5/2Cu + 1/2Fe + S_{2(g)}$ 真空分解图

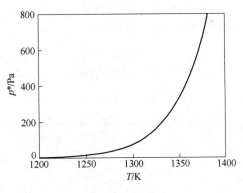

图 11 - 11　$4Cu_5FeS_4 = 10Cu_2S + 4FeS + S_{2(g)}$ 真空分解图

11.3.1.3　FeS_2

FeS_2 比较容易分解，即使在非真空也能分解。从下面的分解热力学与图 11 - 12 和图 11 - 13 中可见，FeS_2 更易分解成 FeS，FeS 再逐步分解。

$$FeS_2 \rightleftharpoons Fe + S_{2(g)} \qquad \Delta G^\Theta = 295676 - 197T \qquad T^* = 1500K$$

$$2FeS_2 \rightleftharpoons 2FeS + S_{2(g)} \qquad \Delta G^\Theta = 281300 - 278T \qquad T^* = 1012K$$

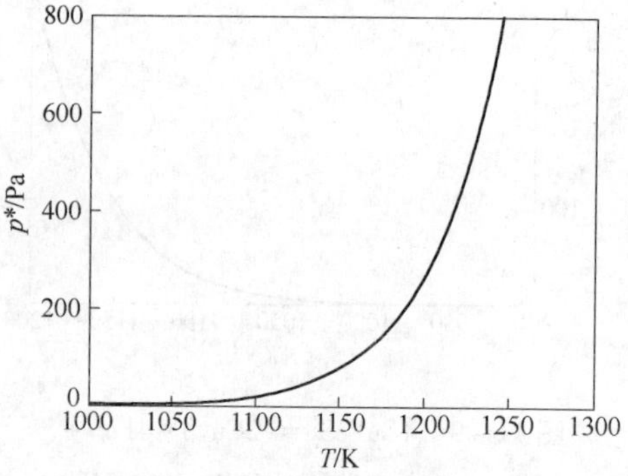

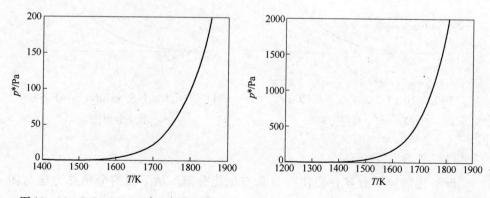

图 11 – 12　$FeS_2 \rightleftharpoons Fe + S_{2(g)}$　　　　图 11 – 13　$2FeS_2 \rightleftharpoons 2FeS +$

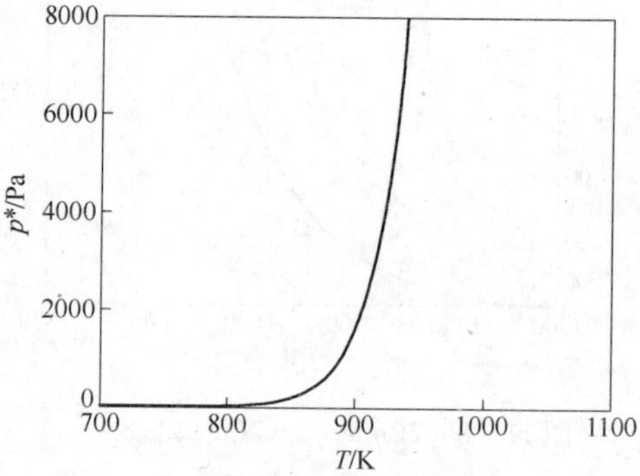

真空分解图　　　　　　　　　　　$S_{2(g)}$ 真空分解图

由上可见，铜精矿中主要物相均能实现真空分解。

11.3.2　微量物相真空分解

11.3.2.1　CuS

CuS 比较容易分解或气化。CuS 气化的热力学如下：

$$CuS \rightleftharpoons CuS_{(g)} \qquad \Delta G^\Theta = 365130 - 145T$$

在 1500℃下，气化压力为 67Pa（见图 11 – 14），CuS 也能以 $Cu_{(g)}$ 与 $S_{2(g)}$ 的方式气化：

$$2CuS \rightleftharpoons 2Cu_{(g)} + S_{2(g)} \qquad \Delta G^\Theta = 859348 - 361T$$

在 1500℃下，真空分解压力 1336Pa（见图 11 – 15）。CuS 也能先分解成金属铜与 $S_{2(g)}$，然后金属铜在高温下升华。

图 11 – 14　$CuS \rightleftharpoons CuS_{(g)}$ 真空气化压力图　　图 11 – 15　$2CuS \rightleftharpoons 2Cu_{(g)} + S_{2(g)}$ 真空分解图

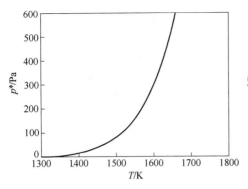

图 11 - 8 $2CuFeS_2 = 2Cu + 2FeS + S_{2(g)}$ 真空分解图

图 11 - 9 $4CuFeS_2 = 2Cu_2S + 4FeS + S_{2(g)}$ 真空分解图

11.3.1.2 Cu_5FeS_4

Cu_5FeS_4 可能按照分解成金属或简单硫化物这两种路径分解，反应式如下：

$$1/2Cu_5FeS_4 = 5/2Cu + 1/2Fe + S_{2(g)} \qquad \Delta G^\ominus = 295672 - 98T$$

$$4Cu_5FeS_4 = 10Cu_2S + 4FeS + S_{2(g)} \qquad \Delta G^\ominus = 427354 - 269T$$

利用真空分解压力与热力学的关系，得到图 11 - 10 和图 11 - 11。从分解压力的大小关系来看，Cu_5FeS_4 将会在较低的温度下先分解成较为稳定的 Cu_2S 与 FeS，然后在较高温度下继续分解成 Cu 与 Fe。

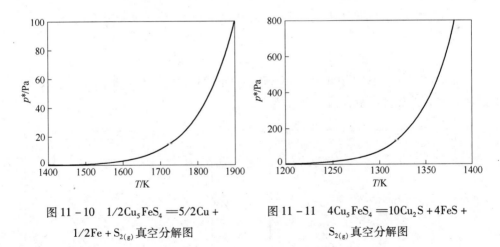

图 11 - 10 $1/2Cu_5FeS_4 = 5/2Cu + 1/2Fe + S_{2(g)}$ 真空分解图

图 11 - 11 $4Cu_5FeS_4 = 10Cu_2S + 4FeS + S_{2(g)}$ 真空分解图

11.3.1.3 FeS_2

FeS_2 比较容易分解，即使在非真空也能分解。从下面的分解热力学与图 11 - 12 和图 11 - 13 中可见，FeS_2 更易分解成 FeS，FeS 再逐步分解。

$$FeS_2 \Longrightarrow Fe + S_{2(g)} \qquad \Delta G^{\ominus} = 295676 - 197T \quad T^* = 1500K$$

$$2FeS_2 \Longrightarrow 2FeS + S_{2(g)} \qquad \Delta G^{\ominus} = 281300 - 278T \quad T^* = 1012K$$

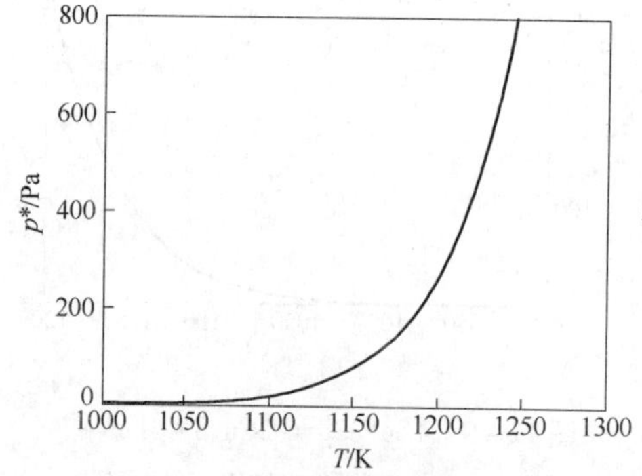

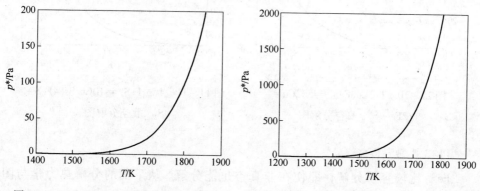

图 11 – 12　$FeS_2 \Longrightarrow Fe + S_{2(g)}$
真空分解图

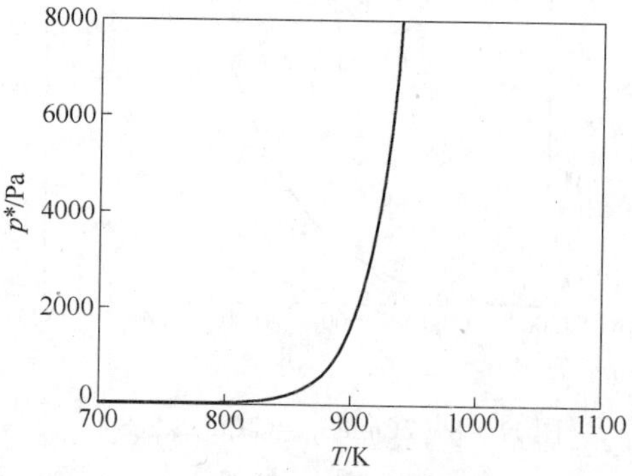

图 11 – 13　$2FeS_2 \Longrightarrow 2FeS + S_{2(g)}$ 真空分解图

由上可见，铜精矿中主要物相均能实现真空分解。

11.3.2　微量物相真空分解

11.3.2.1　CuS

CuS 比较容易分解或气化。CuS 气化的热力学如下：

$$CuS \Longrightarrow CuS_{(g)} \quad \Delta G^{\ominus} = 365130 - 145T$$

在 1500℃下，气化压力为 67Pa（见图 11 – 14），CuS 也能以 $Cu_{(g)}$ 与 $S_{2(g)}$ 的方式气化：

$$2CuS \Longrightarrow 2Cu_{(g)} + S_{2(g)} \quad \Delta G^{\ominus} = 859348 - 361T$$

在 1500℃下，真空分解压力 1336Pa（见图 11 – 15）。CuS 也能先分解成金属铜与 $S_{2(g)}$，然后金属铜在高温下升华。

图 11 – 14　$CuS \Longrightarrow CuS_{(g)}$ 真空气化压力图　　图 11 – 15　$2CuS \Longrightarrow 2Cu_{(g)} + S_{2(g)}$ 真空分解图

$$2CuS = 2Cu + S_{2(g)}$$

$\Delta G^{\ominus} = 226148 - 135T$　$T^* = 1473K$，很容易分解。

$$Cu = Cu_{(g)}　\Delta G^{\ominus} = 316598 - 113T$$

在1500℃，金属铜直接升华的压力为38Pa（见图11-16），控制好温度与真空度，可保证CuS的分解，而让Cu不升华。

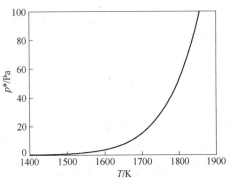

11.3.2.2　Cu₂S

图11-16　Cu=Cu$_{(g)}$真空气化图

Cu₂S较难分解，其固态或液态形式分解的反应如下：

$$2Cu_2S = 4Cu + S_{2(g)}　\Delta G^{\ominus} = 279202 - 68.3T　1500℃　真空分解压力2Pa$$

$$2Cu_2S_{(l)} = 4Cu_{(l)} + S_{2(g)}　\Delta G^{\ominus} = 282943 - 80.5T　1500℃　真空分解压力7Pa$$

无论哪种途径，Cu₂S很难独立分解（见图11-17～图11-20）。

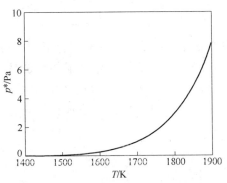

图11-17　$2Cu_2S = 4Cu + S_{2(g)}$真空分解图

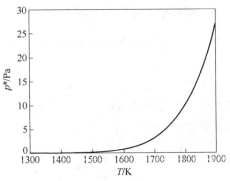

图11-18　$2Cu_2S_{(l)} = 4Cu_{(l)} + S_{2(g)}$
真空分解图

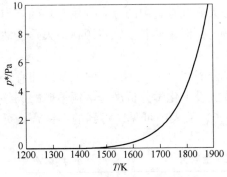

图11-19　$[Cu] = Cu_{(g)}$真空分解图

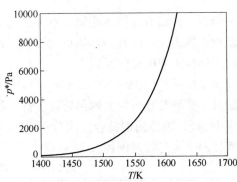

图11-20　$2Cu_2S_{(l)} = 4[Cu] + S_{2(g)}$
真空分解图

好在铜精矿中存在铁，硫化铁相对容易分解，这样给 Cu_2S 的分解创造了热力学条件。

$$2Cu_2S_{(1)} \Longrightarrow 4[Cu] + S_{2(g)}$$

$$\Delta G^\ominus = 416823 - 238T$$

在有铜铁溶液条件下，Cu_2S 能够溶于铁液中，使铁液增铜。

11.3.2.3　FeS

FeS 在真空条件下的分解反应如下：

$$2FeS \Longrightarrow 2Fe + S_{2(g)}$$

$$\Delta G^\ominus = 271011 - 87T$$

在 1500℃条件下，FeS 的真空分解压力为 32Pa，如图 11 - 21 所示。

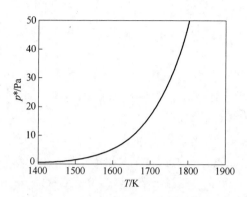

图 11 - 21　$2FeS \Longrightarrow 2Fe + S_{2(g)}$ 真空分解图

11.3.3　铜精矿真空分解流程

根据上述铜精矿真空分解理论以及作者在新一代钼冶金中的真空分解理论与实践，提出了铜精矿真空分解流程（见图 11 - 22）：首先，将铜精矿粉制成球，然后再干燥，干燥后的铜精矿球进入真空分解装置内分解，将铜精矿中的硫分解成硫蒸气再冷凝成硫黄块，铜精矿中的铜与铁在真空分解状态下形成铜铁合金，供生产铜铁合金用。

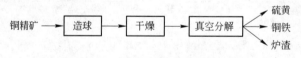

图 11 - 22　铜精矿真空分解流程图

与新一代钼冶金技术相似，本方法的最大好处是资源的综合利用与环保。与传统铜冶炼相比，没有 SO_2 排放与回收问题，同时还回收了铁资源，最大程度地利用了铜精矿中的有价元素。

试验在新一代钼冶金中试基地进行（以下简称中试基地），中试基地拥有先进的真空分解装置与相关的预处理设备，并建设了化学分析平台。铜精矿的成分见表 11 - 5，冶炼的铜铁合金成分见表 11 - 6，从表中可见，得到的铜铁合金可以直接用于生产含铜钢种。

表 11 - 6　铜铁合金成分　　　　　　　　　　（质量分数，%）

Cu	Fe	C	S
49.2	49.3	0.9	0.08

11.4 铜精矿直接冶炼铜铁合金理论与技术

作者提出了铜精矿直接冶炼铜铁技术，包括碳热还原与氢热还原。

11.4.1 氢还原

氢气与 $CuFeS_2$ 的反应如下：

$$CuFeS_2 + 2H_{2(g)} + 2CaO \Longrightarrow Cu + Fe + 2CaS + 2H_2O_{(g)}$$

$$\Delta G^{\ominus} = -RT \ln \frac{x_{H_2O}^2}{x_{H_2}^2} = -2RT \ln \frac{x_{H_2O}}{x_{H_2}}$$

$$\frac{x_{H_2O}}{x_{H_2}} = \exp\left(\frac{-\Delta G^{\ominus}}{2RT}\right)$$

式中　x_{H_2O}——平衡气体中 H_2O 的体积分数；

　　　x_{H_2}——平衡气体中 H_2 的体积分数；

　　　$\Delta G^{\ominus}$——标准反应自由能；

　　　R——气体常数；

　　　T——反应温度。

根据上式得到平衡气体中 H_2 体积分数与温度的关系，如图 11 - 23 所示。可见，在 700 ~ 1000K 之间，氢气的转换率可以达到 90% 左右，远高于铁矿粉还原时的氢气利用率（30%）。因此，用氢气还原铜精矿比还原铁矿粉时的气体利用率高得多，更加适合氢还原。据初步测算，冶炼 1t 铜铁合金，还需要氢气 350m^3 与 1t CaO，生产成本是很低廉的。

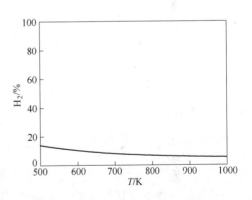

图 11 - 23　平衡气体中 H_2 体积分数与温度的关系

铜铁的熔化性温度如图 11 - 24 所示，在 50% Cu - 50% Fe 成分下，铜铁熔点约为 1420℃。因此，只要温度高于 1420℃，便可得到熔体，从而与炉渣分开。新工艺流程如图 11 - 25 所示。首先，将铜精矿与固硫剂石灰粉按照一定比例混合，装入氢还原反应器内；氢气在气体加热炉预热到指定温度后进入氢还原反应器还原铜精矿，得到铜、铁与炉渣混合物，然后在电炉内熔分铜铁合金与炉渣。

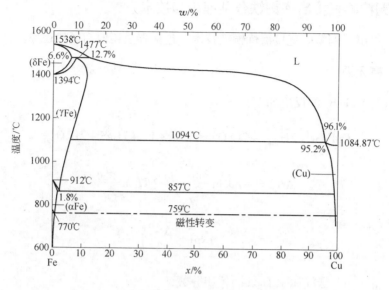

图 11 - 24　Cu - Fe 相图

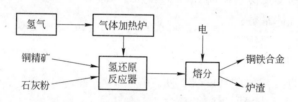

图 11 - 25　氢还原铜精矿生产铜铁流程图

11. 4. 2　碳还原

在缺少氢气或焦炉煤气地方，也可使用碳还原与电炉熔分路线。

$$CuFeS_2 + 2C + 2CaO \Longrightarrow Cu + Fe + 2CaS + 2CO_{(g)} \qquad \Delta G^\Theta = 276959 - 330.1T$$

$CuFeS_2$ 与碳的直接还原可表示成气基间接还原组成：

$$CuFeS_2 + 2CO + 2CaO \Longrightarrow Cu + Fe + 2CaS + 2CO_{2(g)} \qquad \Delta G^\Theta = -67301 + 24.8T$$

$$C + CO_2 \Longrightarrow 2CO$$

从图 11 - 26 可见，$CuFeS_2$ 间接还原反应平衡曲线与碳的气化反应较低在 A 点，A 点的温度远低于 FeO 间接还原反应与碳的气化反应交点 B，这表明 $CuFeS_2$ 比铁更容易还原，还原温度更低。从 $CuFeS_2$ 与 FeO 间接还原反应曲线位置来看，$CuFeS_2$ 间接还原反应曲线在下方，这表明平衡气体成分中有更多的 CO_2 出现，因此，$CuFeS_2$ 的还原对气氛要求更宽松。

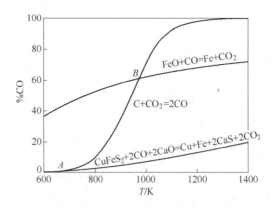

图 11 - 26　$CuFeS_2$ 碳热还原气体成分平衡图

　　根据上述铜精矿的还原特性，完全可以实现铜精矿的低温碳热还原。当然，还原后的产品包含大量炉渣，需要在铜铁熔点以上实现铜铁合金与炉渣的分离。因此，作者提出的铜精矿非氧化焙烧冶炼铜铁流程为：首先，将铜精矿与还原剂煤粉以及固硫剂石灰粉按照一定比例混匀，成块或造球，然后在低温还原反应器内加热与还原，还原后的产物直接进入熔分炉内熔化与分离炉渣，得到需要的铜铁合金与炉渣，如图 11 - 27 所示。

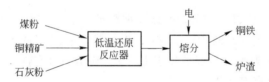

图 11 - 27　碳还原铜精矿生产铜铁流程图

11.4.3　中间试验

　　铜精矿直接冶炼铜铁技术在作者的低温冶金与资源高效利用中试基地进行。中试基地配备了试验所需的矿粉细磨、混匀、压球、低温还原反应与感应炉等设备。一次低温还原试验可进行 200kg 的试验。试验所用的铜精矿成分见表 11 - 5。熔分后的铜铁合金成分见表 11 - 7。中试研究说明通过铜精矿直接冶炼铜铁合金是可行的，它为含铜钢的冶炼提高了更加便宜的含铜原料，还同时回收了铜与铁两种金属，属于有价金属高效利用方法。

表 11 - 7　铜铁合金成分　　　　　　　　　（质量分数，%）

Cu	Fe	C	S
48.7	48.5	1.5	0.1

12 钢厂含锌、含铅粉尘高效利用理论与技术

我国钢铁行业每年产生大约数千万吨的粉尘，粉尘中含有锌、铅、砷等有害元素，简单地将钢厂粉尘倾倒至野外或填埋，这些重金属元素在雨水的作用下会逐渐浸出，污染周边土壤、河流、地下水，殃及农作物和动物，最终对人类产生危害。铅、砷是我国一类危险废物，锌是我国二类危险废物。目前，电炉灰已明确进入我国危险废物名录，高炉含锌灰也将进入危险废物名录。作者历时多年研究，提出了钢厂含锌、含铅粉尘高效利用技术，并实现产业化，将钢厂粉尘中的铁、碳、锌、铅资源得到充分利用，取得了良好的社会和经济效益。本章将介绍作者在此研究领域的成果。

12.1 钢厂粉尘处理现状分析

12.1.1 粉尘成分分析

我国是钢铁产量大国，2011 年我国钢铁产量达到 700Mt 左右。通常钢铁企业粉尘的产生量为钢产量的 8% ~ 12%，也就是说我国钢铁企业每年粉尘的产生量在 56 ~ 84Mt，其典型化学成分见表 12 - 1，粉尘中含有铁、碳等资源，同时还含有锌、铅、砷等有害元素。

表 12 - 1 钢厂粉尘典型化学成分 （质量分数,%）

名　称	TFe	CaO	SiO$_2$	MgO	Al$_2$O$_3$	C	K$_2$O	Na$_2$O	Pb	Zn
高炉灰	24.2	3.5	2.0	4.2	1.9	33.3	0.92	0.38	0.15	6.70
转炉灰	60.7	10.5	4.4	2.5	1.7	1.6	0.18	0.19	0.03	0.11
转炉污泥	65.6	10.3	1.9	3.5	1.8	1.7	0.01	0.19	0.02	0.20
氧化铁皮	72.2	1.9	2.1	1.5	1.8	1.2				
电炉粉尘	44.7	2.9	2.1	1.4	0.6	约0	1.59	1.78	约1	3.8
烧结电除尘	23.1	11.0	3.2	1.5	1.5	10.0	26.9	2.24	2.15	0.50

12.1.2 目前的处理方法

我国最早的钢厂含锌粉尘资源化方法是直接将含锌粉尘在钢铁厂内循环使用，即用它作为一种烧结原料，但是锌在高炉内的循环富集会缩短炉衬的寿命并

引起高炉结瘤，影响高炉的正常操作。因此，烧结处理一定次数后，不能再进入烧结，有的钢厂采用堆放方式，有的外卖，有的采用转底炉分离锌。

现有的物理法处理含锌粉尘工艺主要有磁选法、重选法、浮选法、水力旋流分级法以及这几种方法的不同组合工艺。其缺点是选出的铁矿品位较低、铁的收得率较低。

湿法处理工艺存在如下问题：（1）锌铅的浸出率较低，浸出渣既难以作为原料在钢铁厂循环利用，也满足不了环保法提出的堆放要求；（2）单元操作过多，浸出剂消耗较多，成本较高；（3）设备腐蚀严重，大多数操作条件较恶劣；（4）对原料比较敏感，使工艺难以优化；（5）处理过程中引入的硫、氯等易造成新的环境污染。

目前，采用火法处理钢厂含锌粉尘的方法主要来自日本，一种是早期的回转窑技术，比较有代表性的是日本住友金属开发的 SPM（Sumitomo Pre-reduction Method）工艺，其将传统回转窑冶炼富铁矿生产海绵铁工艺的主要思路继承过来，首先将各种泥浆脱水后，与各种粉尘和还原剂混合，再将混合料加入到回转干燥窑中，通过干燥，生产出原始球团；然后将原始球团加入到回转窑中，经过预热和还原、除锌，得到金属化炉料，金属化炉料再经过回转窑冷却，通过筛分将粒径大于 7mm 的产品作为高炉入炉料；粒径小于 7mm 的粉末需重新烧结。

日本开发的回转窑处理高炉含锌灰，重点在于脱除高炉灰中的锌，而铁产品质量差，表现在渣铁混合，金属化率较低，只能作为高炉炉料使用，也就是通过回转窑工艺将高炉灰内的锌去除，然后再作为高炉的原料。当然，与直接将高炉含锌灰作为高炉原料相比，还是有技术进步的。

随着技术的发展，日本的回转窑处理高炉含锌灰技术被后来开发的转底炉所代替。转底炉可以较好地将锌从钢厂粉尘中分离，同时得到一定金属化率的含铁球团。马钢几年前从日本引进了一套处理钢厂粉尘用的转底炉。转底炉在处理钢厂粉尘实践中存在一些突出问题，表现在：（1）转底炉工艺粉尘大，虽然通过压球和干燥处理，但是含碳球团中存在一定量的水，将它突然加入高温状态，容易爆裂，实践表明粉尘量可达 30% 水平，需要处理，既增加能耗，又恶化工艺顺行；（2）高温换热器容易堵塞，由于粉尘量大，特别是含锌、含铅等粉尘很容易黏结在换热器壁上，影响换热效率，时间长了，影响工艺顺行；（3）铁产品质量差，在采用氧化气氛的转底炉回收锌，影响铁的还原，实践表明金属化率较低，在 50% ~ 70% 之间，同时大量脉石与金属铁混在一起，产品不是海绵铁，只能作为冷却剂或普通炉料加入转炉或高炉内。

12.2 钢厂粉尘中含锌化合物分离理论

12.2.1 含锌化合物的物理性质

钢厂含锌粉尘中含有 0.5% ~ 10% 的锌。锌属于有色金属，其氧化物、硫化物的熔点、沸点及挥发情况见表 12 – 2。从表中可以看出，ZnO 在 1400℃ 以下难挥发，而锌蒸气沸点很低，因此，应以锌蒸气的形式挥发富集锌。

表 12 – 2 锌及其主要化合物的熔点、沸点

物　质	Zn	ZnO	ZnS
熔点/℃	419.58	1975	1650
沸点/℃	906.97		
明显挥发性温度/℃	>700	>1400	>1200

12.2.2 ZnO 的间接还原

ZnO 与还原气体 CO 的反应如下：

$$ZnO + CO_{(g)} = Zn_{(g)} + CO_{2(g)} \quad \Delta G^{\ominus} = 192437 - 121.7T \quad (12-1)$$

当反应达到平衡时：

$$\Delta G^{\ominus} = -RT\ln K = -RT\ln \frac{\dfrac{p_{Zn}}{p^{\ominus}}\dfrac{p_{CO_2}}{p^{\ominus}}}{\dfrac{p_{CO}}{p^{\ominus}}} = -RT\ln \frac{p_{Zn}p_{CO_2}}{p_{CO}p^{\ominus}} \quad (12-2)$$

$$\frac{p_{Zn}p_{CO_2}}{p_{CO}p^{\ominus}} = \exp\left(\frac{-\Delta G^{\ominus}}{RT}\right) = \exp\left(\frac{121.7T - 192437}{RT}\right) \quad (12-3)$$

式中　K——反应平衡常数；

$\quad\quad T$——反应温度，K；

$\quad\quad R$——气体常数；

$\quad\quad \Delta G^{\ominus}$——反应标准吉布斯自由能；$J \cdot mol^{-1}$；

$\quad\quad p_i$——气相 i 的压力，Pa；

$\quad\quad p^{\ominus}$——标准压力，101325Pa。

令 $p_{总} = p_{Zn} + p_{CO} + p_{CO_2}$，则：

$$\%V_{Zn} = \frac{p_{Zn}}{p_{总}} \times 100, \%V_{CO} = \frac{p_{CO}}{p_{总}} \times 100, \%V_{CO_2} = \frac{p_{CO_2}}{p_{总}} \times 100$$

$$\frac{\%V_{Zn}\%V_{CO_2}p_{总}}{100\%V_{CO}p^{\ominus}} = \exp\left(\frac{121.7T - 192437}{RT}\right) \quad (12-4)$$

式中　$\%V_{Zn}$——由 $Zn_{(g)}$、CO、CO_2 组成的气体中的 $Zn_{(g)}$ 体积分数；

$\quad\quad \%V_{CO}$——由 $Zn_{(g)}$、CO、CO_2 组成的气体中的 CO 体积分数；

$\quad\quad \%V_{CO_2}$——由 $Zn_{(g)}$、CO、CO_2 组成的气体中的 CO_2 体积分数。

当 $p_{总} = p^{\ominus}$ 时，

$$\frac{\% V_{Zn} \% V_{CO_2}}{100 \% V_{CO}} = \exp\left(\frac{121.7T - 192437}{RT}\right) \qquad (12-5)$$

$$\frac{\% V_{CO_2}}{\% V_{CO}} = \exp\left(\frac{121.7T - 192437}{RT}\right)\frac{100}{\% V_{Zn}} \qquad (12-6)$$

$$\frac{\% V_{CO}}{\% V_{CO} + \% V_{CO_2}} = \frac{\% V_{Zn}}{100\exp\left(\dfrac{121.7T - 192437}{RT}\right)} \qquad (12-7)$$

假定气相中 $\% V_{Zn} = 1$，5，10，20，利用式（12-7）可以得到不同温度下的 $\dfrac{\% V_{CO}}{\% V_{CO} + \% V_{CO_2}}$，如图 12-1 所示。从图中可见，当温度较低时，$\dfrac{\% V_{CO}}{\% V_{CO} + \% V_{CO_2}}$ 接近 1，表明 $ZnO + CO = Zn_{(g)} + CO_2$ 反应难以进行；当温度较高时，$\dfrac{\% V_{CO}}{\% V_{CO} + \% V_{CO_2}}$ 下降，表示该反应能够进行。从图中可见，随着气氛中 $Zn_{(g)}$ 体积分数的下降，反应温度下降；对于钢厂含锌粉尘，锌

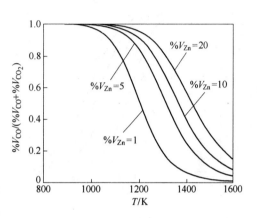

图 12-1　$\dfrac{\% V_{CO}}{\% V_{CO} + \% V_{CO_2}}$ 与温度关系

的浓度低，气相中 $Zn_{(g)}$ 体积分数也较低，因此反应温度可以降低到1000℃以下。

当反应温度高于1500K时，$\dfrac{\% V_{CO}}{\% V_{CO} + \% V_{CO_2}}$ 下降到0.2以下（对于 $\% V_{Zn} < 20$），此时气相中的 CO_2 含量远高于 CO 气相，该气体已经变成了氧化性气氛。因此，当反应温度在1500K左右时，即使在弱氧化性气氛，ZnO 也能被还原成锌蒸气，与钢厂粉尘分离。反应后的含 Zn 气体离开反应区后，随着气相温度的下降，$Zn_{(g)}$ 又被氧化成 ZnO 细微粉体。

ZnO 与还原气体 H_2 的反应如下：

$$ZnO + H_{2(g)} = Zn_{(g)} + H_2O_{(g)} \qquad \Delta G^{\ominus} = 229965 - 155.7T \qquad (12-8)$$

经过推导可以得到：

$$\frac{p_{Zn}p_{H_2O}}{p_{H_2}p^{\ominus}} = \exp\left(\frac{-\Delta G^{\ominus}}{RT}\right) = \exp\left(\frac{155.7T - 229965}{RT}\right) \qquad (12-9)$$

$$\frac{\% V_{H_2}}{\% V_{H_2} + \% V_{H_2O}} = \frac{\% V_{Zn}}{100\exp\left(\dfrac{155.7T - 229965}{RT}\right)} \qquad (12-10)$$

假定气相中 $\%V_{Zn}=1$，5，10，20，利用式（12-10）可以得到不同温度下的 $\dfrac{\%V_{H_2}}{\%V_{H_2}+\%V_{H_2O}}$，如图 12-2 所示。其反应规律与 CO/CO$_2$ 体系相近。对比 H$_2$/H$_2$O 与 CO/CO$_2$ 体系（见图 12-3），可以发现，两条平衡曲线有一交点，温度约为 1100K，高于此温度 H$_2$ 还原 ZnO 的能力强，当温度低于 1100K 时，CO 还原 ZnO 的能力强，但总的来说，低温下 H$_2$、CO 还原 ZnO 的能力都很弱。

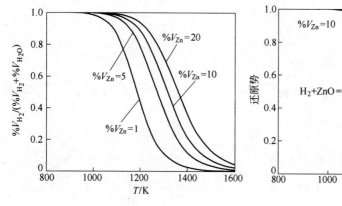

图 12-2 $\dfrac{\%V_{H_2}}{\%V_{H_2}+\%V_{H_2O}}$ 与温度关系　　图 12-3 H$_2$ 及 CO 还原 ZnO 的平衡关系比较

12.2.3 ZnO 的直接还原

ZnO 与 C 的反应如下：

$$ZnO + C \Longrightarrow Zn_{(g)} + CO_{(g)} \qquad \Delta G^\ominus = 363841 - 297T \qquad (12-11)$$

当用电加热时，如真空感应炉或电炉等，反应产生的 Zn$_{(g)}$ 与 CO 体积相等，反应平衡时的自由能与反应压力关系为：

$$\Delta G^\ominus = -RT\ln K = -RT\ln\frac{p_{Zn}p_{CO}}{p^\ominus p^\ominus} = -2RT\ln\frac{p}{2p^\ominus} \qquad (12-12)$$

$$\frac{p}{p^\ominus} = 2\exp\left(\frac{-\Delta G^\ominus}{2RT}\right) = 2\exp\left(\frac{297T-363841}{2RT}\right) \qquad (12-13)$$

式中　p——实际气体总压力，Pa。

利用式（12-13）作图得到图 12-4。当体系压力为 10^4Pa 时，反应温度为 1050K，而体系压力为 10^5Pa 时，反应温度达到 1179K，此时反应很剧烈。当反应温度低于 1050K 时，体系压力小于 10^4Pa。为了实现 ZnO 的低温冶炼，可以采用真空冶炼方式。

在煤气加热条件下，存在 CO$_2$ 等氧化性气氛，此时使用间接还原的表达方式

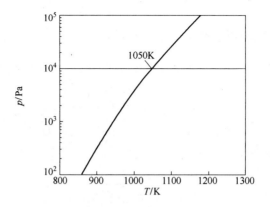

图 12 - 4 电加热时 ZnO 碳热还原体系平衡压力与温度关系

（见图 12 - 5）更恰当：

将 C + CO$_2$ ═ 2CO 反应平衡曲线加入图 12 - 1，得到图 12 - 6。从图中可见，C + CO$_2$ ═ 2CO 反应曲线与 ZnO + CO ═ Zn$_{(g)}$ + CO$_2$ 曲线有交点，在交点左侧，C + CO$_2$ ═ 2CO 反应平衡时的 CO 体积分数低于 ZnO + CO ═ Zn$_{(g)}$ + CO$_2$ 反应平衡时的 CO 体积分数，因此 C + CO$_2$ ═ 2CO

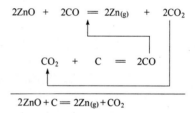

图 12 - 5 ZnO 直接还原分解图

优先反应，但 ZnO + CO ═ Zn$_{(g)}$ + CO$_2$ 后进行或难以进行；当反应温度在交点右侧时，C + CO$_2$ ═ 2CO 反应平衡时的 CO 体积分数高于 ZnO + CO ═ Zn$_{(g)}$ + CO$_2$ 反应平衡时的 CO 体积分数，因此 ZnO + CO ═ Zn$_{(g)}$ + CO$_2$ 优先进行，而 C + CO$_2$ ═ 2CO 后进行；当温度高于 1400K 时，C + CO$_2$ ═ 2CO 反应中 CO 平衡浓度几乎为 100%，表明高温下只要反应区存在固定碳，就会产生 CO，也就保证了 ZnO +

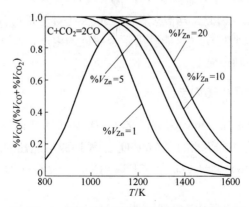

图 12 - 6 ZnO 碳热还原平衡曲线与温度关系

$CO \Longrightarrow Zn_{(g)} + CO_2$ 的反应进行。

12.2.4　氧化锌分离与氧化铁还原难度比较

将氧化铁还原的 CO 平衡曲线与 ZnO 还原的 CO 平衡曲线叠加在一起，得到图 12 - 7。从图中可见，当反应温度低于 843K 时，$ZnO + CO \Longrightarrow Zn_{(g)} + CO_2$ 反应平衡 CO 几乎为 100%，而氧化铁的还原存在 Fe_3O_4 和金属铁区，它们所对应的 CO 平衡浓度小于 $ZnO + CO \Longrightarrow Zn_{(g)} + CO_2$ 反应平衡 CO 浓度，因此在此温度范围，反应遵循氧化铁的还原顺序。

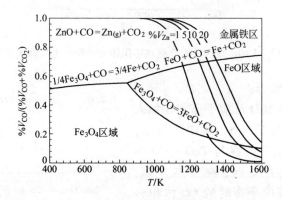

图 12 - 7　CO 还原氧化铁及 ZnO 的平衡成分比较

当反应温度高于 843K 时，$ZnO + CO \Longrightarrow Zn_{(g)} + CO_2$ 反应平衡 CO 曲线与氧化铁还原的两条平衡曲线有交点，随着气相中 $Zn_{(g)}$ 体积分数的提高，交点向右移动。其中上面的交点为 $FeO + CO \Longrightarrow Fe + CO_2$ 反应平衡曲线与 $ZnO + CO \Longrightarrow Zn_{(g)} + CO_2$ 反应平衡曲线交点；下面的交点为 $Fe_3O_4 + CO \Longrightarrow 3FeO + CO_2$ 反应平衡曲线与 $ZnO + CO \Longrightarrow Zn_{(g)} + CO_2$ 反应平衡曲线交点。总的来说，在大部分区域，$ZnO + CO \Longrightarrow Zn_{(g)} + CO_2$ 反应难度大于 $Fe_3O_4 + CO \Longrightarrow 3FeO + CO_2$，反应难度小于 $FeO + CO \Longrightarrow Fe + CO_2$。因此，当温度高于 1500K（对于 $\% V_{Zn} < 20$），ZnO 还原易于 FeO 的还原，即只要反应气氛能够满足金属铁的生产，ZnO 也就会被还原生成锌蒸气，从而与固体料分开。

12.2.5　$ZnFe_2O_4$ 的还原热力学

钢厂粉尘中可能含有 $ZnFe_2O_4$ 相。$ZnFe_2O_4$ 被 CO 还原，是与 Fe_2O_3 相似的逐步还原规律，还是一步还原的。$ZnFe_2O_4$ 几种还原可能性的反应式如下：

$$ZnFe_2O_4 + 4CO_{(g)} \Longrightarrow Zn_{(g)} + 2Fe + 4CO_{2(g)} \qquad \Delta G^{\ominus} = 166741 - 99T$$

$$(12 - 14)$$

$$3ZnFe_2O_4 + CO_{(g)} \Longrightarrow 3ZnO + 2Fe_3O_4 + CO_{2(g)} \qquad (12 - 15)$$

当 $T < 873\text{K}$ $\Delta G^{\ominus} = -30446 + 11.5T$

当 $T > 873\text{K}$ $\Delta G^{\ominus} = 962 - 28.7T$

$$ZnFe_2O_4 + CO_{(g)} == ZnO + 2FeO + CO_{2(g)} \quad \Delta G^{\ominus} = 10197 - 19.5T$$

$$(12-16)$$

将它们作图，从图 12-8 中可见，$3ZnFe_2O_4 + CO_{(g)} == 3ZnO + 2Fe_3O_4 + CO_{2(g)}$ 优先反应，因此，$ZnFe_2O_4$ 与 Fe_2O_3 相似，也是遵循逐步还原规律的。其还原机理为：

还原第一步，$ZnFe_2O_4$ 与 CO 反应生成 ZnO 和 Fe_3O_4；

还原第二步，分解后的 Fe_3O_4 依次被还原成 FeO 和金属铁（$T > 843\text{K}$）或直接被还原成金属铁（$T < 843\text{K}$）；ZnO 在较高温度下还原生产锌蒸气。

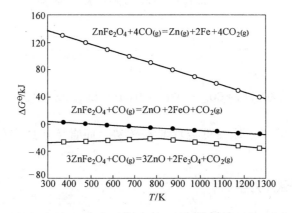

图 12-8　$ZnFe_2O_4$ 的几种还原途径热力学

还原第二步的规律，已在前面介绍，重点介绍还原第一步。

$$\Delta G^{\ominus} = -RT\ln K = -RT\ln \frac{\dfrac{p_{CO_2}}{p^{\ominus}}}{\dfrac{p_{CO}}{p^{\ominus}}} = -RT\ln \frac{p_{CO_2}}{p_{CO}} \quad (12-17)$$

$$\frac{p_{CO_2}}{p_{CO}} = \exp\left(\frac{-\Delta G^{\ominus}}{RT}\right) \quad (12-18)$$

$$\% V_{CO} = \frac{1}{1 + \exp\left(\dfrac{-\Delta G^{\ominus}}{RT}\right)} \times 100 \quad (12-19)$$

根据式（12-19）可得到图 12-9，从图中可见，$ZnFe_2O_4$ 很容易被 CO 还原到 Fe_3O_4 和 ZnO，$CO - CO_2$ 气体中 CO 只要达到 4%，就可以实现此反应。

ZnFe$_2$O$_4$ 被 C 还原，也遵循逐步还原规律，第一步为：

$$3ZnFe_2O_4 + C = 3ZnO + 2Fe_3O_4 + CO_{(g)} \quad \Delta G^\Theta = 151840 - 185T$$

$$(12-20)$$

第二步是 ZnO 被碳还原，同时 Fe$_3$O$_4$ 被还原成 FeO 和金属铁。

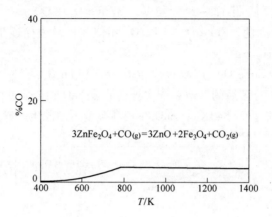

图 12 - 9　$3ZnFe_2O_4 + CO_{(g)} = 3ZnO + 2Fe_3O_4 + CO_{2(g)}$ 反应平衡 CO 体积分数

　　总的来说，间接还原在低温段具有优势，而直接还原在较高温度段具有优势。

12.2.6　ZnS 还原热力学

　　对于湿法除尘技术，瓦斯泥或污泥中可能存在少量 ZnS 相。ZnS 与 CO 反应式如下：

$$ZnS + CO_{(g)} = Zn_{(g)} + COS_{(g)} \quad \Delta G^\Theta = 297802 - 125.8T \quad (12-21)$$

当反应达到平衡时：

$$\Delta G^\Theta = -RT\ln K = -RT\ln \frac{\dfrac{p_{Zn}}{p^\Theta}\dfrac{p_{COS}}{p^\Theta}}{\dfrac{p_{CO}}{p^\Theta}} = -RT\ln \frac{p_{Zn}p_{COS}}{p_{CO}p^\Theta} \quad (12-22)$$

$$\frac{p_{Zn}p_{COS}}{p_{CO}p^\Theta} = \exp\left(\frac{-\Delta G^\Theta}{RT}\right) = \exp\left(\frac{125.8T - 297802}{RT}\right) \quad (12-23)$$

令 $p_总 = p_{Zn} + p_{CO} + p_{COS}$，则：

$$\%V_{Zn} = \frac{p_{Zn}}{p_总} \times 100, \%V_{CO} = \frac{p_{CO}}{p_总} \times 100, \%V_{COS} = \frac{p_{COS}}{p_总} \times 100$$

$$\frac{\%V_{Zn}\%V_{COS}p_总}{100\%V_{CO}p^\Theta} = \exp\left(\frac{125.8T - 297802}{RT}\right) \quad (12-24)$$

式中　$\% V_{Zn}$——由 $Zn_{(g)}$、CO、COS 组成的气体中的 $Zn_{(g)}$ 体积分数；

　　　$\% V_{CO}$——由 $Zn_{(g)}$、CO、COS 组成的气体中的 CO 体积分数；

　　　$\% V_{COS}$——由 $Zn_{(g)}$、CO、COS 组成的气体中的 COS 体积分数。

当 $p_{总} = p^{\ominus}$ 时，

$$\frac{\% V_{Zn} \% V_{COS}}{100 \% V_{CO}} = \exp\left(\frac{125.8T - 297802}{RT}\right) \tag{12-25}$$

$$\frac{\% V_{COS}}{\% V_{CO}} = \exp\left(\frac{125.8T - 297802}{RT}\right) \frac{100}{\% V_{Zn}} \tag{12-26}$$

$$\frac{\% V_{CO}}{\% V_{CO} + \% V_{COS}} = \frac{\% V_{Zn}}{100\exp\left(\dfrac{125.8T - 297802}{RT}\right)} \tag{12-27}$$

假定气相中 $\% V_{Zn} = 1，5，10，20$，利用式（12-27）可以得到不同温度下的 $\dfrac{\% V_{CO}}{\% V_{CO} + \% V_{CO_2}}$，如图 12-10 所示。从图中可见，即使气相中 $Zn_{(g)}$ 体积分数为 1%，温度低于 1400K，气相中 COS 几乎为 0，表明该反应不易进行。

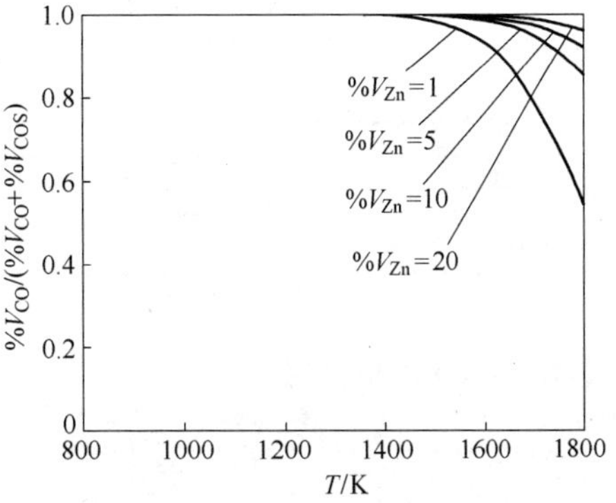

ZnS 与碳反应的直接还原如下：

$$ZnS + C \Longrightarrow Zn_{(g)} + CS_{(g)}$$

$$\Delta G^{\ominus} = 606312 - 293.3T \tag{12-28}$$

图 12-10　$\dfrac{\% V_{CO}}{\% V_{CO} + \% V_{COS}}$ 与温度关系

在标准状态下的反应温度达到 2067K。因此，在正常的固态还原下，ZnS 的直接还原也无法进行。

不过钢厂粉尘中含有一定量的 CaO，因此，通过 CaO 固定 ZnS 中的硫，反应式如下：

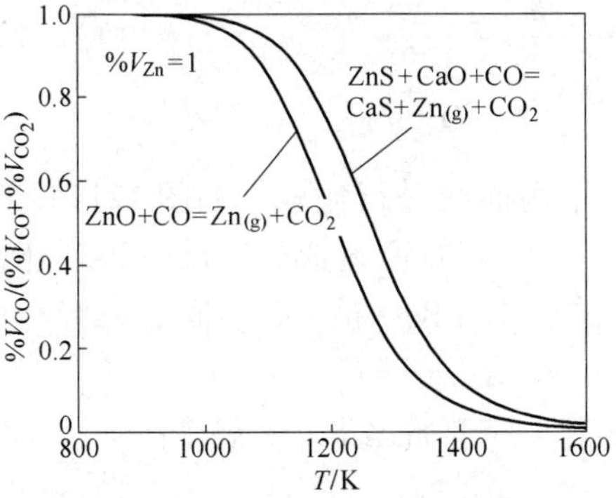

图 12-11　$\dfrac{\% V_{CO}}{\% V_{CO} + \% V_{CO_2}}$ 与温度的关系

$$ZnS + CaO + CO_{(g)} \Longrightarrow CaS + Zn_{(g)} + CO_{2(g)}$$

$$\Delta G^{\ominus} = 205191 - 124.5T \tag{12-29}$$

其平衡态时的 $\dfrac{\% V_{CO}}{\% V_{CO} + \% V_{CO_2}}$ 与温度的关系如图 12-11 所示。从图中可见，在较高温度下，$ZnS + CaO + CO \Longrightarrow CaS + Zn_{(g)} + CO_2$ 反应能够发生。将此反应与 $ZnO + CO \Longrightarrow Zn_{(g)} + CO_2$ 相比可见，在相

图的温度条件下，$ZnO + CO \rightleftharpoons Zn_{(g)} + CO_2$ 平衡时，$\dfrac{\% V_{CO}}{\% V_{CO} + \% V_{CO_2}}$ 值较低；在相同的气氛条件下，$ZnO + CO \rightleftharpoons Zn_{(g)} + CO_2$ 平衡反应所对应的温度低。这些表明 $ZnO + CO \rightleftharpoons Zn_{(g)} + CO_2$ 比 $ZnS + CaO + CO \rightleftharpoons CaS + Zn_{(g)} + CO_2$ 优先进行。

12.3　钢厂粉尘中含铅化合物分离理论

12.3.1　含铅化合物的物理性质

钢厂粉尘中含铅约1%左右。铅也属于有色金属，其氧化物、硫化物的熔点、沸点及挥发情况见表12-3。铅以硫化物形式最容易分离，在氧化气氛下，PbO优于单质铅挥发。

表12-3　铅及其主要化合物的熔点、沸点

物　质	Pb	PbO	PbS
熔点/℃	327.5	886	1135
沸点/℃	1525	1472	1281
明显挥发性温度/℃	>900	>950	>600

12.3.2　PbO 的间接还原

由于 PbO 的熔点较低，因此 PbO 的间接还原反应与温度相关。当温度高于 1159K 时：

$$PbO_{(1)} + CO_{(g)} \rightleftharpoons Pb_{(g)} + CO_{2(g)} \qquad \Delta G^{\ominus} = 100452 - 86T \qquad (12-30)$$

当温度低于 1159K 时：

$$PbO + CO_{(g)} \rightleftharpoons Pb_{(g)} + CO_{2(g)} \qquad \Delta G^{\ominus} = 125214 - 109.8T \qquad (12-31)$$

与 ZnO 间接还原相似，可以得到：

$$\frac{\% V_{CO}}{\% V_{CO} + \% V_{CO_2}} = \frac{\% V_{Pb}}{100\exp\left(\dfrac{-\Delta G^{\ominus}}{RT}\right)} \qquad (12-32)$$

将 PbO 与 ZnO 被 CO 还原的 $CO - CO_2$ 平衡曲线进行比较，如图12-12所示。可见，在相同的反应温度下，PbO 还原所需的 CO 平衡成分远低于 ZnO 还原所需的 CO 平衡成分；在相同的 $CO - CO_2$ 成分下，PbO 被 CO 还原的温度约比 ZnO 还原低400K。

上面是 PbO 被 CO 还原总的反应式，实际上应遵循逐步反应规律：

第一步，PbO 被 CO 还原产生 $Pb_{(1)}$：

$$PbO + CO_{(g)} \rightleftharpoons Pb_{(1)} + CO_{2(g)} \qquad \Delta G^{\ominus} = -62533 - 13.9T \qquad (12-33)$$

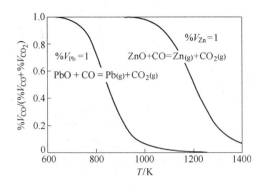

图 12 - 12　PbO 和 ZnO 还原气相成分比较

第二步，液态金属铅进一步被气化。

$$\text{Pb}_{(l)} \Longrightarrow \text{Pb}_{(g)} \quad \Delta G^\Theta = 187711 - 95.8T \quad (12-34)$$

第一步非常容易，在低温下即可完成，第二步需要一定的温度，当温度达到 1400K 时，分解压力达到 1000Pa，相当于气相中含有体积分数为 1% 的铅蒸气，能够满足金属铅从钢厂粉尘中气化分离。

12.3.3　Pb、PbO、PbS 挥发分离顺序

金属铅的挥发公式见式（12 - 32），PbO 的挥发公式为：

当温度低于 1159K 时：

$$\text{PbO} \Longrightarrow \text{PbO}_{(g)} \quad \Delta G^\Theta = 280966 - 158.3T \quad (12-35)$$

当温度高于 1159K 时：

$$\text{PbO}_{(l)} \Longrightarrow \text{PbO}_{(g)} \quad \Delta G^\Theta = 238602 - 121.1T \quad (12-36)$$

PbS 的挥发公式：

$$\text{PbS} \Longrightarrow \text{PbS}_{(g)} \quad \Delta G^\Theta = 221072 - 145.1T \quad (12-37)$$

将它们的蒸气压与温度关系进行比较，如图 12 - 13 所示。可见 PbS 是最易挥发的，PbO 挥发困难。因此，如果钢厂粉尘中存在 PbS，将会以 PbS 形式挥发。

12.3.4　PbO 的直接还原

PbO 与 C 还原，首先发生：

$$\text{PbO} + \text{C} \Longrightarrow \text{Pb}_{(l)} + \text{CO}_{(g)} \quad \Delta G^\Theta = 102867 - 180T \quad (12-38)$$

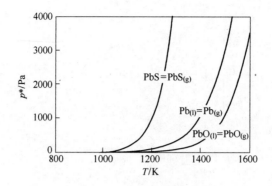

图 12-13　Pb、PbO、PbS 蒸气压比较

然后液态金属铅在较高温度下挥发。

PbO 的碳热还原也可分解成间接还原方式，即 PbO 与 CO 反应及碳的气化反应组成。由 12.3.2 节可知，PbO 与 CO 反应很容易进行，反应的难点在于碳的气化反应，整个反应限制性环节应受到碳的气化反应控制。因此，PbO 的碳热还原能力不及 PbO 的间接还原。

12.3.5　PbS 还原或挥发

$$PbS + CO_{(g)} = Pb_{(1)} + COS_{(g)} \quad \Delta G^{\ominus} = 71229 - 10.7T \quad (12-39)$$

此反应很难进行。

钢厂粉尘中含有一定的 CaO，因此 PbS 在 CaO 的作用下，能够与 CO 发生如下反应：

$$PbS + CaO + CO_{(g)} = CaS + Pb_{(1)} + CO_{2(g)} \quad \Delta G^{\ominus} = -21366 - 9.5T$$

$$(12-40)$$

该反应气相平衡曲线如图 12-14 所示，从图中可见，气体中只要有少量的 CO，即可完成该反应的进行。

因此，对于 PbS 的挥发形式，如果钢厂粉尘中缺少 CaO，或者 CaO 与 $CaSiO_3$（或 Ca_2SiO_4）结合的情况下，PbS 将以 PbS 的形式挥发，如果钢厂粉尘中存在自由 CaO，则 PbS 则会优先还原成液态金属铅，液态金属铅再在较高的温

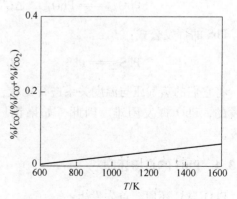

图 12-14　$PbS + CaO + CO = CaS + Pb_{(1)} +$
CO_2 反应煤气成分与温度关系

度下挥发与粉尘主体分离。

12.4 钢厂粉尘中氧化铁的还原

钢厂粉尘中全铁含量为30%~50%，主要以氧化铁的形式存在，且粉体很细微，有利于氧化铁的快速还原，另外钢厂粉尘中还含有一定量的碳资源，炭粉也很细微，且与氧化铁充分结合在一起，有利于氧化铁的低温快速还原。对钢厂粉尘中铁氧化物还原不利的一面是铁含量偏低，这意味着存在一定量的脉石，当反应进行到后期时，气体在脉石中的扩散限制要比普通富铁矿的扩散限制更严重。

铁氧化物还原的热力学较为完善，在此不再赘述。

12.4.1 铁氧化物充分还原的热力学条件

从图12-7可见，铁氧化物还原的难度在于$FeO + CO = Fe + CO_2$，该反应对气氛要求严格，要使金属铁在高温下稳定，气氛中$\% V_{CO}/(\% V_{CO} + \% V_{CO_2})$应大于0.7。这是取得高金属化率和确保金属铁少发生二次氧化反应的热力学条件。

以转底炉为例，在转动的底部铺上1~2层含碳球团，在侧墙烧嘴烧焦炉煤气、混合煤气或煤气发生炉煤气。转底炉内铁氧化物反应机理如图12-15所示。在氧化铁还原初始阶段，更多的Fe_2O_3转为FeO，且反应速度快，此阶段产生CO煤气，同时从Fe_2O_3还原到FeO对煤气中$\% V_{CO}/(\% V_{CO} + \% V_{CO_2})$要求不高，因此，在转底炉中3~5min就能够完成$Fe_2O_3$到$FeO$的还原（温度大于1250℃）。从$FeO$到金属铁的还原，也可分为两个阶段：前期反应快，大约15min就能够还原60%~70%的FeO，此阶段产生了较多的CO气体，CO气体从下往上移动，较好地保护了球团少受转底炉上部CO_2的负面影响；当金属化率高

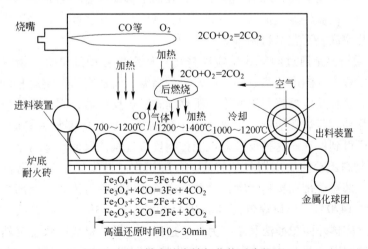

图12-15　转底炉内铁氧化物反应机理

于 60% ~ 70%，受扩散影响加剧，反应速度变慢，自身产生的 CO 流量变少，上部 CO_2 气流向下压，影响含碳球团周围的气氛，导致 FeO 不继续还原成金属铁，或已还原的金属铁遭受二次氧化。有不少研究想克服上部氧化气氛的影响，一种是多配碳，通过碳在高温与干扰的 CO_2 发生气化反应，保证球团周围的气氛；另一种是覆盖碳，其效果与多配碳相类似，覆盖碳产生了不利的一面：转底炉要通过热辐射将热量传给反应区，覆盖碳大大减缓了热辐射传热速度。这两种方式都带来重大难题"碳过量"，实际耗碳量要明显高于理论铁氧化物还原所需的碳量，"碳过量"增加了能耗，增加了生产成本。还有一种控制气氛方式，在高温 FeO – Fe 还原后期区域，采用天然气部分燃烧加热方式，将 $CH_4 + O_2 \longrightarrow CO + CO_2 + H_2 + H_2O$，保证还原所需要的热力学气氛，日本与美国不少转底炉采用天然气加热方式，取得了较好的效果，但是我国缺少天然气，采用这种方式不适合我国国情。

12.4.2　反应器形式

钢厂粉尘粒度细小，又要分离粉尘中的锌和铅等易挥发物质，因此，选择流化床还原不适宜。建议采用碳铁混合物成型技术，通过冷压球或造球方式形成具有一定粒度的含碳球团。

对于含碳球团，一般采用以下反应器：

（1）移动式竖炉反应器属于逆流式双移动反应器，物料从上而下移动，温度逐步升高，气流从底部或中部吹入反应器内，形成高温反应区，高温气流从下往上移动，将热量有效传给物料，这种反应器具有最高的换热效率，热利用效率最为充分，且生产效率高，且气氛能够控制，实现还原性气氛，保证高的金属化率。但是冷压成型球团，球团强度不足，在向下移动过程中与炉壁摩擦、球团之间相互摩擦、高温快速气流对球团的冲刷、球团受热膨胀等，这些因素会使球团破碎、粉化率高，工艺顺行困难。

（2）回转窑是通过倾斜式反应器将物料从窑尾移动到窑头，物料从窑尾移动到窑头过程中，温度逐步升高，而窑头的高温气流从窑头向窑尾移动，将热量传给物料。这种反应器物料填充率小于移动式竖炉反应器，因此换热效率与生产效率低于移动式竖炉反应器。但其克服了移动式竖炉反应器物料易破碎的缺点，使工艺顺序得到保证。这种反应器也能控制反应气氛，保证高金属化率的实现。

（3）物料不动的反应器包括转底炉、隧道窑。转底炉工艺将物料放到转底炉底部，底部运动带动物料运动，这种反应器通过热辐射传热，上部燃烧区温度达到 1300 ~ 1400℃，出口煤气温度高达 1100℃左右，热效率最为低下，大部分热量要在反应器外面想办法利用。另外，这种反应器炉料从冷状态突然加热到高温状态，球团因为物理水或结晶水的气化使球团粉化，实践表明，粉化率高达

30%水平。这种反应器在我国由于缺少天然气，金属化率偏低，客观上增加了工艺能耗，增加了冶炼成本。同时，与回转窑相比，填充率更低，导致生产效率低下。

隧道窑是另一种物料不动的反应器，它也有两种方式，一种是传统罐装反应器，将物料装到罐内，这种反应器不适宜粉尘中锌、铅的分离；另一种是将物料铺到台车上，与转底炉工艺相类似，是一种拉直的转底炉。

因此，从上面分析可知，比较适宜钢厂粉尘处理的应是回转窑反应器。它既能够得到较高的还原率，又能保证锌、铅的分离。

12.5 金属铁与炉渣的分离

在固态还原条件下，还原的金属铁粒比较细小，活性高，容易二次氧化，同时还难以分离，造成后续分离困难，需要深度球磨（需要磨细到0.074mm（200目）、甚至0.048mm（300目）或0.038mm（400目））。另外还会造成细微铁粒的二次氧化，最终体现在产品质量差，得不到铁含量高的海绵铁，同时铁的收得率偏低。

直接通过高温熔分，由于渣量大，熔化物理热高，需要更多的能量，导致吨铁能耗过高。此外，渣量大且存在还原不充分的FeO，使炉衬容易受损。

很显然，上述两种分离渣铁的方法不是经济的，目前转底炉生产得到的一定金属化率的球团，只能作为转炉冷却用的冷却剂，或少量加入高炉内。

作者提出了低温冶炼渣铁分离方法，在还原后期，适当提温促使细小的金属铁晶粒长大，这种方式提高了磁选分离渣铁的效率，也避免了高温熔分渣铁所需的大量能量。晶粒长大的核心是促进铁低温快速渗碳，降低了金属铁的熔点，有利于铁晶粒在渣中聚集，形成一定粒度的铁粒。

研究表明，还原温度控制在1100~1150℃之间，还原后，将物料温度适度提高到1200~1250℃水平，再添加形核剂能够促进金属铁的粒度达到0.1mm水平，降低后序的磁选分离难度并且提高了铁的收得率。

12.6 钢厂含锌粉尘综合利用新技术与工业实践

12.6.1 钢厂含锌粉尘综合利用新技术

作者经过多年研究，提出了钢厂含锌粉尘综合利用新技术，能够有效利用含锌粉尘内的铁、碳、锌资源，使它们都得到充分分离，得到海绵铁及富锌料，提高产品的附加值，同时最大程度地降低外加燃料量、降低加工成本，因此具有较高的社会和经济价值，该技术已实现工业化。与其他含锌粉尘处理工艺相比，本工艺具有资源充分利用，产品附加值高，固定投资少和生产成本低等特点，特别适用于我国含锌、铅等高炉灰的处理。

钢厂含锌粉尘综合利用新技术工艺流程（见图 12 − 16）为：将钢厂粉尘、焦粉（或煤粉）按照一定比例混匀，然后通过上料装置装入窑尾，随着回转窑自身的倾斜角及转动，混合料从窑尾逐步向窑头移动，从窑头过来的高温气体逐步降温完成混合料的干燥及预热；在窑头高温区，通过外加的助燃风来燃烧混合料内的碳以此产生热量，将物料的温度提高，完成氧化铁的还原以及锌、铅等还原，并产生 CO 保护气氛；还原产生的锌、铅蒸气与高温物料分离，并随气流向窑尾移动，随着气流的移动，大部分锌和铅又被氧化成氧化锌和氧化铅，重新成为细微粉尘，并在布袋内回收，还原后的高温物料直接进行水冷，并经过破碎、磁选工序成为水泥原料和铁粉，铁粉再经过脱水、干燥后压块得到海绵铁。

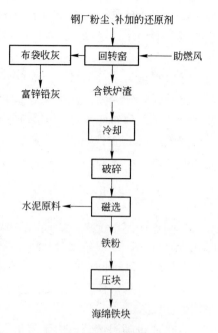

图 12 − 16　钢厂含锌粉尘提锌和生产海绵铁技术

为了提高铁产品的金属化率，反应器的选择很重要，从目前的反应器来看，转底炉难以保证还原气氛，因此，本工艺选择回转窑作为冶炼装备。为了防止在回转窑内的二次氧化，使回转窑窑头的煤气中 CO 体积分数满足 $\%V_{CO}/(\%V_{CO_2} + \%V_{CO}) > 70\%$，能保证含锌粉灰内氧化铁的充分还原，得到高的金属化率，超过 85%。

除了控制窑头的还原气氛外，含锌粉尘内的碳及氧化铁等物料的粒度细小，同时充分接触，保证了含锌粉尘的快速还原。

正常的回转窑窑头还原温度低于 1100℃，还原后得到的铁晶粒很细小，为了防止高炉含锌灰在回转窑内的扬尘，采用控制水分方法。研究表明，含锌粉尘的水分控制在 10% ~ 30% 比较适宜。水分过少，扬尘量大；水分过多，粉尘移动困难。

钢厂含锌粉尘在加热和还原过程中需要有足够质量的碳，研究表明，当进入回转窑炉的含锌粉尘碳含量达到 20% 以上水平时，不需要外加燃料；当进入回转窑炉的含锌粉尘碳含量不足 20% 时，应补充部分燃料，保证碳含量达到 20% 以上水平。补充的煤粉或焦粉等碳质燃料可与含锌粉尘混合后加入回转窑，也可单独从窑头喷入回转窑内。

在窑头高温区域，除了氧化铁的还原外，含锌粉尘内的锌也被碳还原成锌蒸气，随气流向窑尾移动，随着温度的降低，变成细微粉尘，最后在收灰系统中回收含锌粉尘得到富锌料。

磁选的试验表明：还原得到的金属铁与炉渣混合物的平均粒度只要破碎到 0.08 ~ 0.2mm 就可以保证金属铁与炉渣的有效分离，铁的收得率超过90%。

12.6.2 钢厂含锌粉尘综合利用新技术工业实践

2009 年，与某企业合作研制高炉灰生产锌铅粉和优质海绵铁的回转窑，并于2009 年12 月完成建设和试验工作，如图 12 - 17 所示。回转窑尺寸为 36m × 1.8m（窑长 × 内径），倾斜角3°，转速 0.5r·min⁻¹，年处理高炉灰5 万吨。

图 12 - 17　处理钢厂粉尘综合利用技术照片

2010 年，在实践中解决了回转窑窑头结圈问题，并通过高炉灰水分控制，保证高炉灰少量从窑尾飞出且窑内物料移动顺畅。

试验中典型的高炉灰主要成分见表 12 - 4，锌铅灰主要成分见表 12 - 5，海绵铁主要成分见表 12 - 6。可见，新工艺可以很好地将高炉灰中的 Zn、Pb 等易挥发的物质与铁、脉石分离，Zn、Pb 的分离率超过了95%，铁的收得率超过90%。

表 12 - 4　高炉灰主要成分　　　　　　（质量分数，%）

TFe	CaO	SiO₂	MgO	Al₂O₃	C	Pb	Zn
24.2	6.1	12.0	4.2	1.9	21.3	0.35	4.5

表 12 - 5　锌铅灰主要成分　　　　　　（质量分数，%）

Zn	Fe	Pb	CaO	SiO₂
51	5.3	6.5	1.2	2.5

表 12 - 6　海绵铁主要成分　　　　　　（质量分数，%）

TFe	MFe	金属化率	S	P
90.3	81.7	90.5	0.089	0.105

12.6.3　经济效益与社会效益分析

12.6.3.1　经济效益分析

高炉灰中含有大量有价值的 Fe、Zn、C 等（见表 12 – 4），高效回收这些有价元素不仅可获得巨大的经济效益，还可解决粉尘的环境污染问题。

以年处理 5 万吨高炉灰的回转窑来分析，其可年产锌灰 4500t，海绵铁 1 万吨，水泥原料 1.5 万吨。其中锌灰的产值达到 $8000 \times 4500/10000 = 3600$ 万元，海绵铁 $2800 \times 1 = 2800$ 万元，水泥原料 $50 \times 1.5 = 75$ 万元，合计 6475 万元。

全国每年有 2000 万吨高炉灰，将其全部利用的产值达到 $6475 \times 2000/5 \approx 260$ 亿元。可见其经济价值巨大。

12.6.3.2　社会效益分析

我国危险废物名录中明确将含锌、含铅废物纳入危险废物。高炉灰内含有大量锌、铅等重金属元素，但由于高炉灰量大，同时还没有发生引起人们足够重视的事件，故尚未纳入危险废物名录。

我国是铁、锌、铅资源的消耗大户，很多资源依赖国外进口。而年产 2000 万吨的高炉灰中，总铁量达到 480 万吨，总锌量达到 80 万吨，总铅量达到 7.4 万吨。

可见，通过回转窑综合利用高炉灰新工艺，可将含锌、铅的危险废物转化成有价产品，造福冶金工业和人类社会。

附录 作者在资源高效利用领域的研究成果

附录一 承担的研究课题

一、纵向课题

- 国家"十二五"公益性行业科研专项"工业窑炉共处置危险废物环境风险控制技术研究"
- 国家自然科学基金项目"钼精矿直接还原制备钼铁替代品的理论研究"
- 国家"十一五"科技支撑课题"钢铁厂烟尘与尘泥资源化利用技术研究"
- 国家"十一五"科技支撑课题"大型焦炉煤气高效转换技术"
- 国家"十一五"科技支撑课题"基于氢冶金的熔融还原炼铁新工艺开发"
- 国家自然科学基金项目"低温快速还原炼铁的热力学"
- 国家"863"计划"熔融还原冶炼新型高速钢"
- 钢铁研究总院科技基金"钨铁绿色制备新技术及新产品研发"
- 钢铁研究总院科技基金"低温快速还原炼铁新工艺的研究"
- 钢铁研究总院科技基金"含钛矿渣新型富集技术研发"
- 钢铁研究总院科技基金"低温快速还原炼铁新型反应器研制"
- 钢铁研究总院科技基金"高效富氢冶金反应器研究"
- 安泰科技攻关"铁硅硼非晶母合金直接冶炼研究"
- 新冶高科技集团创新团队基金"冶金粉尘与钼资源高效利用技术开发"

二、横向课题

- "红土镍矿非高炉冶炼技术开发",合作单位:浙江华光冶炼集团有限公司、洛阳开拓者投资有限公司
- "红土矿烧结技术开发",合作单位:江苏大丰港集团
- "钢厂含锌粉尘综合利用技术",合作单位:武汉北湖胜达制铁有限公司
- "钼精矿非氧化焙烧工艺技术",合作单位:嵩县开拓者钼业有限公司
- "含铼钼精矿提铼新技术开发",合作单位:嵩县开拓者钼业有限公司

- "微波真空分解冶炼金属镁技术开发",合作单位:浙江华光冶炼集团有限公司
- "低品位铁矿综合利用技术开发",合作单位:武汉北湖胜达制铁有限公司
- "基于低温快速预还原的熔融还原工艺开发",合作单位:五矿营口中板有限公司
- "低温隧道窑直接还原铁技术开发",合作单位:武汉北湖胜达制铁有限公司

附录二 发明专利

- 郭培民,李正邦,林功文. 采用氧化钼冶炼含钼合金钢的方法:中国,00129982.4 [P]. 2003 – 05 – 28.
- 赵沛,郭培民. 一种生产铁产品的制备方法:中国,20041009264.4 [P]. 2006 – 08 – 23.
- 赵沛,郭培民. 采用低温还原铁矿粉生产铁产品的制备方法:中国,200410000815.6 [P]. 2006 – 08 – 23.
- 郭培民,赵沛. 超细铁粉的钝化方法:中国,200610113861.6 [P]. 2009 – 05 – 20.
- 郭培民,赵沛. 一种微米级、亚微米级铁粉的制备方法:中国,200710063632.2 [P]. 2009 – 05 – 20.
- 郭培民,赵沛. 熔融还原快速预还原细微铁矿粉的方法:中国,200710121639.5 [P]. 2009 – 06 – 17.
- 赵沛,李明克,郭培民,等. 一种直接使用精矿粉的熔融还原炼铁方法:中国,200810104847.9 [P]. 2010 – 09 – 29.
- 郭培民,赵沛,周少雄,等. 一种冶炼铁基非晶态母合金的方法:中国,200910087246.6 [P]. 2010 – 12 – 08.
- 赵沛,刘光火,郭培民,等. 微波真空分解冶炼金属镁的方法:中国,201010205830.X [P]. 2010 – 06 – 12.
- 赵维保,赵维根,郭培民. 钼精矿真空分解制备高纯氧化钼的方法:中国,200810049410.X [P]. 2010 – 9 – 29.
- 赵维保,赵维根,郭培民. 一种制备高纯超细金属钼粉的方法:中国,200810230851.X [P]. 2011 – 01 – 26.
- 赵维保,赵维根,郭培民,等. 一种用钼精矿制备二硫化钼的方法:中国,201010255764.7 [P]. 2011 – 11 – 30.
- 齐渊洪,王清涛,严定鎏,郭培民. 全氧富氢煤气炼铁方法及其装置:

中国，201010146443.3［P］.2011－07－20.

- 赵沛，郭培民，庞建明.用红土镍矿低温冶炼生产镍铁合金的方法：中国，201210248416.6［P］.2012－07－17.
- 赵沛，郭培民，庞建明，葛雷，等，利用高炉含锌灰生产海绵铁及富锌料的方法：中国，201210258693.5［P］.2012－07－24.

附录三 已出版著作

- 郭培民，赵沛，李正邦.矿物炼钢［M］.北京：化学工业出版社，2007.

附录四 发表论文

[1] 郭培民，庞建明，赵沛.新一代钼冶金技术与新型炼钢钼产品开发［J］.有色金属（冶炼部分），2012（6）：58～61.

[2] 庞建明，郭培民，赵沛.钒钛磁铁矿的低温还原冶炼新技术［J］.钢铁钒钛，2012，33（4）：30～33.

[3] 赵沛，郭培民.低温冶金技术理论和技术发展［J］.中国冶金，2012，22（5）：1～9.

[4] 郭培民，庞建明，赵沛.超纯二硫化钼粉体的制备技术［J］.有色金属（冶炼部分），2012，（7）：53～56.

[5] 郭培民，庞建明，赵沛.红土镍矿冶炼镍铁合金新技术［C］.亚洲金属网，亚洲金属网镍业大会，2012：51～54.

[6] 郭培民，钢铁工业钨产品冶炼新技术，亚洲金属网［C］.亚洲金属网铁合金峰会，2012：1～6.

[7] Pang Jianming, Guo Peimin, Zhao Pei. Reduction of 1－3 mm iron ore by CO in a fluidized bed ［J］. Journal of Iron and Steel Research, International. , 2011, 18 (3)：1～5.

[8] Zhao Dingguo, Guo Peimin, Zhao Pei. Activity model of Fe-Si-B ternary metallic melts ［J］. Journal of Iron and Steel Research, International. , 2011, 18 (6)：16～21.

[9] 赵定国，郭培民，赵沛.金属间化合物的标准生成焓估算模型［J］.中南大学学报，2011，42（6）：1578～1583.

[10] 郭培民，高建军，赵沛.多区域约束性氧气高炉数学模型［J］.北京科技大学学报，2011，33（3）：334～338.

[11] 郭培民，赵沛，庞建明.高炉冶炼红土矿生产镍铁合金关键技术分析与发展方向［J］.有色金属（冶炼部分），2011（5）：3～6.

[12] 高建军，郭培民，齐渊洪，严定鎏.工艺参数对氧气高炉能耗的影响规律

[J]. 钢铁研究学报，2011，23（7）：14～17.

[13] 庞建明，郭培民，赵沛. 火法冶炼红土镍矿技术分析 [J]. 钢铁研究学报，
2011，23（6）：1～4.

[14] 郭培民. 纳米三氧化钼粉体制备新技术 [C]. 钼网站，第7届钼业年会，
南京，2011：81～92.

[15] 郭培民. 新一代钼冶金与含铼钼精矿冶炼新技术 [C]. 亚洲金属网，亚洲
金属国际铁合金年会，大连，2011：47～54.

[16] Guo Peimin, Li Zhengbang, Zhao Pei. Activity model and its application in
quarternary system $CaO-FeO-SiO_2-WO_3$ [J]. Journal of Iron and Steel Re-
search, International. , 2010, 17（1）：12～17.

[17] 郭培民，庞建明，赵沛，等. 氢气还原1～3mm铁矿粉的动力学研究 [J].
钢铁，2010，45（1）：19～23.

[18] 郭培民，王多刚，赵沛. 钼精矿非氧化焙烧工艺的热力学分析 [J]. 有色
金属（冶炼部分），2010（2）：7～9.

[19] 王多刚，郭培民，赵沛. 钼精矿直接氢还原工艺的热力学研究 [J]. 有色
金属（冶炼部分），2010（3）：2～4.

[20] 赵定国，郭培民，赵沛. 金属间化合物的标准熵估算模型 [J]. 北京科技
大学学报，2010，32（1）：27～31.

[21] 赵定国，郭培民，赵沛. 金属间化合物的比热容估算模型 [J]. 北京科技
大学学报，2010，32（5）：565～569.

[22] 王多刚，郭培民，赵沛. 碳热还原钼精矿过程的物相变化规律研究 [J].
有色金属（冶炼部分），2010，（4）：6～8.

[23] 赵定国，郭培民，赵沛. $CaO-SiO_2-B_2O_3$ 熔渣的热力学计算模型 [J]. 钢铁
研究学报，2010，22（9）：18～21.

[24] 高建军，郭培民. 高炉富氧喷吹焦炉煤气对 CO_2 减排规律研究 [J]. 钢铁
钒钛，2010，31（3）：1～5.

[25] 庞建明，郭培民，赵沛. 流化床中 CO 还原1～3mm铁矿粉研究 [J]. 钢铁
钒钛，2010，31（3）：15～19.

[26] 曹朝真，郭培民，赵沛，庞建明. 煤基铁矿粉催化还原试验研究 [J]. 钢
铁研究学报，2010，22（10）：12～15.

[27] 郭培民. 高效、绿色钼冶金新技术 [C]. 钼网址，第6届钼业年会，洛阳，
2010：56～71.

[28] 郭培民. 钨钼钒矿直接冶炼合金钢新技术 [C]. 亿览网，第3届钨钼钒年
会，大连，2011：184～192.

[29] 庞建明，郭培民，赵沛，曹朝真. 氢气还原细微氧化铁动力学的非等温热

重方法研究 [J]. 钢铁, 2009, 44 (2): 11~14.

[30] Pang Jianming, Guo Peimin, Zhao Pei, et al. Influence of size of hematite powder on its reduction kinetics by H_2 at low temperature [J]. Journal of Iron and Steel Research, International, 2009, 16 (5): 7~11.

[31] 戴晓天, 郭培民, 齐渊洪, 等. X射线衍射测定高炉渣中非晶态含量的研究 [J]. 钢铁, 44 (1): 19~23.

[32] 曹朝真, 郭培民, 赵沛, 庞建明. 焦炉煤气自重整炉气成分与温度变化规律研究 [J]. 钢铁, 2009, 44 (4): 11~15.

[33] 曹朝真, 郭培民, 赵沛, 庞建明. 高温熔态氢冶金技术研究 [J]. 钢铁钒钛, 2009, 30 (1): 1~5.

[34] 郭培民, 赵沛, 庞建明, 曹朝真. 熔融还原炼铁技术分析 [J]. 钢铁钒钛, 2009, 30 (3): 1~9.

[35] 赵沛, 郭培民. 基于低温快速预还原的熔融还原炼铁流程 [J]. 钢铁, 2009, 44 (12): 12~16.

[36] Pang Jianming, Guo Peimin, Zhao Pei, et al. Reduction of 1~3mm iron ore by H_2 in a fluidized bed [J]. International Journal of Minerals, Metallurgy and Materials, 2009, 16 (6): 620~625.

[37] 赵沛, 郭培民. FROLTS炼铁理论与技术研究进展 [C]. 中国金属学会, 钢铁年会, 2009: 1-224~1-230.

[38] 郑义, 郭培民, 王海风, 等. 基于BP法神经网络非晶态的定量分析 [J]. 钢铁研究学报, 2008, 20 (2): 57~59.

[39] 张临峰, 郭培民, 赵沛. 碱金属盐对气基还原铁矿石的催化规律研究 [J]. 钢铁钒钛, 2008, 29 (1): 1~5.

[40] 郭培民, 赵沛. 双参数模型估算复合氧化物比热的研究 [J]. 钢铁研究学报, 2008, 20 (8): 5~7.

[41] 郭培民, 张临峰, 赵沛. 碳气化反应的催化机理研究 [J]. 钢铁, 2008, 43 (2): 26~30.

[42] Zhao Pei, Guo Peimin. Fundamentals of fast reduction of ultrafine iron ore at low temperature [J]. Journal of University of Science and Technology Beijing, 2008, 15 (2): 104~109.

[43] 庞建明, 郭培民, 赵沛, 等. 低温下氢气还原氧化铁的动力学研究 [J]. 钢铁, 2008, 43 (7): 7~11.

[44] 曹朝真, 郭培民, 赵沛, 庞建明. 流化床低温氢冶金技术分析 [J]. 钢铁钒钛, 2008, 29 (4): 1~6.

[45] 郭培民, 赵沛. 双参数模型预报复合氧化物的生成焓 [J]. 钢铁研究学报,

2007, 19 (5)：25～28.

［46］郭培民，张殿伟，赵沛. 氧化铁还原率及金属化率的测量新方法 ［J］. 光谱学与光谱分析，2007，27 (4)：816～818.

［47］张殿伟，郭培民，赵沛. CO/CO_2 气氛对 Fe_3C 形成的影响规律 ［J］. 钢铁研究，2007，35 (1)：20～22.

［48］张殿伟，郭培民，赵沛. 低温下碳气化反应的动力学研究 ［J］. 钢铁，2007，42 (6)：13～16.

［49］张殿伟，郭培民，赵沛. 机械力促进碳粉气化反应 ［J］. 钢铁研究学报，2007，19 (11)：10～12.

［50］郭培民，赵沛，李正邦. 碳、硅铁及碳化硅对白钨矿还原动力学的影响 ［J］. 特殊钢，2007，28 (2)：7～9.

［51］赵沛，郭培民，张殿伟. 机械力促进低温快速反应的研究 ［J］. 钢铁钒钛，2007，28 (2)：1～5.

［52］郭培民，赵沛，张殿伟. 低温快速还原炼铁新技术特点及理论研究 ［J］. 炼铁，2007，26 (1)：57～60.

［53］郭培民，李正邦. 白钨矿直接合金化过程中渣量控制 ［J］. 中国钨业，2007，32 (2)：16～18.

［54］赵沛，郭培民. 储能铁矿粉的还原热力学 ［J］. 钢铁，2007，42 (12)：7～10.

［55］赵沛，郭培民. 低温气基快速还原冶金新工艺 ［C］. 中国金属学会，钢铁年会，2007：3～17.

［56］郭培民，赵沛，李正邦. 添加剂对氧化钼高温挥发的影响 ［J］. 特殊钢，2006，27 (6)：30～31.

［57］郭培民，张殿伟，赵沛. 低温下碳还原氧化铁的催化机理研究 ［J］. 钢铁钒钛，2006，27 (4)：1～5.

［58］郭培民，赵沛. 双参数模型估算复合氧化物的标准熵 ［J］. 钢铁研究学报，2006，18 (9)：17～20.

［59］赵沛，郭培民，张殿伟. 低温非平衡条件下 （＜570℃）氧化铁还原顺序研究 ［J］. 钢铁，2006，41 (8)：12～15.

［60］郭培民，赵沛，李正邦. 钼酸钙直接还原动力学的研究 ［J］. 中国钼业，2006，30 (4)：44～45.

［61］郭培民. 工艺参数对白钨矿直接炼钢的影响 ［J］. 中国钨业，2006，31 (4)：27～28.

［62］张殿伟，郭培民，赵沛. 现代炼铁技术进展 ［J］. 钢铁钒钛，2006，27 (2)：26～32.

[63] 郭培民. 白钨矿直接合金化过程中炉渣泡沫化研究 [J]. 中国钨业, 2006, 31 (6): 25~26.

[64] 周勇, 李正邦, 郭培民. 钒氧化物矿直接合金化冶炼含钒合金钢工艺的研究 [J]. 钢铁研究, 2006, 34 (3): 54~57.

[65] 郭培民, 赵沛, 张殿伟. 低温快速还原炼铁新技术的理论基础及特点 [C] //钢铁增刊, 2006 (2): 1~5.

[66] 赵沛, 郭培民. 粉体纳米晶化促进低温冶金反应的研究 [J]. 钢铁, 2005, 40 (6): 6~9.

[67] 郭培民, 赵沛. 从相图分析含钛高炉渣选择性分离富集技术 [J]. 钢铁钒钛, 2005, 26 (2): 5~10.

[68] 赵沛, 郭培民. 低温还原钛铁矿生产高钛渣的新工艺 [J]. 钢铁钒钛, 2005, 26 (2): 1~4.

[69] 郭培民, 赵沛. 四元渣系 $CaO\text{-}FeO\text{-}SiO_2\text{-}V_2O_3$ 的活度模型及应用 [J]. 钢铁钒钛, 2005, 26 (3): 1~6.

[70] 赵沛, 郭培民. 纳米冶金技术的研究及前景 [C]. 中国金属学会, 钢铁年会, 北京, 2005: 677~681.

[71] Guo Peimin, Li Zhengbang, Lin Gongwen. Activity model and its application in $CaO\text{-}FeO\text{-}SiO_2\text{-}MoO_3$ quarternary system [J]. Journal of University of Science and Technology Beijing, 2004, 11 (5): 406~410.

[72] 赵沛, 郭培民. 煤基低温冶金技术的研究 [J]. 钢铁, 2004, 39 (9):1~6.

[73] Zhao Pei, Guo Peimin. New Coal-based Low-temperature Metallurgy [C]. 日本铁钢协会, the 10th Japan-China Symposium on Science and Technology of Iron and Steel, 2004: 67~74.

[74] 杨志忠, 郭培民. 中国铁合金工业的发展与思考 [J]. 铁合金, 2003, 34 (6): 40~46.

[75] 郭培民, 李正邦, 林功文. 成分对白钨矿渣系熔点的影响 [J]. 特殊钢, 2002, 23 (4): 16~19.

[76] 林功文, 郭培民. 保护渣向超低碳钢液增碳的原因及数学分析 [J]. 钢铁研究学报, 2001, 13 (6): 15~18.

[77] 李正邦, 郭培民, 林功文, 等. 资源开发工程——氧化物矿冶炼合金钢技术 [J]. 中国钨业, 2001, 16 (5-6): 45~48.

[78] 林功文, 吴杰, 李正邦, 郭培民, 等. 超低碳钢结晶器用保护渣富集碳层的研究 [J]. 特殊钢, 2001, 22 (1): 6~8.

[79] 郭培民, 林功文, 李正邦. 发展钨精矿、氧化钼、钒渣直接合金化技术 [J]. 特殊钢, 2000, 21 (4): 23~25.

［80］郭培民，李正邦，薛正良. 高钒、高铬钢铝镁合金脱磷的研究 ［J］. 特殊钢，2000，21（5）：23～25.

［81］郭培民，李正邦，林功文，张和生. 用白钨矿冶炼合金钢的动力学分析 ［J］. 钢铁研究学报，2000，12（4）：10～13.

［82］郭培民，李正邦，林功文. 高碳锰铁氧化脱磷的理论分析 ［J］. 铁合金，2000，31（3）：1～4.

［83］李正邦，郭培民，张和生，林功文. 用白钨矿、氧化钼和钒渣冶炼 M2 钢的脱磷研究 ［J］. 炼钢，2000，16（1）：34～37.

［84］林功文，郭培民，李正邦. 白钨矿和氧化钼冶炼工模具钢技术 ［J］. 中国钨业，2000，15（3）：31～33.

［85］李正邦，郭培民，冯仲渝，邓旭初，等. 白钨矿和氧化钼直接合金化的理论分析及工业试验 ［J］. 钢铁，1999，34（10）：20～23.

［86］李正邦，郭培民，张和生. 白钨矿和氧化钼直接合金化冶炼高速钢 ［J］. 特殊钢，1999，20（5）：26～28.

［87］郭培民，张荣生，刘浏，佟溥翘. 水平管道粉气浓相输送最终固气速度比的理论研究 ［J］. 钢铁 ［J］，1999，34（1）：9～11.

［88］李正邦，郭培民，张和生. 用白钨矿、氧化钼和钒渣冶炼合金钢的热力学分析 ［J］. 钢铁研究学报，1999，11（3）：14～18.

参 考 文 献

[1] 陈星秋，严新林，丁学勇，等．化合物生成焓：一百年和密度泛函基量子机制的原子模型新时代［J］．中国稀土学报，2004，22（增刊）：2~3.

[2] Latimer W M. Methods of estimating the entropies of solid compounds［J］. J. Am. Chem. Soc.，1951，73（4）：1480~1482.

[3] 汤振雷，王为．计算合金系统热力学性质的 Miedema 模型的发展［J］．材料导报，2008，22（3）：117~118.

[4] Ray P K, Akinc M, Kramer M J. Applications of an extended Miedema model for ternary alloys［J］. Journal of Alloys and Compounds，2010，489（2）：357~361.

[5] 乔芝郁，许志宏，刘洪霖．冶金和材料计算物理化学［M］．北京：冶金工业出版社，1999：65~69.

[6] 周鸿翼，刘天模，王金星．MgZn 合金的热力学性质计算［J］．重庆大学学报，2006，29（12）：68~70.

[7] 叶大伦，胡建华．实用无机物热力学数据手册［M］．北京：冶金工业出版社，2002：10~102.

[8] David R L. CRC handbook of chemistry and physics［M］. 88th edition. Boca Raton：Chemical Rubber Company Press，2008：10~213.

[9] Dean J A. 兰氏化学手册［M］. 15 版．北京：科学出版社，2007：125~512.

[10] Brain I. 纯物质热化学数据手册［M］．北京：科学出版社，2003：1~188.

[11] 郑志刚．合金热力学性质的 Miedema 理论计算［D］．南宁：广西大学，2005：6~9.

[12] Wang Wenchao, Li Jiahao, Yan Huafeng, et al. A thermodynamic model proposed for calculating the standard formation enthalpies of ternary alloy systems［J］. Scripta Materialia，2007，56（11）：975~978.

[13] 吴启勋，宋萍．自适应模糊神经网络预测阳离子标准熵的研究［J］．计算机与应用化学，2007，24（10）：142.

[14] 卢祥生，冯长君．固体化合物中阳离子的标准熵与原子参数的相关性研究［J］．四川大学学报：自然科学版，2002，39（6）：1098.

[15] 孙海霞，吴启勋．70 种单质标准熵的研究．西南民族大学学报［J］：自然科学版，2006，32（4）：685.

[16] 杨锋，杨章远，温浩．计算金属间化合物热力学性质的新方法［J］．物理化学学报，1997，13（8）：712.

[17] 杨锋，杨章远，许志宏．金属间化合物热容计算的新经验公式［J］．化学通报，1997，17：49.

[18] 张鉴．冶金熔体的计算热力学［M］．北京：冶金工业出版社，1998：1~201.

[19] 梁英教，车荫昌．无机物热力学数据手册［M］．沈阳：东北大学出版社，1993：30~80.

[20] 陈家祥．炼钢常用图表数据手册［M］．北京：冶金工业出版社，1984：75~300.

[21] 黄希祜．钢铁冶金原理［M］．北京：冶金工业出版社，1990：1~225.

[22] 肖兴国, 谢蕴国. 冶金反应工程学基础 [M]. 北京: 冶金工业出版社, 1997: 1~156.

[23] 韩其勇. 冶金过程动力学 [M]. 北京: 冶金工业出版社, 1987: 1~125.

[24] 李春德. 铁合金冶金学 [M]. 北京: 冶金工业出版社, 2001: 1~185.

[25] 莫叔迟, 廖泽明, 等. 铬矿粉团块 (粉) 用于炼钢合金化 [J]. 钢铁, 1990, 25 (5): 18~27.

[26] 侯树庭, 徐匡迪, 等. 15 吨铁浴熔融还原试验 [J]. 钢铁, 1995, 30 (8): 16~21.

[27] 李文超, 王俭, 公茂秀, 等. 用氧化物矿直接还原、调整钢中合金成分的物理化学分析 [J]. 钢铁, 1993, 28 (11): 18~23.

[28] 诸国雄. 用钒渣直接合金化炼出新钢种 06VTi [J]. 钢铁, 1990, 25 (40): 28~31.

[29] 张晶, 陈立红. 钼氧化物直接合金化电弧炉炼钢工艺 [J]. 特殊钢, 1998, 19 (3): 40~42.

[30] 李承秀. 钒渣代钒铁直接合金化的试验研究 [J]. 上海金属, 1991, 13 (5): 1~6.

[31] 张国富, 岑永权. 电弧炉/钢包钒渣直接还原合金化工艺 [J]. 特殊钢, 1997, 18 (5): 42~44.

[32] 陈宗祥, 张德铭. 用钼酸钙炼钼合金钢的研究 [J]. 钢铁研究总院学报, 1985, 5 (1): 7~14.

[33] 陈宗祥, 李金荣. 用白钨精矿代替钨铁炼钢的研究 [J]. 钢铁, 1992, 27 (11): 15~18.

[34] 聂若新, 李庆云. 用白钨精矿直接冶炼工模具钢 [J]. 特殊钢, 1987, 8 (2): 9~16.

[35] 陈福兴, 丁前盛. 氧化钼烧结块直接合金化生产钼钢 [J]. 上海金属, 1990, 12 (3): 32~36.

[36] 余金龙, 严永华. 用氧化钼块取代钼铁冶炼工具钢 [J]. 上海金属, 1991, 13 (3): 62~64.

[37] 李金荣, 毛杰. 电炉炼钢钨、钼混合氧化物直接合金化 [J]. 特殊钢, 1997, 18 (1): 40~44.

[38] 张启修, 赵秦生. 钨钼冶金 [M]. 北京: 冶金工业出版社, 2005: 198~204.

[39] 余伟, 二硫化钼的制备工艺及其应用 [J]. 稀有金属与硬质合金, 2009, 37 (2): 55~57.

[40] 杨久流, 高纯二硫化钼的制备工艺 [J]. 有色金属 (选矿部分), 2000, 51 (5): 19~20.

[41] 汪晶, 王世和. 硼、硼矿的性质及其在钢铁冶炼中的应用 [J]. 鞍钢技术, 1996, 12: 14~16.

[42] 丁鹤振. 金属硼化物的合成与应用 [J]. 辽宁化工, 2008, 37 (5): 324.

[43] 竹内顺, 佐藤有一, 坂本广明. 高纯度硼铁合金: 日本, CN1854322 [P]. 2006-11-01.

[44] 邹元曦, 张子青, 田彦文. 硼硅铁、硼铁合金的冶炼方法: 中国, CN1024024C [P]. 1994-03-16.

[45] 谢力, 刘守平, 徐延军. 硼镁矿及富硼渣直接冶炼铁基非晶母合金的方法: 中国, CN1105393A [P]. 1995-07-19.

［46］刘素兰，张显鹏，崔传孟．硼铁矿冶炼 Fe – Si – B 合金的工艺研究［J］．金属学报，1996，32（4）：393～396．

［47］王成彦，尹飞，陈永强，等．国内外红土镍矿处理技术及进展［J］．中国有色金属学报，2008，18（E01）：1～8．

［48］张莓．我国火法冶炼红土镍矿进展［J］．国土资源情报，2008（2）：29～32．

［49］潘云从，施维一，蒋继穆，等．重有色金属冶炼设计手册（铜镍卷）［M］．北京：冶金工业出版社，1996：694～700．

［50］兰兴华．世界红土镍矿冶炼厂调查［J］．世界有色金属，2006（11）：65～71．

［51］刘沈杰．不含结晶水的氧化镍矿经高炉冶炼镍铁工艺：中国，200510102984．5［P］．

［52］刘沈杰．含结晶水的氧化镍矿经高炉冶炼镍铁工艺：中国，200510102985．X［P］．

［53］周传典，刘万山，王筱留，等．高炉炼铁生产技术手册［M］．北京：冶金工业出版社，2005：344～350．

［54］德国钢铁工程师协会．渣图集［M］．北京：冶金工业出版社，1989：87～95．

［55］莫畏，邓国珠，罗方承．钛冶金学［M］．2 版．北京：冶金工业出版社，1998：133～160．

［56］El -Tawil S Z，Mosri I M，Yehia A，Francis A A．Alkali reductive roasting of ilmenite ore［J］．Canadian Metallurgical Quarterly，1996，35（1）：31～34．

［57］Chen Y，Hwang T，Williams J S．Ball milling induced low-temperature carbothermic reduction of ilmenite［J］．Materials Letters，1996，28：55～59．

［58］Chen Y，Williams J S．Application of high energy ball milling in mineral materials：Extraction of TiO_2 from mineral $FeTiO_3$［J］．Materials Science Forum，1997，235：985～988．

［59］孙康，吴剑辉，马跃宇，等．相分离法处理攀钢高炉渣新工艺基础研究［J］．钢铁钒钛，2000，21（3）：54～57．

［60］周志明，张丙怀，朱子宗．高钛型高炉渣的渣钛分离试验［J］．钢铁钒钛，1999，20（4）：35．

［61］马俊伟，隋智通，陈炳辰．用重选或浮选方法从改性炉渣中分离钛的研究［J］．有色金属，2000，52（2）：26～29．

［62］李玉海，娄太平，隋智通．含钛高炉渣中钛组分选择性富集及钙钛矿结晶行为［J］．中国有色金属学报，2000，10（5）：719～722．

［63］马俊伟，隋智通，陈炳辰．钛渣中钙钛矿浮选性能的研究［J］．金属矿山，2001（9）：21～23．

［64］傅念新，张勇维，隋智通．化学成分对高钛高炉渣钙钛矿相析出行为的影响［J］．矿冶工程，1997，17（4）：36～39．

［65］朱子宗，蒋汉祥．高钛型高炉渣渣钛分离研究［J］．钢铁，2002，37（6）：6．

［66］Robert S Roth．Phase Diagrams for Ceramists［M］．American Ohio：The American Ceramic Society，1995，11：428．

［67］魏德洲．固体物料分选学［M］．北京：冶金工业出版社，2000：201．

［68］Ernest M Levin．Phase Diagrams for Ceramists［M］．American Ohio：The American Ceramic Society，1987，6：254．

[69] 刘金平，杨雪春，谢水生，等．皮江法炼镁技术的缺陷及改进途径［J］．冶金能源，2005，25（9）：21～23．

[70] 李志华．氧化镁真空碳热还原反应试验研究［M］．昆明：昆明理工大学出版社，2002：1～135．

[71] 彭金辉，杨显万．微波能技术新应用［M］．昆明：云南科技出版社，1997：1～78．

[72] 佟志芳，毕诗文，杨毅宏．微波加热在冶金领域中应用研究现状［J］．材料与冶金学报，2004，3（2）：117～120．

[73] 徐日瑶．硅热法炼镁理论与实践［M］．长沙：中南大学出版社，1996：1～156．

[74] 余真荣．贵冶转炉渣选矿原矿和尾矿物质组成的调查研究［J］．有色矿冶，1999（1）：41～45．

[75] 张荣良．闪速炼铜转炉渣浮选为矿综合利用的研究［J］．江西有色金属，2001，15（1）：31～35．

[76] 凌云汉．从炼铜炉渣中回收有价金属［J］．化工冶金，1999，20（2）：220～225．

[77] 王东彦，王文忠，陈伟庆，等．含锌铅钢铁厂粉尘处理技术现状和发展趋势分析［J］．钢铁，1998，33（1）：65～67．

[78] 王令福．炼钢粉尘处理工艺的最新发展［J］．冶金能源，2006，25（4）：46～49．

[79] 石磊，陈荣欢，王如意．钢铁工业含铁尘泥的资源化利用现状与发展方向［J］．中国资源综合利用，2008，126（02）：12～15．

[80] 倪家麟，尤明．马钢含锌尘泥脱锌转底炉成功点火烘炉［J］．钢铁，2009，3：15．

[81] 彭荣秋，等．铅锌冶金学［M］．北京：科学出版社，2003：1～176．

[82] 张衡中，张平民，陈新民．钇钡铜氧系复合氧化物标准熵的估算［J］．有色金属，1993，45（1）：61～63．

冶金工业出版社部分图书推荐

书　名	定价（元）
矿物直接合金化冶炼合金钢——理论与实践	26.00
冶金资源综合利用	46.00
钛系列丛书	
钛的金属学和热处理	35.00
钛铸锭和锻造	40.00
钛铁矿富集	42.00
钛业综合技术	36.00
钛化合物	35.00
钛材塑性加工技术	39.00
钛近净成形工艺	36.00
钛选矿	32.00
钛的金属学和热处理	35.00
现代有色金属提取冶金技术丛书	
稀散金属提取冶金	79.00
萃取冶金	185.00
金银提取冶金	66.00
现代有色金属冶金科学技术丛书	
锡冶金	46.00
钨冶金	65.00
钛冶金	69.00
镓冶金	45.00
钒冶金	45.00
锑冶金	88.00
常用有色金属资源开发与加工	88.00
固体废物污染控制原理与资源化技术	39.00
工业固体废物处理与资源化	39.00
金属矿山尾矿综合利用与资源化	16.00
电渣冶金设备及技术	75.00
电渣冶金的理论与实践	79.00
炉外精炼及铁水预处理实用技术手册	146.00
现代连续铸钢实用手册	248.00
矿产资源开发利用与规划	40.00
有色金属资源循环利用	65.00